新疆阿勒泰地区
精细化农业气候资源及主要作物种植区划

主　编：王建刚
副主编：李愚超
编　委：刘大锋　潘冬梅　张林梅

气象出版社
China Meteorological Press

内容简介

在全球气候变化的大背境下，近30年新疆阿勒泰气候变化显著。在总结历史研究成果的基础上，本书参考1961—2017年的阿勒泰地区农业生产中的农业气象问题以及研究成果编撰而成，全书分为六章。全书以精细化模式深入分析了阿勒泰地区的农业气候资源和农业气象灾害，进而针对阿勒泰地区大农业生产问题，从农业、林果业和特色农业的农业气象问题入手，分析了农业生产与农业气候的关系及关键气候因子，提出农业生产气象指标，进行多气候因素的精细化农业气候资源区划、气象灾害区划和主要作物种植区划等。本书既是农业气象领域的专著，也是农业管理部门的工作助手，为农业种植制度改革、引进新品种和农业生产趋利避害提供基础的农业气象技术支持。本书面向从事农业生产的广大农技人员、管理人员、科研机构、大专院校师生以及农场、农村的种植户养殖户。

图书在版编目（CIP）数据

新疆阿勒泰地区精细化农业气候资源及主要作物种

植区划 / 王建刚主编 . -- 北京：气象出版社，2020.1

ISBN 978-7-5029-7128-1

Ⅰ.①新… Ⅱ.①王… Ⅲ.①农业气象—气候资源—研究—阿勒泰地区 ②作物—农业区划—研究—阿勒泰地区

Ⅳ.① S162.224.52 ② S501.924.52

中国版本图书馆 CIP 数据核字 (2019) 第 300178 号

审图号：新 S（2016）140 号

新疆阿勒泰地区精细化农业气候资源及主要作物种植区划

王建刚　主编

出版发行：气象出版社

地　　址：北京市海淀区中关村南大街 46 号　　　　**邮政编码：**100081

电　　话：010–68407112（总编室）　010–68408042（发行部）

网　　址：http://www.qxcbs.com　　　　**E-mail：**qxcbs@cma.gov.cn

责任编辑：王元庆　　　　　　　　　　　　**终　　审：**吴晓鹏

责任校对：王丽梅　　　　　　　　　　　　**责任技编：**赵相宁

封面设计：博雅思

印　　刷：北京建宏印刷有限公司

开　　本：787 mm×1092 mm　1/16　　　　**印　　张：**14

字　　数：350 千字

版　　次：2020 年 1 月第 1 版　　　　　　　**印　　次：**2020 年 1 月第 1 版

定　　价：80.00 元

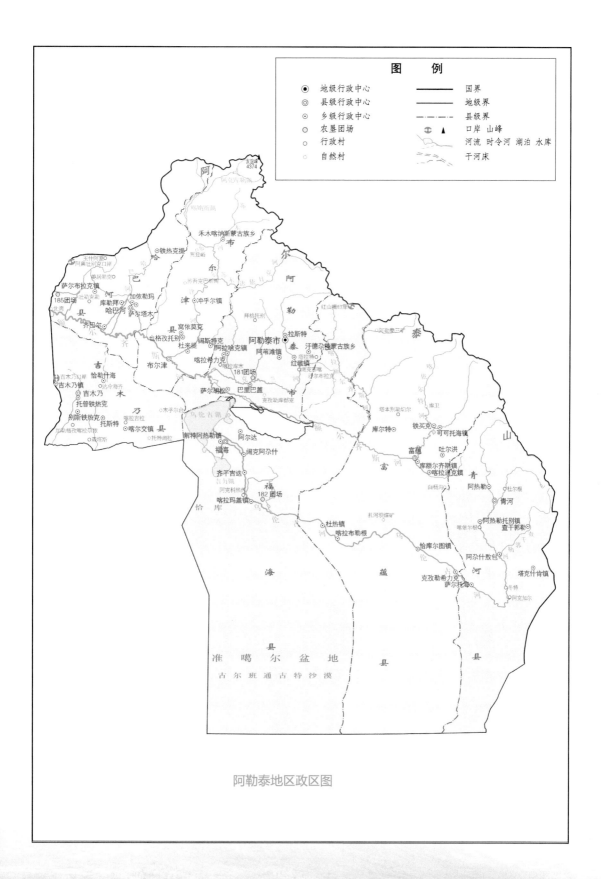

图　例

⊙ 地级行政中心　　　——— 国界
◎ 县级行政中心　　　——— 地级界
⊙ 乡级行政中心　　　--- 县级界
○ 农垦团场　　　　　口岸　山峰
○ 行政村　　　　　　河流　时令河　湖泊　水库
ₒ 自然村　　　　　　干河床

阿勒泰地区政区图

I

序

农业是受天气、气候影响最明显的行业之一，种植业生产尤其是种植结构、种植制度、品种与熟性、品质与产量等，与农业气候资源密切相关。在全球气候变暖背景下，农业气候资源的时空分布、农业气象灾害的发生发展也有所变化，二者与现有种植业生产布局之间的矛盾日益突出。如何高效利用现有光、温、水资源，实现趋利避害，保障农业生产优质高产与可持续发展，是当前及今后面临的新课题。新疆是全球气候变化的敏感区，阿勒泰地区气候变化也很显著。作为新疆重要的粮食、特色瓜果和畜牧业生产基地，研究气候变化背景下阿勒泰地区农业气候资源的时空变化规律，分析农业气象灾害的发生类型与分布规律，探讨气候变化对种植业结构及制度的影响，阐明气候变化条件下，农作物生产的气候适宜性及种植优势等级区划，对于优化农业生产结构与布局、扩大资源优势、科学发展特色农业，具有重要的决策指导意义。

本书是由作者的研究项目"基于地理信息系统的阿勒泰地区精细化农业气候资源及其区划研究"成果编著完成，重点分析了新疆北部阿勒泰地区气候变化特征，应用统计学方法以及 GIS 技术等，阐明了光、温、水等农业气候资源的时空变化规律，以及农业气象灾害的发生发展与致灾影响，结合已有研究成果凝练构建了主要优势农作物、特色瓜果的气候适宜性指标、农业气候区划综合指标体系，系统地完成了主要优势农作物（特色瓜果）农业种植区划，提出了农业气候资源利用与保护的对策措施。本书内容较为丰富，实用性强，对于深入挖掘当地气候资源潜力、缓解农业生产种植与资源承载能力之间的矛盾、科学推进种植业结构改革，以及提升气象服务、保障农业生产安全具有一定的参考价值和指导作用。

崔彩霞

（新疆维吾尔自治区气象局局长崔彩霞）

2019 年 11 月 21 日

前　言

农业气候资源区划和结合种植业结构的作物优势气候资源等级区划，是一项极为重要的农业气象技术研究工作。它是合理开发利用农业气候资源、因地制宜地规划和指导农业生产、实行高品质农业生产、提高气候资源利用效率的重要的基础性工作，也是分类指导农业生产、调整种植业结构和布局的重要科学依据。

关于农业气候区划工作，各县市早在1982年前后完成了简易气候区划工作，汇总补充后，1987年编入《阿勒泰地区农业区划报告》内部资料刊印本。时代走过近40年，进入21世纪，科学技术突飞猛进，工业化高速发展，气候变化加剧，气候资源数据采集的技术条件、范围、规模、密度都有了质的飞跃。与此同时，经济社会快速发展对种植业的要求由简单追求高产变为系统化的多目标：无公害、绿色、有机、优质、高产等。这些新需求引导着对农业气候资源区划工作的新需求。为此，《基于地理信息系统的阿勒泰地区精细化农业气候资源及其区划研究》公益性科研项目于2017年12月正式启动。

大范围、长序列、多品类的大量新数据是保障项目科学性、可靠性的基础。同时广泛收集到周边地市和本地区兵团部分团场的农业气候资料，其中包括：塔城地区和布克赛尔县蒙古自治县、石河子市莫索湾团场、乌鲁木齐市米东区、昌吉回族自治州阜康市、吉木萨尔县、奇台县、蔡家湖站、北塔山站1971—2010年整编气候资料；兵团农十师北屯市、181团、182团、184团、185团2012—2017年气候数据。

本书在"基于地理信息系统的阿勒泰地区精细化农业气候资源及其区划研究"项目基础上，进行大量的数据收集、整理、分析，充分利用本项目研究成果，广泛吸收行业内外专家的优秀科研成果，采纳来自农业生产一线的科技工作者、农民技术员经验。本书揭示了农业气候的地域差异性，论述了气候对农业生产有重大利害关系的气候资源和农业气象灾害，进行了精细化气候资源区划和主要作物特色气候资源优势区划，为优势农业气候资源开发利用、预防农业气象灾害提供科学依据。

与此同时，本书对改革开放40多年来，阿勒泰地区的农业技术体系建设、农业栽培技术与开拓创新工作进行较全面地回顾总结，面向科学、面向实践、面向未来提出了建设性意见。

该书共分6章：

第1章，阿勒泰地区气候概况。分三节，分别研究阐述了阿勒泰地区自然地理概况、阿勒泰地区气候简况和阿勒泰地区的主要气候变化概况。

第2章，农业气候资源。分四节，分别研究阐述了太阳光资源、热量资源、水分资源和风能资源，并进行了资源分级区划。

第3章，农业气象灾害。分八节，分别研究阐述了阿勒泰地区气象灾害概况、干热风、寒潮、霜冻、大风、暴雨、冰雹等气象灾害发生和分布规律，并提出一些防御对策。本章最后精简记述了气象灾害大事记。

第4章，主要作物与气候。分三节，分别研究阐述了阿勒泰地区农业种植区的地理环境与气候对主要作物的气象条件要求与优势种植区区划。阐述了阿勒泰地区农业发展历程，以及对耕作技术的过去、现在技术总结，展望阿勒泰地区农业发展的未来，提出了发展建议。

第5章，农业气候区划。分四节，分别研究阐述了阿勒泰地区农业气候区划的原则与系统、区划指标和区划方法。在热量资源条件下，农业种植业分区和分县市的作物品种布局区划。对阿勒泰主要作物的生长发育及品质和产量与气候条件的关系进行了分析，着重依据气候资源条件，结合作物生长发育利害关系，区划优势气候资源分区，为充分利用气候资源、调整作物合理布局提供了科学依据。

第6章，农业气候资源的利用与保护。分两节，分别研究阐述了阿勒泰地区农业气候资源开发利用的现状、存在的问题，以及农业气候资源的保护与改善。

另外，为便于读者使用本书，附加了三个附表：风力等级表、温度和降水气候趋势分级常用语表以及行业气象敏感指标表。

在阿勒泰地区科技局、阿勒泰地区气象局、新疆兴农网信息中心、新疆气象信息中心、阿勒泰地区气象学会、阿勒泰地区种子工作站、阿勒泰地区农业农村局、阿勒泰地区民政局、兵团农十师气象局等单位的大力支持下，项目组的科学研究和本书编撰工作得以顺利进行，开创了阿勒泰地区精细化农业气候资源研究与区划工作新纪元，主编王建刚退休后，仍然以极大的热情，继续努力。工作团队团结一致，克服困难，历时13个月初稿编撰完成。借本书正式出版的机会，对上述单位的大力支持，深表感谢。本书编写过程中，参考了大量文献和资料，引用的文献和资料在本书的编后中列出，在此，我们谨向原作者表示衷心感谢。本书的编写出版过程中得到阿勒泰地区科技项目支持、阿勒泰地区气象学会专项支持，张山清高工多次技术指导、姜敏参加了部分数据收集整理工作，在此一并表示真诚的感谢。

由于时间仓促和编者水平所限，本书不足、不妥、甚至错误之处难免，敬请广大读者批评指正。

本书由王建刚统稿主编、李愚超副主编。编写组成员：王建刚、李愚超、刘大锋、潘冬梅、张林梅。

各章节执笔人如下：

第1章，王建刚。第2章2.1节，王建刚；2.2，2.3，2.4节刘大锋。第3章3.1节，王建刚；3.2 节，刘大锋；3.3，3.4 节，张林梅；3.5 节，刘大锋；3.6，3.7，3.8 节，王建刚。第 4 章，李愚超，其中，4.2 节中春小麦、玉米、油葵、籽瓜、奶花芸豆区划，王建刚 。第 5 章 5.1，5.2 节，王建刚；5.3，5.4 节，李愚超。第 6 章，潘冬梅。

全书绘图工作由王建刚完成。

王建刚

2019 年 1 月 7 日于乌鲁木齐

目　录

第1章
阿勒泰地区气候概况

1.1　阿勒泰地区自然地理概况

阿勒泰地区位于新疆北部，是伊犁哈萨克自治州三地市之一，地处准噶尔盆地[①]北部，介于北纬 44°59′35″～49°10′45″，东经 85°31′57″～91°01′15″；东北部与蒙古人民共和国接壤，北部与俄罗斯联邦共和国交界，西北与哈萨克斯坦共和国毗邻，国境线长 1175 km；阿勒泰地区行政区，南邻昌吉回族自治州奇台县、吉木萨尔县、阜康市、昌吉市；南部接乌鲁木齐市米东区；西部与塔城地区和布克赛尔蒙古自治县相连。阿勒泰地区辖六县一市：阿勒泰市、哈巴河县、吉木乃县、布尔津县、福海县、富蕴县、青河县；境内还有兵团农十师所属团场：北屯市、181 团、182 团、183 团、184 团、185 团、186 团、187 团、188 团、189 团、190 团。辖区南北最长 464 km，东西最宽 402 km，总面积 11.77 万 km²，约占新疆总面积的 7.14%。

境内有著名的阿尔泰山，呈西北—东南走向，坐落于中蒙、中俄边界。中段西南坡为本区所辖；主峰友谊峰海拔 4374 m；山峰海拔多在 3000 m 以上，地势为西高东低，北高南低，阿尔泰山由西北到东南海拔高度顺势降落到 3000 m 以下。辖区内第二大山系为萨吾尔山，位于本区西南部，呈东西走向，山体北坡为本区所辖，山脊从西部海拔 3000 m 左右向东渐降到 2600 m 左右，主峰木斯岛（冰山）海拔 3835 m。本区海拔最低点在哈巴河县北湾地区，海拔仅有 409.4 m。

阿尔泰山与萨吾尔山之间，有我国著名的唯一流向北冰洋的大河——额尔齐斯河。自东南向西北方向延伸，峡谷型河谷长 200 km，直至流出国境，进入哈萨克斯坦共和国。

辖区内地形复杂多样，有荒漠戈壁面积 4.46 万 km²，占总面积的 37.89%；沙漠面积 0.84 万 km²，占总面积的 7.14%。丘陵山地 3.8 万 km²，占总面积的 32.29%，河谷平原区 2.6 万 km²，占总面积的 22.09%。

六县一市中，富蕴县面积最大，占全地区总面积的 28.63%，吉木乃县面积最小，占总面积的 5.5%。其他：福海县占 27.05%，青河县占 13.19%，阿勒泰市占 9.65%，布尔津县占 8.87%，哈巴河县占 7.16%。

河川水系：区内主要有额尔齐斯河、乌伦古河两大水系。额尔齐斯河发源于阿尔泰山中段西南坡，由库额尔齐斯河、哈亚尔特河、喀拉额尔齐斯河、克兰河、布尔津河、哈巴河、别列孜河及 70 余条支流小溪组成；区内流域面积 57256 km²，干流全长 593 km。流出国境后，经哈萨克斯坦、俄罗斯注入北冰洋。乌伦古河是一条内陆河，发源于阿尔泰山东

[①]　准噶尔盆地（英文 Junggar Basin；"噶"为 gá）

段南坡的大青河、小青河、查干河及由蒙古人民共和国流入的布尔根河汇集而成。区内流域面积为 43000 km²，干流全长 573 km，最终注入福海县境内的乌伦古湖。另有萨吾尔山山间大小溪流水系，流量不大，是吉木乃县生产、生活的主要水源。

1.2 气候简况

阿勒泰地区处在欧亚大陆中心腹地，远离海洋。地貌多样，有高山峡谷、丘陵、戈壁荒原等。南部为准噶尔盆地沙漠，向北依次为戈壁、前山、草原、森林、高山冰川。影响本地气候的天气系统主要是西风带上的槽脊系统，暖气团、冷气团南北交换，演绎着全息天气过程。阿勒泰地区的气候特点是，气温年变化和日变化大，降水少、暖季光照充足。阿勒泰地区西部，萨吾尔山和阿尔泰山间谷地形成喇叭口状风口，风力资源丰富；山区降水较多，是新疆著名的"水塔"之一，"引额济乌""引额济克"工程，是引阿尔泰山之水，惠及乌鲁木齐和克拉玛依两个大中型城市。南部平原戈壁干燥少雨，光热资源丰富。

1.2.1 阿勒泰地区主要气候特征

阿勒泰地区大陆性气候特征强，干燥少雨。本区除山区外，呈气候型干旱特征。据有关资料分析，山区年降水量在 350 ~ 600 mm；前山的丘陵区年降水量在 150 ~ 350 mm；平原戈壁区年降水量在 200 mm 以下；准噶尔盆地中部年降水量不足 100 mm。

阿勒泰地区光照充足。阿勒泰地区阴天日数少，空气洁净，阳光明媚。全年平均日照数达 2800 ~ 3100 h，日照百分率达 62% ~ 68%，日最长日照时数可达 15 h 以上（表 1.1）。

表 1.1 阿勒泰地区年日照时数和日照百分率

	哈巴河县	吉木乃县	布尔津县	福海县	阿勒泰市	富蕴县	青河县
日照时数（h）	2837.1	2882.4	2828.7	2908.5	2998.5	2882.7	3045.5
百分率（%）	62	64	62	64	66	64	68

阿勒泰地区山地面积约占总面积的三分之一，最大相对高差 3965 m，随海拔高度增加，本区气候所处中温带开始渐变到寒温带至寒带气候。山区有永久性冰川存在，是寒带气候区的有利证据。随山区海拔高度升高，植物景观发生梯次变化：由低处的阔叶林，逐步变为针叶和阔叶混交林、针叶林，再到高山草甸、苔原，这些植物景观的变化都说明了气候垂直带的存在，就是随海拔高度升高，气温逐渐下降，降水量逐步提高，气候由暖干变为冷湿的缘故。山区降水一般随高度升高而增加，但是到达一定高度，降水量不再增加，然后随高度升高，降水量反而减少。据不完全观测数据分析，最大降水带位于海拔高度 2000 m 左右，阿尔泰山区森塔斯站海拔 1900 m，年降水量 > 600 mm；喀纳斯湖附近海拔 2000 m，年降水量 1000 mm。海拔高度越高气温越低，气候形态由山前准平原的干旱气候，向山区逐渐过渡为半干旱、半湿润、湿润的气候特征，气候的垂直变化非常明显。

　　阿勒泰地区灾害性天气种类较多。阿勒泰地区地处北半球中纬度地带，并且地貌特征具有多样性，导致气象灾害种类的多样性。平原丘陵地区以大气干旱为主，暖季主要是干热风、冰雹、雷电、大风、局地暴雨洪水；冷季主要是寒潮、大风、积雪、风吹雪，有些年份，因降雪多形成"黑灾"，另外，因降雪多又引发"白灾"；秋冬、冬春的转换季节有寒潮、大风、霜冻、春季融雪性山洪等。气象灾害给人民的生命财产造成严重损失，尤其是以露天生产的农牧业和工矿企业损失最为严重。

　　在气候季节上，具有冬长夏短的特点。有些山区无夏季，春秋相连。气候季节与天文季节意义不同。天文季节是根据太阳在黄道上所处的位置来确定。我国黄河流域流传着二十四节气，按时令冷暖安排农业生产。全国各地都有根据当地的气候特点、温度变化安排生产活动的习惯。这些气候季节的内容尽管有差异，但都是适应农业气候的不同方式，都围绕着温度变化这个核心。为了方便生产生活，气象上对季节也有类似规定，在阿勒泰地区，一般说来，4—5 月为春季，6—8 月为夏季，9—10 月为秋季，12 月至翌年 3 月为冬季。

　　就全国大范围来说，气象上提出一种符合自然生态的四季划分标准：以稳定通过①的日平均气温为标准，当气温稳定通过 10℃时由冬季进入春季，高于 22℃时，春季结束夏季来临。夏季高温期过后，持续低于 22℃，预示秋季到来，气温下降到 10℃时秋季结束，冬季到来。这里定义的气候季节，在全国范围内虽有较好的代表性，但是在新疆，尤其是阿勒泰地区就不太适宜。

　　依据新疆维吾尔自治区气象业务标准，界定气候季节同样以日平均温度稳定通过界限值为准，稳定通过≥22℃的首日为入夏；稳定通过< 22℃的首日为入秋；稳定通过≤0℃的首日为开始入冬；冬季过后，稳定通过> 0℃的首日就是开春。阿勒泰地区属于典型的北方寒冷气候区，夏季标准调整到 20℃，其他不变。即，≥20℃期间为夏季，≤0℃期间为冬季，春季是 0 ～ 20℃，秋季是 20 ～ 0℃，这样更符合阿勒泰地区的实际。据此，在阿勒泰地区范围内，中、南部准平原区四季分明。季节的气象标准，更适配农业生产实际，适应百姓的日常生活。阿勒泰地区整体上冬长、夏短；浅山丘陵以上至高山积雪带以下，只有冷、暖两季之分。

1.2.1.1　春季（4—5 月）气候特点

　　阿勒泰地区，一般于 3 月下旬至 4 月气温回暖，走出冬季。春天由南向北，自西向东，从海拔低处开始，向高海拔推进，0℃界限先后在各地稳定通过，积雪消融、土壤解冻，开春气息渐浓。地面上，蒙古冷高压中心强度减弱，主体向北退缩，南方暖空气势力逐渐增强北上，本区气温上升；高空，在乌拉尔山地区常有高压脊活动，脊前偏北气流引导北方冷空气南下入侵本区，天气过程频繁。当有强冷空气入侵时，大风、降温、霜冻等灾害性天气频发。春季最显著的气候特点，就是日升温幅度大，降温也很激烈，气温极不稳定（表 1.2）。

---

① 稳定通过：指日平均值连续 5 天平均达到或超过某界限值，下同。

表 1.2　阿勒泰地区春季温度上升幅度　　　　　　　　　单位：℃

计算方法	哈巴河县	吉木乃县	布尔津县	福海县	阿勒泰市	富蕴县	青河县
T4～T3	11.8	10.3	12.1	12.9	12.4	13.1	11.8
T5～T4	7.7	7.5	7.7	8	7.7	7.5	7.5

注：T3、T4、T5，分别指 3 月、4 月、5 月平均气温。

春季气温迅速升高牧草率先返青，同时快速进入春小麦适播期。开春越早对春小麦生长越有利，有利于避开灌浆期的干热风危害。阿勒泰地区是一年一熟制农业，气温升高加速土壤水分蒸发，土壤失墒快，因此抢墒播种时间紧，任务重。

另外，阿勒泰地区开春期的年际振幅大，也是一个重要特点。各县市开春最早的年份可提前到 3 月 15—24 日，开春最晚的年份有时延迟到 4 月 15—17 日，变差达 30 多天。有的县市春季升温的速度年际间变化非常大，如富蕴县，1974 年 3 月到 4 月平均气温升高了 21.2℃，而 1963 年月平均气温 4 月份较 3 月份反而降低了 0.8℃。开春期随着海拔高度增加而推迟，春小麦适播期相差 20 天以上。

气温是组成气候的主要因子，因春季气温变化趋势不同，给农牧业生产带来的影响迥异。经统计分析，阿勒泰地区春季气候趋势类型大体可分成四种：

A. 稳定回暖型。主要特征是开春早。3 月中、下旬即开春，随后气温缓慢上升，冷空气入侵强度弱，气温变化幅度小，降水量少。天气较稳定，少寒冷危害；降水天气少。开春较早，总体上对农牧业生产利多于弊。

B. 早寒平温型。主要特征是开春晚。4 月上、中旬先后开春，随后气温迅速上升，气温变化幅度不大，稳定开春。

C. 春温波动型。主要特征是开春早，但气温变化有弱波动。3 月中、下旬先后开春，冷暖变化幅度不大，天气不稳定，降水较多。

D. 倒春寒型。主要特征是开春期适中，但不稳定，气温回撤幅度较大。3 月上、中旬开春，4 月上、中旬气温又急剧下降，重返冷季。也就是说，一次性开春不成功。低温经常要持续 3 天以上。

春季多风是阿勒泰地区春季气候又一个重要的特点。阿勒泰地区素有"春旱多风"一说。春季发生的大风次数多于其他季节；春季平均风速明显大于其他三季。阿勒泰地区各地春季平均风速为 2.2～4.5 m/s，均为四季之首，哈巴河县除外；大风日数，除青河县四季均无大风出现外，其余亦为四季之冠；最多的黑山头测站，月平均达 8.7 天，也就是说，3～4 天就有一场大风；最大风速 34.0 m/s，出现在福海县。

春季干旱。春季降水与后冬（1—3 月）比较有明显增多，仅次于夏季；但与此同时，春季多风，气温回升快，蒸发量增加迅猛，是同期降水量的 11～25 倍，天干物燥，春季多风，旱情加剧。阿勒泰地区长年降水少，是气候型缺水，春季降水尤其少，因此，春季干旱是常态。

1.2.1.2　夏季（6—8 月）气候特点

夏季热量不足、气温不高，但相对比较稳定。南部平原地区于 5 月下旬入夏，浅山丘陵区于 6 月中旬夏季来临。阿勒泰地区属北温带冷凉气候区，季平均气温，河谷平原区在 20～22℃，浅山丘陵区仅有 17～19℃。吉木乃县仅有 7 月份高于 20℃，青河县夏季各月均低于20℃，是全地区唯一没有夏季的县。见表1.3。

表1.3　阿勒泰地区夏季6—8月平均气温　　　　　　　　　　单位：℃

		哈巴河县	吉木乃县	布尔津县	福海县	阿勒泰市	富蕴县	青河县
平均气温	6月	20.4	18.7	21.1	21.9	20.2	20.8	17.8
	7月	22.4	20.8	22.7	23.4	21.7	22.8	19.6
	8月	20.6	19.3	20.4	21.1	20.1	20.8	17.6
季度平均		21.1	19.6	21.4	22.1	20.7	21.5	18.3

辖区内戈壁沙漠面积比例高，受下垫面环境影响，气温日较差大，月平均日较差都在11℃以上。最大月平均日较差，富蕴测站8月高达15.9℃。极端最高气温各县市夏季都有37℃以上的高温纪录，其中，富蕴县"拔得头筹"，高达42.2℃。见表1.4。

表1.4　阿勒泰地区夏季平均日较差和极端最高气温　　　　　　单位：℃

	哈巴河县	吉木乃县	布尔津县	福海县	阿勒泰市	富蕴县	青河县
季平均	13.9	11.3	14.0	14.1	13.3	15.3	14.8
极端最高气温	39.5	39.0	39.4	40.0	37.5	42.2	38.4

阿勒泰地区夏季6—8月降水量，平均占年总量的30%以上，位于萨吾尔山的黑山头站占年平均降水的60%。≥10 mm降水日数，各县市月平均都不足一天。日最大降水量，1976年6月28日哈巴河县54.0 mm，是阿勒泰地区各县市的最高值。阿勒泰地区夏季的丘陵山区常有局地暴雨，引发山洪地质灾害。山区局地暴雨一般范围较小，常规气象观测站网难以捕捉，是所谓"大网漏小鱼"。新一代多普勒天气雷达项目建成后有望极大地改善目前的尴尬状态。暴雨灾后调查是补充缺漏气候记录的主要方法。据调查，阿勒泰市区乌拉斯沟、东山沟、将军山沟、园艺场沟等地是暴雨山洪灾害的多发区。阿勒泰市的红墩乡、克木齐乡、汗德尕特乡是山洪灾害多发乡镇。此外，阿尔泰山区、布尔津县的黑流滩，富蕴县的库额尔齐斯镇、乌洽沟、喀拉通克乡、恰库图镇、杜热乡，青河县的二台，吉木乃县的哈尔交乡等地均是暴雨山洪灾害多发地。阿勒泰地区夏季降水情况见表1.5。

表1.5　阿勒泰地区夏季降水状况

		哈巴河县	吉木乃县	布尔津县	福海县	阿勒泰市	富蕴县	青河县
降水量（mm）	6月	20.9	20.8	16.7	13.7	16	21.5	21.9
	7月	22.7	28.2	24.1	22.5	28	32.4	29.6
	8月	15.7	21.1	15.1	16.5	20.3	17.4	20.2
季合计（mm）		59.3	70.1	55.9	52.7	64.3	71.3	71.7
季年比（%）		28.8	31.5	35.1	40.2	30.2	34.0	37.9

阿勒泰地区夏季多局地强对流天气。6—8月受下垫面剧烈增温影响，配合短波天气系统，多发生局地性强对流天气，降水强度大，持续时间短，伴有雷暴、大风、冰雹等，灾害重。如青河县，1995年7月13日，查干郭勒乡发生雷电、暴雨、洪水，雷击死亡3人；布尔津县，2002年6月26—27日冰雹、雷电，雷击死亡2人。富蕴县吐尔洪乡乌亚拜村夏牧场，2007年8月28日暴雨、雷电，雷击死羊245只。

1.2.1.3 秋季（9—10月）气候特点

阿勒泰地区稳定通过＜15℃的第一天，作为气候季节入秋日。按此标准，河谷平原地区始于9月上旬，浅山丘陵区始于8月下旬。阿勒泰地区秋季最显著的特点就是秋高气爽。暑期结束，入秋后阵阵秋风、天高云淡，降雨天气减少，雷暴、冰雹天气逐渐消失。秋季（9—10月）降水量较夏季有所减少，无降水日数都在45～50天。见表1.6。

表1.6 阿勒泰地区秋季降水量与降水日数

	哈巴河县	阿勒泰市	布尔津县	福海县	富蕴县	青河县	吉木乃县
降水量（mm）	36.0	30.3	24.4	23.8	30.4	28.5	33.8
降水日数（日）	14.1	11.9	11.4	11.6	12.3	10.9	15.5

秋季月平均气温迅速下降，9月较8月下降6℃左右，10月较9月下降8℃左右。入秋后，冷空气活动逐渐加强，降温幅度增大。秋季中后期，强冷空气活动时，寒潮天气即将降临。

初霜（最低气温≤0℃日）是秋季最重要的气候事件。秋霜降临，标志着作物生长即将停止。不同年份秋霜的出现有早有晚。认识秋霜的活动规律对农业生产具有重要的意义。阿勒泰地区的作物生长季节短，多是一年一熟制，成为农业生产难以逾越的鸿沟。阿勒泰地区各地初霜多出现在9月下旬到10月初，年际变化较大。见表1.7。

表1.7 阿勒泰地区初霜日期　　　　　　　　　　　　　单位：月－日

	哈巴河县	布尔津县	福海县	阿勒泰市	富蕴县	青河县	吉木乃县
平均	10－03	09－30	10－02	09－30	09－26	09－17	09－30
最早	09－06	09－07	09－07	09－06	09－06	08－25	09－04
最晚	10－22	10－20	10－20	10－18	10－14	10－01	10－31

1.2.1.4 冬季（11至翌年3月）气候特点

冬季严寒漫长是阿勒泰地区冬季最显著的气候特征。阿勒泰地区冬季持续时间5个月左右。一般在10月下旬至11月上旬先后入冬。冬季最短的是布尔津县为142天，极端最长冬季是青河县192天（2003年）。最冷月（1月）平均气温，萨吾尔山丘陵区受冬季逆温层影响，多为-12℃左右，阿尔泰山前山丘陵区-15℃左右，浅山地带达-20℃以下，准噶尔盆地北缘地带-20℃左右。各测站极端最低气温，除萨吾尔山浅山丘陵区外，其余测站均在-40℃以下。富蕴县城1969年1月26日测得-49.8℃。富蕴县可可托海站1960年1月20日测得-50.7℃，第二天，可可托海矿区测得-51.5℃，该记录是阿勒泰地区的实测最低气候极值。由表1.8知，阿勒泰地区各县市所处的地理环境不同，具有不同的气候差异性。阿勒泰、布尔津、哈巴河地形的区域相似度较高，表现的气候相似度也较高。同理富蕴、青河区域代表北部阿尔泰浅山丘陵区，气候相似度较高。吉木乃县独处萨吾尔山区，具有独特的气候特征，冬季受逆温层影响，温度相对较高。福海县地势平坦，位于南部荒漠开阔地带，与其他县市相比有独特的下垫面特征，辐射降温显著，因此冬季温度相对较低。

阿勒泰地区冬季积雪分布广，是新疆冰雪资源最丰富的地区。2018年9月18日阿勒泰市被授予"中国雪都"国家气候标志。中国气候与气候变化标准化技术委员会组织来自气候、生态、环境、地理等领域的专家，对国家气候中心编制的《新疆阿勒泰市国家气候标志评估报告》进行了严格评审，专家组一致认为：新疆阿勒泰市符合国家气候标志生态气候"雪都"评价标准。阿勒泰市冰雪气候优势主要表现在六个方面：一是降雪量丰沛，初雪早、终雪迟，降雪期长。阿勒泰市年均降雪量 86.8 mm，降雪期 179 天；二是积雪日数多、积雪厚、雪质好。阿勒泰市积雪日数达 133.6 天，冬季最大积雪深度 94 cm，为全国之最。以干燥松软的粉雪为主，雪质高；三是光温风条件好，适宜滑雪日数多。阿勒泰市冬季气温低，日照时数多，平均风速小，小雪日数多，适宜滑雪日数超过 85%，冰雪气候景观丰富（图 1.1）；四是空气质量优良率达 99.6%，$PM_{2.5}$ 平均浓度仅为 13.4 $\mu g/m^3$，在全国空气质量名列前茅。负氧离子含量达到"特别清新"标准，21 世纪以来绿色植被指数增长 9.8%，持续向好；五是气候风险偏低，气象灾害损失小，是我国气象灾害损失偏轻的县市；六是气候变化对雪资源开发有利。阿勒泰冬半年气温有明显的增加趋势，严寒日数为减少趋势；降雪量和最大积雪深度有增加趋势，但积雪日数变化不明显。

表 1.8　阿勒泰地区冬季气温　　　　　　　　　　　　　　　　单位：℃

		哈巴河县	吉木乃县	布尔津县	福海县	阿勒泰市	富蕴县	青河县
平均气温	11 月	−3.2	−4.2	−3.7	−4.0	−4.0	−5.7	−8.9
	12 月	−11.2	−10.1	−12.7	−14.3	−12.6	−16.2	−18.8
	1 月	−14	−12.0	−16	−18.6	−15.3	−19.3	−21.5
	2 月	−11.9	−10.4	−13.1	−15.3	−12.7	−15.7	−17.1
	3 月	−4.0	−4.3	−3.6	−4.4	−4.5	−5.3	−6.4
	冬季	−8.9	−8.2	−9.8	−11.3	−9.8	−12.4	−14.5
最低气温	极值	−44.8	−38.8	−41.2	−42.7	−43.5	−49.8	−49.7
	时间	1966-12-20	1987-11-25	1966-12-20	1969-01-29	1966-12-20	1969-01-26	1969-01-27

图 1.1　阿勒泰市滑雪场

初雪日最早出现在黑山头站，时间是 1986 年 9 月 4 日，积雪深度 3 cm。终雪日最晚出现在 1985 年 6 月 3 日的青河县，当日积雪深度 2 cm；稳定积雪期多始于 11 月，终止

于 3 月中、下旬；最大积雪深度，2010 年 3 月青河县最大雪深 95 cm，2010 年 3 月阿勒泰
国家基准气候站测得最大雪深 94 cm；同年阿勒泰市区生态园观测点测得雪深 120 cm。阿
勒泰地区积雪期从山区向丘陵平原区逐渐缩短，积雪厚度逐渐变薄。据不完整的资料分
析，由额尔齐斯河、乌伦古河的两河谷地—丘陵地带—阿尔泰山中山带积雪深度变化呈
1：3：8 的分布规律。冬季各县市降雪量见表 1.9。

表 1.9　阿勒泰地区冬季降雪量　　　　　　　　单位：mm

	11 月	12 月	1 月	2 月	3 月	冬季合计
哈巴河县	27.0	15.2	9.8	8.3	10.7	71.0
吉木乃县	24.4	15.8	12.8	8.3	13.1	74.4
布尔津县	17.4	11.4	9.6	6.3	7.6	52.3
福海县	9.6	7.6	6.7	3.5	4.7	32.1
阿勒泰市	25.1	22.6	17.5	9.3	10.4	84.9
富蕴县	25.1	17.5	14.3	9.0	11.0	76.9
青河县	21.4	13.5	10.5	6.3	9.1	60.8

以上对阿勒泰地区四季的气候特点进行了简单的分析描述。如果用一段最精练的话来
描述阿勒泰地区一年四季气候，就是：春旱多风，夏暑短暂，秋高气爽，寒冬漫长。

1.2.2　各县市气候概况

根据各县市首府所在地国家气候数据集分析，标准气候值取 1981—2010 年多年平
均值。

1.2.2.1　阿勒泰市气候概况

阿勒泰市大陆性气候明显，以干旱为基本特征，但山区降水较丰富。年平均气温
4.8 ℃，气温年变化和日变化大，暖季光照充足，有利于植物生长。降水少，蒸发大，年降
水量 213 mm，蒸发量 1598 mm。由南部平原戈壁干燥少雨，向北部山区气候带变化明显，
山区降水较多。山前丘陵区年降水量在 160 ～ 360 mm，观测到阿尔泰山区森塔斯年降水量
在 350 ～ 600 mm。平原戈壁区年降水量在 200 mm 以下。各月情况见表 1.10 和图 1.2。日照时
数 2999 h，日照百分率 66 %。

灾害性天气种类多，平原丘陵地区是永久性干旱区，暖季有干热风、冰雹、雷电、大风、
局地暴雨山洪；冬季有寒潮、大风和积雪异常的黑灾或白灾；春秋转换季节有寒潮、大风、霜
冻、春季融雪性山洪等。气象灾害损失以农牧业生产最为严重。

表 1.10　阿勒泰市月平均气温、降水量

	1 月	2 月	3 月	4 月	5 月	6 月	7 月	8 月	9 月	10 月	11 月	12 月	年平均
气温（℃）	−15.3	−12.7	−4.5	7.9	15.6	20.2	21.7	20.1	14.3	6.3	−4.0	−12.6	4.8
降水（mm）	17.5	9.3	10.4	14.3	18.8	16.0	28.0	20.3	14.1	16.2	25.1	22.6	212.6

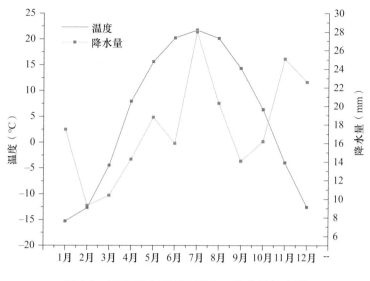

图 1.2　阿勒泰市月平均温度、降水量年变程

初霜期、终霜期、无霜期：平均初霜期 9 月 30 日，终霜期 5 月 2 日，平均无霜期152 天。

春季大风① 日数：春旱多风是一大气候特征，平均大风日数春季为 5.6 天，平均风速3.3 m/s。夏季为 3.2 天，秋季为 2 天，冬季较少。

≥10℃的积温：初日 5 月 4 日，终日 9 月 25 日，初终间日 145 天，积温 2741 ℃·d，期间降水量 89 mm，日照 1541 h。

入冬期、开春期：多年平均入冬期为 11 月 7 日，多年平均开春期为 3 月 30 日。

阿勒泰市 1954 年 1 月至 2010 年 6 月气候极值见表 1.11。

表 1.11　阿勒泰市 1954 年 1 月至 2010 年 6 月气候极值

要素	极值	出现日期
极端最高气温	37.5℃	1992 年 7 月 16 日、2002 年 8 月 12 日
极端最低气温	−41.7℃	2001 年 12 月 11 日
最大年降水量	310.4 mm	1993 年
最大月降水量	82.6 mm	1993 年 7 月
最大日降水量	41.2 mm	1993 年 7 月 27 日
最大雪深	94 cm	2010 年 1 月 18 日
月平均最大日照	382.7h	1991 年 5 月
最大风速（2 min 平均）	22.1 m/s	1998 年 4 月 18 日
极大风速	42.6 m/s	1981 年 7 月 15 日

1.2.2.2　哈巴河县气候概况

哈巴河县大陆性气候明显，降水少，以气候型干旱为基本特征，北部山区降水丰富。冬春多风，气温年变化和日变化大，暖季光照充足，有利于植物生长。

年平均气温 5.3℃。蒸发大，蒸发量 1901 mm。年降水少，年降水量 206 mm，南部

---

① 大风标准：风速≥17.0 m/s，下同。

平原戈壁干燥少雨，山区降水较多。北部山区气候带变化显著。山前丘陵区年降水量在160～350 mm，山区年降水量在350～600 mm，平原戈壁区年降水量在200 mm以下。日照时数2837 h，日照百分率62%。具体温度、降水情况见表1.12、表1.13和图1.3。

灾害性天气种类多，平原戈壁是大气永久性干旱区。暖季有干热风、冰雹、雷电、大风、局地暴雨山洪；冬季有寒潮、大风和冬牧场积雪异常时的黑灾或白灾；转换季节有寒潮、大风、霜冻等。气候干旱是农牧业生产的主要灾害。

表 1.12　哈巴河县月平均温度、降水量

	1月	2月	3月	4月	5月	6月	7月	8月	9月	10月	11月	12月	年平均
气温（℃）	−14	−11.9	−4.0	7.8	15.5	20.4	22.4	20.6	14.5	6.7	−3.2	−11.2	5.3
降水量（mm）	9.8	8.3	10.7	18.6	20.8	20.9	22.7	15.7	16.5	19.5	27.0	15.2	205.7

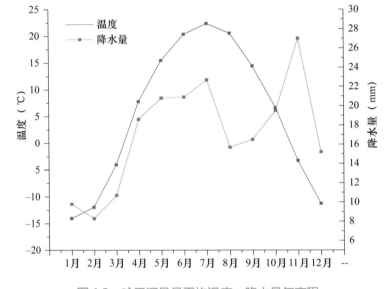

图 1.3　哈巴河县月平均温度、降水量年变程

初霜期、终霜期、无霜期：平均初霜期10月3日，终霜期4月28日，平均无霜期159天。

春季大风日数、风力资源：春旱多风是一大气候特征，平均风速3.9 m/s。大风日数6.8天，位居阿勒泰地区各县市第二，风力资源丰富，适合风电开发。

≥10℃的积温：初日5月4日，终日9月26日，初终间日146天，积温2802 ℃·d，期间降水量90 mm，日照1527 h。

入冬期、开春期：多年平均入冬期为11月8日，多年平均开春期为3月30日。

表 1.13　哈巴河县 1957 年 11 月至 2010 年 6 月气候极值

要素	极值	出现日期
极端最高气温	39.5℃	2004 年 7 月 14 日
极端最低气温	−44.8℃	1966 年 12 月 20 日

要素	极值	出现日期
最大年降水量	295.1 mm	1987 年
最大月降水量	73.5 mm	2005 年 6 月
最大日降水量	54.0 mm	1976 年 6 月 28 日
日最大雪深	68 cm	2010 年 1 月 8 日

1.2.2.3　吉木乃县气候概况

吉木乃县大陆性气候明显，以干旱为基本特征，境内萨乌尔山区降水略多。年平均气温 4.6 ℃，气温年变化和日变化大。暖季光照充足，有利于植物生长。降水少，蒸发大，年降水量 223 mm，蒸发量 2067 mm。萨乌尔山区年降水量在 160～300 mm；平原戈壁区年降水量在 200 mm 以下。日照时数 2882 h，日照百分率 64%。温度、降水情况见表 1.14、表 1.15 和图 1.4。

表 1.14　吉木乃县月平均气温、降水量

	1 月	2 月	3 月	4 月	5 月	6 月	7 月	8 月	9 月	10 月	11 月	12 月	年平均
气温（℃）	−12.0	−10.4	−4.3	6.0	13.5	18.7	20.8	19.3	13.1	5.0	−4.2	−10.1	4.6
降水量（mm）	12.8	8.3	13.1	17.5	27.0	20.8	28.2	21.1	16.6	17.2	24.4	15.8	222.8

灾害性天气种类多，平原戈壁是大气永久性干旱区，暖季有干热风、冰雹、雷电、大风；冬季有寒潮、大风、冬牧场积雪异常的黑灾或白灾；转换季节有寒潮、大风、霜冻、春季融雪性山洪等。气候干旱是农牧业生产的主要灾害。

初霜期、终霜期、无霜期：平均初霜期 9 月 30 日，终霜期 5 月 4 日，平均无霜期 150 天。

春季大风日数、风力资源：春旱多风是一大气候特征，平均风速 4.5 m/s。大风日数 8.1 天，位列阿勒泰地区各县市第一，风力资源丰富，适合风电开发。

≥10℃的积温：初日 5 月 16 日，终日 9 月 19 日，初终间日 127 天，积温 2341 ℃·d，期间降水量 89 mm，日照 1293 h。

入冬期、开春期：多年平均入冬期为 11 月 8 日，多年平均开春期为 4 月 6 日。

表 1.15　吉木乃县 1960 年 8 月至 2010 年 6 月气候极值

要素	极值	出现日期
极端最高气温	39.0℃	2004 年 7 月 14 日
极端最低气温	−38.8℃	1987 年 11 月 25 日
最大年降水量	363.5 mm	1969 年
最大月降水量	101.9 mm	1969 年 7 月
最大日降水量	32.6 mm	2007 年 7 月 1 日
日最大雪深	73 cm	2010 年 1 月，共 3 天
最大风速（2 min 平均）	27.4 m/s	208 年 4 月 27 日
极大风速	34 m/s	1966 年 2 月 1 日

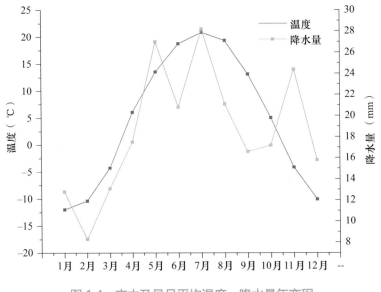

图 1.4　吉木乃县月平均温度、降水量年变程

1.2.2.4　布尔津县气候概况

布尔津县大陆性气候明显，以干旱为基本特征，但山区降水较多。年平均气温 5.0℃，气温年变化和日变化大，暖季光照充足，有利于植物生长。降水少，蒸发大，年降水量 159 mm，蒸发量 1597 mm。由南部平原戈壁干燥少雨，向北部山区降水增多，山区气候带变化明显。山前丘陵区年降水量 160～360 mm；喀纳斯山区年降水量 600～1000 mm；平原戈壁区年降水量 200 mm 以下。日照时数 2829 h，日照百分率 62%。

灾害性天气种类多，平原丘陵地区是大气永久性干旱区，暖季有干热风、冰雹、雷电、大风、局地暴雨山洪；冬季有寒潮、大风、积雪异常的黑灾或白灾；转换季节有寒潮、大风、霜冻、春季融雪性山洪等。气象灾害给人民的生命财产造成损失，以农牧业生产最为严重。温度、降水情况见表 1.16、表 1.17 和图 1.5。

初霜期、终霜期、无霜期、光热资源：平均初霜期 9 月 29 日，终霜期 4 月 25 日，平均无霜期 158 天，光热资源丰富。

春季大风日数和风力资源：春旱多风是一大气候特征，平均风速 4.2 m/s。大风日数 6.1 天，在阿勒泰各县市中名列第三。风力资源较为丰富，适合风电开发。

≥10℃的积温：初日 5 月 1 日，终日 9 月 26 日，初终间日 149 天，积温 2875℃·d，期间降水量 78 mm，日照 1532 h。

入冬期、开春期：多年平均入冬期为 11 月 5 日，多年平均开春期为 3 月 28 日。

表 1.16　布尔津县月平均气温、降水

	1月	2月	3月	4月	5月	6月	7月	8月	9月	10月	11月	12月	年平均
气温（℃）	−16	−13.1	−3.6	8.5	16.2	21.1	22.7	20.4	14.1	6.2	−3.7	−12.7	5.0
降水（mm）	9.6	6.3	7.6	11.5	15.3	16.7	24.1	15.1	10.8	13.6	17.4	11.4	159.4

表 1.17　布尔津县 1961 年 1 月至 2010 年 6 月气候极值

要素	极值	出现日期
极端最高气温	39.4℃	2002 年 8 月 12 日
极端最低气温	−41.2℃	1966 年 12 月 20 日
最大年降水量	219.7 mm	1993 年
最大月降水量	64.0 mm	1993 年 7 月
最大日降水量	34.0 mm	1994 年 7 月 7 日
日最大雪深	58 cm	2010 年 3 月 23 日
最大风速（2 min 平均）	29 m/s	1987 年 4 月 29 日

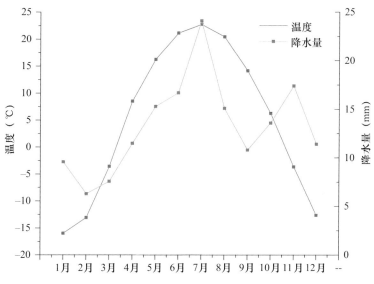

图 1.5　布尔津县月平均温度、降水量年变程

1.2.2.5　福海县气候概况

福海县大陆性气候明显，以干旱为基本特征。年平均气温 4.7℃，气温年变化和日变化大，暖季光照充足，有利于植物生长。降水少，蒸发大，年降水量 131 mm，蒸发量 1736 mm。南部平原戈壁，干燥少雨。日照时数 2909 h，日照百分率 64%。

灾害性天气种类多，平原丘陵地区是大气永久性干旱区，暖季有干热风、冰雹、雷电、大风、局地暴雨山洪；冬季有寒潮、大风和冬季积雪异常时的黑灾或白灾；转换季节有寒潮、大风、霜冻等。气候干旱是农牧业生产的主要灾害。温度、降水情况见表 1.18、表 1.19 和图 1.6。

表 1.18　福海县月平均气温、降水量

	1 月	2 月	3 月	4 月	5 月	6 月	7 月	8 月	9 月	10 月	11 月	12 月	年平均
气温（℃）	−18.6	−15.3	−4.4	8.5	16.5	21.9	23.4	21.1	14.8	6.3	−4.0	−14.3	4.7
降水量（mm）	6.7	3.5	4.7	7.3	15.3	13.7	22.5	16.5	13.1	10.7	9.6	7.6	131.2

初霜期、终霜期、无霜期：平均初霜期 10 月 2 日，终霜期 4 月 27 日，平均无霜期

159 天。

春季大风日数：春旱多风是重要的气候特征，平均风速 3.2 m/s，大风日数 6.6 天。

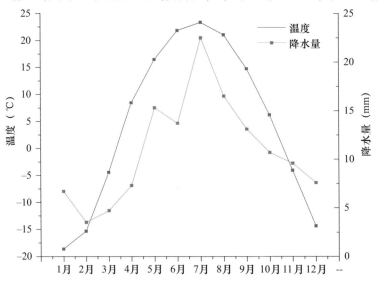

图 1.6　福海县月平均温度、降水量年变程

≥10℃的积温：初日 5 月 1 日，终日 10 月 1 日，初终间日 154 天，积温 3030℃·d，期间降水量 79 mm，日照 1574 h。积温排名阿勒泰地区各县市第一，是阿勒泰地区光热资源最好的地区。

入冬期、开春期：多年平均入冬期为 11 月 7 日，多年平均开春期为 3 月 27 日。

表 1.19　福海县 1957 年 11 月至 2010 年 6 月气候极值

要素	极值	出现日期
极端最高气温	40.0℃	2004 年 7 月 4 日
极端最低气温	−42.7℃	1969 年 1 月 29 日
最大年降水量	215.0 mm	1984 年
最大月降水量	107.2 mm	1984 年 7 月
最大日降水量	33.2 mm	1973 年 8 月 14 日
日最大雪深	47 cm	2010 年 3 月 17 日
月平均最大日照	3700 h	1978 年 7 月
最大风速（2 min 平均）	16.3 m/s	2005 年 4 月 29 日

1.2.2.6　富蕴县气候概况

富蕴县大陆性气候明显，干旱为基本特征，但山区降水增多。年平均气温 3.8℃，气温年变化、日变化大，暖季光照充足，有利于植物生长。降水少，蒸发大，年平均降水量 210 mm，蒸发量 2088 mm。由南部平原戈壁干燥少雨向山区降水增多，北部山区气候带变化明显。山前丘陵区年降水量在 160～360 mm；北部山区年降水量在 350～600 mm；平原戈壁区年降水量在 200 mm 以下。日照时数 2883 h，日照百分率 64%。极端最低气温 −51.5℃（1960 年 1 月 21 日，可可托海站），创造阿勒泰地区和新疆的最低纪录。气温、降水情况见表 1.20、表 1.21 和图 1.7。

　　灾害性天气种类多，平原丘陵地区是大气永久性干旱区，暖季有干热风、冰雹、雷电、大风、局地暴雨山洪；冬季有寒潮、大风和积雪异常时的黑灾或白灾；转换季节有寒潮、大风、霜冻、春季融雪性山洪等。气象灾害给人民的生命财产造成损失，以农牧业生产最为严重。

表 1.20　富蕴县月平均气温、降水

	1 月	2 月	3 月	4 月	5 月	6 月	7 月	8 月	9 月	10 月	11 月	12 月	年平均
气温（℃）	−19.3	−15.7	−5.3	7.8	15.3	20.8	22.8	20.8	14.4	5.7	−5.7	−16.2	3.8
降水（mm）	14.3	9.0	11.0	13.1	18.0	21.5	32.4	17.4	14.1	16.3	25.1	17.5	209.7

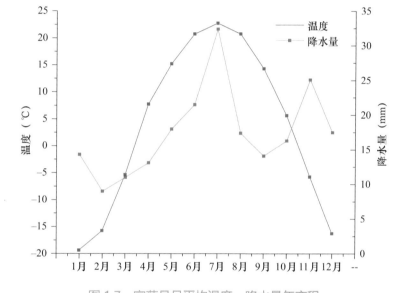

图 1.7　富蕴县月平均温度、降水量年变程

　　初霜期、终霜期、无霜期：平均初霜期 9 月 26 日，终霜期 4 月 30 日，平均无霜期 150 天。

　　春季大风日数：春旱多风是重要的气候特征。春季平均风速 3.0 m/s，大风日数 3.8 天，是阿勒泰地区大风日数较少县。

　　≥10℃的积温：初日 5 月 5 日，终日 9 月 24 日，初终间日 143 天，积温 2788℃·d，期间降水量 96 mm，日照 1439 h。

　　入冬期、开春期：多年平均入冬期为 11 月 8 日，多年平均开春期为 3 月 29 日。

表 1.21　富蕴县 1961 年 6 月至 2010 年 6 月气候极值

要素	极值	出现日期
极端最高气温	42.2℃	2004 年 7 月 14 日
极端最低气温	−49.8℃	1969 年 1 月 26 日
最大年降水量	309.3 mm	2000 年
最大月降水量	122.9 mm	1993 年 7 月

续表

要素	极值	出现日期
最大日降水量	41.9 mm	1992 年 6 月 4 日
日最大雪深	88 cm	2010 年 1 月 8 日
月平均最大日照	375.4h	1990 年 6 月
最大风速（2 min 平均）	25.0 m/s	1972 年 3 月 21 日

1.2.2.7 青河县气候概况

青河县大陆性气候明显，以干旱为基本特征，但山区降水较多。年平均气温 1.3℃，气温年变化和日变化大，暖季光照充足，有利于植物生长。降水少，蒸发大，年降水量 189 mm，蒸发量 1367 mm。由南部平原戈壁干燥少雨向山区降水增多，北部山区气候带变化明显。山前丘陵区年降水量在 160 ～ 360 mm；北部山区年降水量在 350 ～ 600 mm；平原戈壁区年降水量在 200 mm 以下。日照时数 3046 h，日照百分率 68%。气温、降水情况见表 1.22、表 1.23 和图 1.8。

灾害性天气种类多，平原丘陵地区是大气永久性干旱区，暖季有干热风、冰雹、雷电、大风、局地暴雨山洪；冬季有寒潮、大风和积雪异常时的黑灾或白灾；转换季节有寒潮、大风、霜冻、春季融雪性山洪等。气象灾害给人民的生命财产造成损失，以农牧业生产最为严重。

表 1.22　青河县月平均气温、降水量

	1 月	2 月	3 月	4 月	5 月	6 月	7 月	8 月	9 月	10 月	11 月	12 月	年平均
气温（℃）	−21.5	−17.1	−6.4	5.4	12.9	17.8	19.6	17.6	11.6	3.3	−8.9	−18.8	1.3
降水量（mm）	10.5	6.3	9.1	11.5	16.7	21.9	29.6	20.2	14.6	13.9	21.4	13.5	189.2

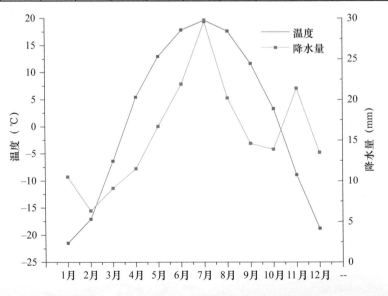

图 1.8　青河县月平均温度、降水年变程

初霜期、终霜期、无霜期：平均初霜期 9 月 17 日，终霜期 5 月 11 日，平均无霜期 130 天，无霜期短，不适合种植喜温作物。

春季大风日数：春季平均风速 2.2 m/s，大风日数 0 天，个别年份偶然出现大风，是阿勒泰地区大风日数最少的县。

≥10℃的积温：初日 5 月 17 日，终日 9 月 16 日，初终间日 123 天，积温 2147℃·d，期间降水量 85 mm，日照 1272 h。

入冬期、开春期：年平均入冬期为 10 月 27 日，多年平均开春期为 4 月 3 日。

表 1.23　青河县 1957 年 10 月至 2010 年 6 月气候极值

要素	极值	出现日期
极端最高气温	38.4℃	2004 年 7 月 14 日
极端最低气温	−49.7℃	1969 年 1 月 17 日
最大年降水量	268.4 mm	1992 年
最大月降水量	96.8 mm	1992 年 7 月
最大日降水量	49.5 mm	1977 年 9 月 14 日
日最大雪深	95 cm	2010 年 3 月 21 日
月平均最大日照	387.9h	1977 年 6 月
最大风速（2 min 平均）	23 m/s	1963 年

1.3　气候变化

进入 21 世纪，由于气候变化的事件越来越多，构成了对自然系统和人类社会各个层面的实质性威胁，引起世界各国的广泛重视。特别是 2007 年政府间气候变化专门委员会（IPCC）第四次评估报告和综合报告的陆续发布，从科学上进一步阐明了人类活动是导致全球气候变化的主要原因。气候变化问题成为热点话题，已经超出气候变化本身的科学范畴，涉及到环境变化、能源安全、粮食安全、经济社会的可持续发展等问题。气候变化是国际社会普遍关心的重大全球性问题，气候变化既是环境问题，也是发展问题，但归根到底是发展问题。世界各国政府间的气候变化大会，多轮会议磋商签署了《联合国气候变化框架公约》，我国积极履行公约，2007 年 6 月，国务院公布《中国应对气候变化国家方案》，积极采取适应和减缓气候变化的措施。

气候变化是全球性、无国界的。阿勒泰地区虽然地处欧亚大陆腹地，也不能幸免。了解阿勒泰地区的气候变化基本情况，有助于各级政府部门高度重视，采取有效的应对措施，抵御气候变化影响，也有助于广大民众提高保护气候环境意识，理解和支持国家减排义务采取的各项措施。

气候变化引起一系列气候要素的变化，对于阿勒泰地区来说，感官上就能够意识到温度提高，降水增多，极端天气事件也增加了许多。事物都有双重性，气候变化带来的负面影响不容置疑，但是利用好气候变化的正面效应，特别是阿勒泰地区热量不足、降水偏少的大农业生产区，正确认识气候变化对农业生产带来的积极作用，具有重要的意义。

1.3.1 气候变化的基本概念

地球气候系统包括五大圈层：大气圈、陆地表面圈、冰雪圈、生物圈以及海洋和其他水体。地球气候系统的各个圈层之间相互作用，存在着非常复杂的关系，从而使气候系统的变化更加复杂。气候通常被描述为平均化的天气，用一个时期内（从数月到数百万年，最典型的是通常采用30年）温度、降水量、风向风速的平均情况及其变化来描述气候。气候受内部和外部因子的作用，引导气候趋势变化。

地球气候系统的根本能源是太阳辐射，任何影响太阳辐射的因素都可以改变地球的辐射平衡。有三种改变太阳辐射的途径：

（1）改变入射的太阳辐射（地球轨道或太阳本身）。

（2）改变反射的太阳辐射（改变地球的反照率），如：云层粒子、火山喷发粒子、大气污染粒子等。

（3）改变地球向太空发射的长波辐射。地球气候系统的温度是由入射的太阳辐射和地球发射长波辐射的辐射平衡决定的，打破平衡将导致地球气候系统的增暖或者降温。

我们常常听到气溶胶这个科学词汇。气溶胶就是空气中的固态、液态和气态颗粒的总称。微粒越小在空气中悬浮滞留的时间越长。比如，新疆塔克拉玛干地区的沙尘暴和扬沙天气过后，空气中的尘粒剧增，微小的尘粒在空气中滞留数日，使得能见度降低，阻碍太阳光透射到地表。从气溶胶的来源分，有自然源和人类源两种。气溶胶通过两种主要方式改变气候：一是散射和吸收太阳辐射和地球的红外辐射；二是气溶胶微粒间的相互作用发生物理和化学变化，这些原生颗粒和变化颗粒改变了云团的物理性质和化学性质，还可能改变云团的生命周期、活动范围，从而影响地球的水循环。有人计算出，巨大的火山爆发可以致使地球表面温度降低 $0.5\,°C$，影响时间可以达到数月或者数年。人类活动造成的烟尘微粒、CO_2 气体等也会显著地影响辐射平衡。水汽、CO_2 等温室气体，能够吸收来自地表和上层的红外辐射，阻碍地表的辐射降温过程。结果就是，像地表上覆盖了一层棉被，这就是温室效应。水汽和 CO_2 是主要的温室气体。工业革命以来，大气中的 CO_2 含量增加了约 35%。根据 IPCC–2007 数据，全球温度变化用自然强迫加人类活动强迫模式、自然强迫模式描述气温变化，如图1.9，黑色实线是实际观测的温度变化情况；蓝色实线之间的带状区是自然强迫模式区域；红色实线间的带状区是自然强迫加人类活动强迫模式区域。不难看出，实际观测气温变化（黑色线），在工业革命后，与红色带状区域相伴拓展，极其显著地脱离了蓝色带状区域。即工业化的化石能源消耗等人类活动影响了全球气温的升高。

气候学家研究指出：大气环流主要是由地球的自转、公转和大气中释放的潜热能驱动的，而大气环流又通过风的运动以及降水、蒸发造成海洋表面的温度、盐度的变化来驱动大部分海洋环流。大尺度的大气运动，推动着天气气候的更迭演变。气候与天气既密切联系又有区别。气候是天气变化的背景，天气是气候舞台上表演的主角。

在气候变暖的情况下，高温事件的发生频率会增加，持续的时间也会延长。气候变化影响雨带移动，一些地区转为干旱趋势，另一些地区则相反，降水增多。

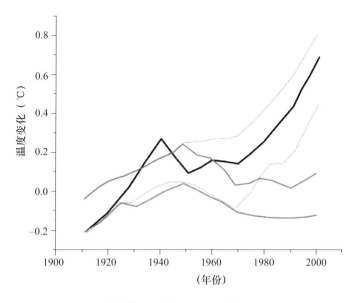

图 1.9　全球气温变化（丁一汇等，2008）

1.3.2　气候变化的主要情况

1.3.2.1　全国大范围气候变化情况

中国近百年的气候发生了明显变化。有关中国近百年来气候变化的主要观测事实包括：

温度变化：近 100 年来全国的年平均气温明显升高，上升幅度为 0.5 ～ 0.8℃，略高于同期全球增温平均值，近 50 年变暖尤其明显。从地域分布看，西北、华北和东北地区气候变暖明显，长江以南地区变暖趋势不显著；从季节分布看，冬季增温最明显。1986—2005 年，中国连续出现了 20 个全国性暖冬。增温主要发生在冬季和春季，夏季气温变化不明显。最近 50 年间，全国气温升高 1.1℃，平均每 10 年增加 0.22℃。北方和青藏高原增温比其他地方显著。西南地区出现降温现象，春夏降温趋势明显。北方气温升高，植物生长期延长。

降水变化：近 100 年和近 50 年中国年均降水量变化趋势不显著，但区域降水变化波动较大。中国年平均降水量在 20 世纪 50 年代以后开始逐渐减少，平均每 10 年减少 2.9 mm，但 1991 年到 2000 年略有增加。从地域分布看，华北大部分地区、西北东部和东北地区降水量明显减少，平均每 10 年减少 20 ～ 40 mm，其中华北地区最为明显；华南与西南地区降水明显增加，平均每 10 年增加 20 ～ 60 mm。20 世纪初期和 30—50 年代降水量偏多，60—80 年代偏少，近 20 年来年降水量有增加的趋势。1990 年以来多数年份高于常年。季节上，近 100 年来秋季降水量略有减少，春季略有增加。近 50 年全国的降水量虽然没有显著的趋势性变化，但地区性差别依然存在。1956—2000 年长江中下游和东南地区降水增加 60 ～ 130 mm，西部大部分地区也有明显增加，东北北部和内蒙古大部分地区有一定程度的增加。而另外一些地区相反，华北、西北东部、东北南部降水量有下降趋势，其中黄河、海河、辽河和淮河流域，1956—2000 年降水量减少了 50 ～ 120 mm。

极端天气与气候事件：近 50 年来，中国主要极端天气与气候事件的频率和强度出现了明显变化。华北和东北地区干旱趋重,长江中下游地区和东南地区洪涝加重。1990 年以来,多数年份全国年降水量高于常年,出现南涝北旱的雨型,干旱和洪水灾害频繁发生。近 20 年来,高温日数增加明显。气候变暖,也体现在无霜期上,全国平均增加 10 天左右,这是最低气温升高比最高气温多的现象之一。全国寒潮事件的发生率有显著下降。西北地区强降水事件频率有所增加,暴雨、暴雪日数增多。北方沙尘天气事件频率有下降趋势。

其他要素变化:近 50 年全国的日照时数、水面蒸发、近地面平均风速等呈减少趋势。全国 1956—2000 年平均日照时间减少了 130 h,约 5%,日照减少最明显的地区是我国东部,特别是华北和华东地区。同期水面蒸发减少了 6% 左右,减少最多的地区是海河、淮河流域,下降了约 13%(约 220 mm)。

海平面、冰川变化:中国沿海海平面年平均上升速率为 2.5 mm,略高于全球平均水平。中国山地冰川快速退缩,并有加速趋势。

未来气候变化趋势:科学家的预测,一是与 2000 年相比,2020 年中国年平均气温将升高 1.3 ~ 2.1℃,2050 年将升高 2.3 ~ 3.3℃。全国温度升高的幅度由南向北递增,西北和东北地区温度上升明显。预测到 2030 年,西北地区气温可能上升 1.9 ~ 2.3℃,西南可能上升 1.6 ~ 2.0℃,青藏高原可能上升 2.2 ~ 2.6℃。二是未来 50 年中国年平均降水量将呈增加趋势,预计到 2020 年,全国年平均降水量将增加 2% ~ 3%,到 2050 年可能增加 5% ~ 7%。其中东南沿海增幅最大。三是未来 100 年中国境内的极端天气与气候事件发生的频率可能性增大,将对经济社会发展和人们的生活产生很大影响。四是中国干旱区范围可能扩大、荒漠化可能性加重。五是中国沿海海平面仍将继续上升。六是青藏高原和天山冰川将加速退缩,一些小型冰川将消失。

1.3.2.2 新疆气候变化概况

约距今 6 亿年开始的近 4 亿年的漫长岁月,新疆大部分是一片汪洋,是大冰期和间冰期的海洋性气候,距今约 2 亿年前的二叠纪,新疆已经基本形成当今的"三山夹两盆"的地形,南部的"昆仑海"还存在。在大间冰期时代,南疆为亚热带半湿润性气候,北疆为大陆区亚热带大陆性气候区,南北疆气候差异大。距今约 200 万年前,新疆山地急剧上升,到全新世,海相消失,变成暖温带干旱气候。

历史时期的新疆气候,第四纪冰期的冰后期(冰后期指大理冰期后间冰期的全新世),在这冰后期 1 万年内经历了四个寒冷期、三个暖期:第一寒冷期距今 8000—9000 年;第二寒冷期距今 5000—1500 年,第三寒冷期在公元前 1000 至公元前 100 年;第四寒冷期在公元 1550—1900 年;暖期在寒冷期之间。

旧石器中期距今 10 万至 20 万年,旧石器早期,新疆为寒冷期,气候属于冰期,晚期属于大陆性温带气候,向暖干期转化,见图 1.10。

明清时期(1368—1911 年):新疆 16 世纪初至 17 世纪、18 世纪的前期和后期为冷湿期,山区冰川前进。乔戈里冰川增长 2.75 km,土格别里冰川增长 5.5 km,这个时期是北半球著名的小冰期活动期。年平均气温比现在低 2℃ 以上。根据新疆天山东端树木年轮表和温度相关距平变化曲线(图略)知,近 500 年为一相对偏冷期,其中 16 世纪、17 世纪、18 世纪、19 世纪中期前后是偏暖。20 世纪偏暖,其中 30 年代和 70 年代偏冷。

近代,一般从 1911 年开始,至今为止。近代新疆的气候变化:1900—1960 年期间采用树木年轮反演的气候资料序列分析气候变化。树木年轮序列可以追溯上至 300 ~ 500

年，下至 20 世纪 90 年代的采轮期，1959 年以后新疆现代仪器观测时代到来，开始建设人工气象观测站，仪器观测气象数据资料更可靠地运用于气候变化研究。

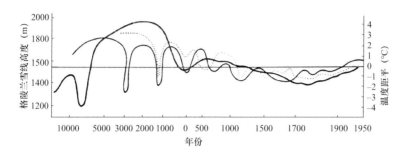

图 1.10　新疆 7000 年温度变化曲线图（张学文等，2006）

（粗实线：1 万年挪威雪线高度，虚线：5000 年中国温度，细实线：7000 年新疆温度变化。单位：℃，以目前温度水平为 0 线，横坐标为非线性缩尺，左小右大）

塔里木河中游胡杨年轮的长期温度重建，分析获得 4 个偏暖期：1807—1828 年、1867—1879 年、1931—1948 年、1979—？（年代不详）；其中，间有 3 个偏冷期：1828—1866 年、1880—1930 年、1949—1969 年。

天山东部山区年轮重建近 250 年冷暖序列，分析获得大体 4 个冷暖变化阶段：偏冷期有，1715—1770 年、1788—1815 年、1837—1891 年、1916—1930 年；期间偏暖期有，1771—1787 年、1816—1836 年、1892—1915 年、1931—1974 年（？）。

天山西部年降水变化：采用大于 300 年云杉年轮重建序列，获得伊犁地区上年 6 月至次年 5 月年降水，序列分为 4 个偏湿阶段：1695—1755 年、1778—1817 年、1861—1892 年、1929—1943 年；期间 4 个偏干阶段：1756—1777 年、1818—1860 年、1893—1928 年、1944—1985 年。见图 1.11。

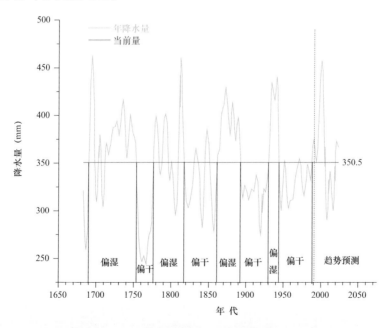

图 1.11　天山西部伊犁地区树木年轮表与降水量重建值（张学文等，2006）

新疆近40年气候变化，应用1958—1998年气候数据，并以1961—1990年30年平均值作距平比较。

1.3.2.2.1 温度变化

北疆部分，年平均温度有3个偏冷期：19××（准确时间不详，下同）—1961年、1965—1977年、1984—1986年；3个偏暖期为：1962—1964年、1978—1983年、1987—1997年。近40年北疆最冷年是1969年，最暖年是1997年。平均温度有升高趋势，增温率达0.36℃/10年，与全国增温趋势一致。北疆冬季温度变化与年平均温度变化几近一致，增温率达0.68℃/10年。夏季平均温度有增温趋势，增温率仅有0.17℃/10年。

南疆部分，年平均温度有3个偏冷期：19××—1961年、1965—1971年、1976—1978年；3个偏暖期为：1962—1964年、1972—1975年、1979—19××年。近40年最冷年是1967年，最暖年是1998年。平均温度有升高趋势，增温率达0.19℃/10年，比北疆小约一半。冬季增温率达0.52℃/10年，夏季有微弱的下降趋势。

天山山区部分，年平均温度有3个偏冷期：19××—1961年、1965—1977年、1983—1986年；3个偏暖期为：1962—1964年、1978—1982年、1987—19××年。近40年最冷年是1984年，最暖年是1997年。平均温度有升高趋势，增温率达0.19℃/10年。冬季最冷年是1969年，最暖年是1979年。夏季平均温度增温率0.18℃/10年。

1.3.2.2.2 降水变化

北疆部分，3个偏多期：19××—1960年、1969—1972年、1984—1997年；期间为偏枯期。降水最多年是1987年，最少年是1962年。冬季最多为1987—1988年，最少为1968—1969年。夏季降水最多年是1993年，最少年是1974年。

南疆部分，最多年是1987年，最少年是1985年。降水有明显增多趋势，增水率达4.2 mm/10年。降水最多是1976—1977年冬季，最少是1997年。夏季降水最多是1981年，最少是1985年。夏季有明显增多趋势，增水率达3.0 mm/10年。

天山山区部分，降水偏多期：19××—1960年、1969—1972年、1979—1982年、1987—1997年；期间为偏枯期。降水最多年是1998年，最少年是1997年。冬季最多年是1988—1989年，最少年是1968—1969年。夏季最多降水年是1998年，最少年是1977年。

1.3.3 阿勒泰地区气候变化概况

1.3.3.1 年轮气候重建期的气候变化

1.3.3.1.1 温度变化

利用阿尔泰山树木年轮表，重建阿勒泰8站1782—1979年春末夏初平均最低温度序列。研究发现偏冷期有3个时段：1831—1857年、1890—1904年、1932—1975年。最冷期出现在1831—1857年和1932—1975年。偏暖期有3个时段：1782—1830年、1858—1889年、1905—1931年，最暖期出现在1782—1830年，温度偏高0.93℃。阿勒泰地区低温极值年份与我国东北地区夏季低温冷害年份对应性较好，如1933年、1950年、1954年、1964年、1969年、1972年等。

1.3.3.1.2 降水变化

阿勒泰地区重建250年降水变化，大致可分为4个偏湿期：1773—1801年、1827—1856

年、1884—1935 年、1953—1975 年；偏干期：1740—1722 年、1802—1826 年、1857—1883 年、1936—1952 年。见图 1.12。

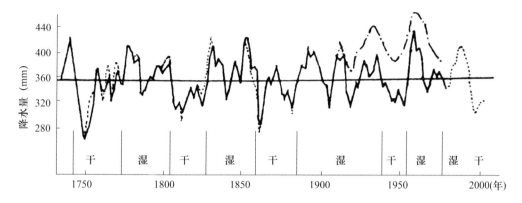

图 1.12　阿勒泰地区降水量重建值 10 年滑动平均及方差分析曲线（张学文等，2006）

（实线代表降水量重建值；点线代表降水量重建值的方差拟合曲线）

1.3.3.2　阿勒泰地区现代气候变化

现代时期可以指中华人民共和国成立起，新中国成立早期缺乏器测资料，阿勒泰最早器测时期始于 1954 年 1 月的阿勒泰站。此后至 1961 年 6 月，陆续建成其他六县气象站，开启阿勒泰地区现代器测气象新时代。六县一市气候数据取自 1961—2017 年，气候平均值取 1981—2010 年值，作为现代气候参考评价基准。

富蕴站 1961 年 6 月开始观测记录，1979 年迁站，移动距离 1264 m，地面高度提高 5 m，迁移前后环境差异不大，一般气候数据合并统计。

1.3.3.2.1　热量的气候变化

（1）年平均气温

趋势增温率（10 年平均值的增温变化率）有较好的稳定性。1961—2017 年，阿勒泰地区各县市年平均气温有显著的上升趋势，各县市气温几乎呈直线上升，趋势增温率范围 0.26 ～ 0.67℃ /10 年。富蕴、青河两地年平均气温增温速度较快，特别是富蕴曲线加速追赶全地区平均曲线。富蕴趋势增温率达 0.67℃ /10 年，阿勒泰市最小仅达 0.26℃ /10 年，全地区平均增温率 0.47℃ /10 年。最冷年，阿勒泰市、吉木乃县、富蕴县是 1969 年，哈巴河县、布尔津县和福海县是 1984 年。最冷时段是 1961—1970 年；最暖年福海县是 2015 年、吉木乃是 1997 年，其他各县市都是 2007 年，最暖时段是 2010—2017 年。各县市中，最冷年平均温度 −2℃（青河县 1969 年），最暖年平均温度 8.2℃（哈巴河县 2017 年）。阿勒泰地区的增温情况较北疆均值偏高，高出南疆地区和天山山区 2 倍（图 1.13，表 1.24）。

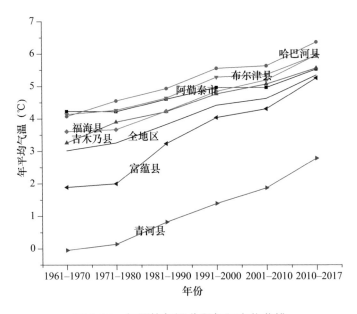

图 1.13　年平均气温分段年际变化曲线

表 1.24　年平均温度分段增温变化　　　　　　　　单位：℃

分段时间（年）	阿勒泰市	哈巴河县	吉木乃县	布尔津县	福海县	富蕴县	青河县	全地区
1961—1970	4.23	4.07	3.26	4.13	3.61	1.89	−0.05	3.02
1971—1980	4.22	4.55	3.90	4.26	3.67	2.00	0.14	3.26
1981—1990	4.61	4.93	4.22	4.64	4.24	3.24	0.82	3.83
1991—2000	4.97	5.55	4.77	5.28	4.85	4.04	1.39	4.42
2001—2010	4.97	5.63	5.07	5.36	5.20	4.31	1.87	4.63
2011—2017	5.53	6.36	5.56	5.95	5.96	5.26	2.79	5.35
趋势增温率	0.26	0.46	0.46	0.36	0.47	0.67	0.57	0.47

图 1.14 给出了全地区年平均温度上升趋势直线，统计分析结果，线性斜率系数 0.04599。上升趋势非常显著。

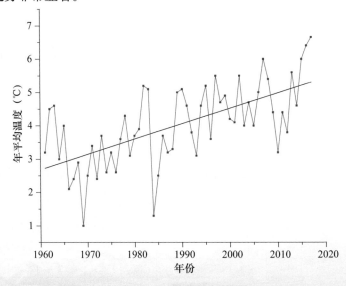

图 1.14　全地区年平均温度逐年变化曲线

（2）冬季平均气温

1961—2017 年，阿勒泰地区各县市冬季平均气温有显著的上升趋势，较年平均气温要素有更强的线性特征。各县市几乎呈直线上升，趋势增温率范围 0.38 ～ 0.92℃ /10 年。富蕴、青河两地年平均气温增温速度较快，特别是富蕴县曲线加速追赶全地区平均曲线。富蕴县绝对增温率达 0.92℃ /10 年，阿勒泰市最小仅达 0.38℃ /10 年，全地区冬季平均气温增温率达 0.53℃ /10 年（图 1.15，表 1.25）。

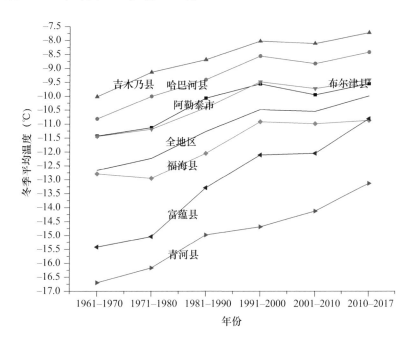

图 1.15　冬季平均气温分段年际变化曲线

表 1.25　冬季平均气温分段增温　　　　　　　　　单位：℃

分段时间（年）	阿勒泰市	哈巴河县	吉木乃县	布尔津县	福海县	富蕴县	青河县	全地区
1961—1970	−11.43	−10.82	−10.02	−11.45	−12.79	−15.42	−16.70	−12.66
1971—1980	−11.13	−10.01	−9.14	−11.19	−12.95	−15.04	−16.17	−12.23
1981—1990	−10.07	−9.41	−8.69	−10.42	−12.05	−13.29	−14.98	−11.27
1991—2000	−9.56	−8.57	−8.03	−9.49	−10.92	−12.11	−14.69	−10.48
2001—2010	−9.95	−8.84	−8.11	−9.73	−10.99	−12.05	−14.13	−10.54
2011—2017	−9.55	−8.43	−7.72	−9.42	−10.87	−10.81	−13.13	−9.99
趋势增温率	0.38	0.48	0.46	0.41	0.38	0.92	0.71	0.53

（3）夏季平均气温

1961—2017 年，阿勒泰地区各县市夏季平均气温有显著的上升趋势，各县市中除阿勒泰市以外，几乎呈直线上升，趋势增温率范围 0.22 ～ 0.44℃ /10 年。富蕴、青河两地夏季平均气温增温速度较快，福海县近 10 年增温速度超过其他县市，富蕴县的变化具有特立独行的性质，1981—1990 年时段各县市都有增速负值现象，唯独富蕴县直线上升，成为一个有趣的气候变化迷局（包括 7 月平均最高气温的变化情形）。阿勒泰市 1980 年以前时段气温较高，导致后期增温效果被抹煞许多。全地区夏季平均气温增温率 0.3℃/10 年，弱于年平均气温和冬季平均气温两要素（图 1.16，表 1.26）。

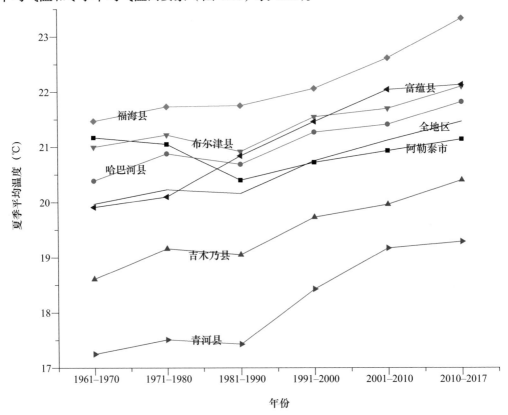

图 1.16　夏季平均气温分段年际变化曲线

表 1.26　夏季平均气温分段增温　　　　　　　　　　　　　　　　　单位：℃

分段时间（年）	阿勒泰市	哈巴河县	吉木乃县	布尔津县	福海县	富蕴县	青河县	全地区
1961—1970	21.17	20.39	18.61	21.00	21.47	19.91	17.25	19.97
1971—1980	21.05	20.88	19.16	21.22	21.73	20.10	17.51	20.23
1981—1990	20.40	20.69	19.05	20.92	21.75	20.84	17.43	20.16
1991—2000	20.72	21.27	19.73	21.55	22.06	21.46	18.43	20.75
2001—2010	20.93	21.41	19.96	21.70	22.61	22.04	19.17	21.12
2011—2017	21.14	21.82	20.40	22.10	23.33	22.13	19.29	21.46
趋势增长率	−0.01	0.29	0.36	0.22	0.37	0.44	0.41	0.30

（4）1 月平均最低气温

1961—2017 年，阿勒泰地区各县市 1 月平均最低温度有显著的上升趋势，趋势增温率范围 0.24 ～ 1.00℃/10 年。富蕴、青河两地 1 月平均最低温度增温速度较快，富蕴县增温最多达 1.00℃/10 年。全地区普遍出现 1981—1990 年时段增温过快现象，导致后期增温缓慢，甚至降温，但是目前温度仍然高于初期 1961—1970 年时段。全地区 1 月平均最低温度增温率 0.46℃/10 年（图 1.17，表 1.27）。

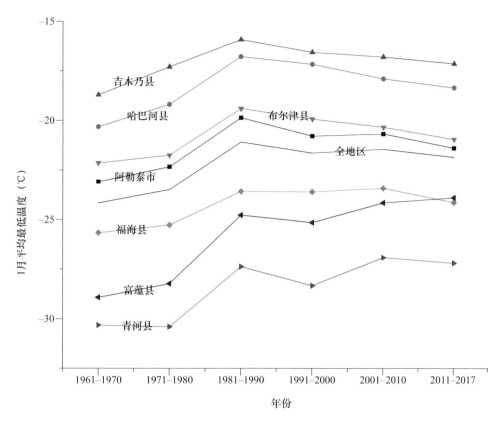

图 1.17　1 月平均最低温度分段年际变化曲线

表 1.27　1 月平均最低气温　　　　　　　　　　　　　　　单位：℃

分段时间（年）	阿勒泰市	哈巴河县	吉木乃县	布尔津县	福海县	富蕴县	青河县	平均
1961—1970	−23.09	−20.31	−18.70	−22.13	−25.66	−28.92	−30.32	−24.16
1971—1980	−22.34	−19.17	−17.29	−21.74	−25.27	−28.23	−30.40	−23.49
1981—1990	−19.87	−16.77	−15.91	−19.38	−23.58	−24.77	−27.37	−21.09
1991—2000	−20.79	−17.15	−16.55	−19.91	−23.60	−25.14	−28.32	−21.64
2001—2010	−20.68	−17.88	−16.79	−20.33	−23.42	−24.15	−26.91	−21.45
2011—2017	−21.40	−18.34	−17.13	−20.94	−24.14	−23.90	−27.19	−21.86
趋势增温率	0.34	0.39	0.31	0.24	0.30	1.00	0.63	0.46

（5）7 月平均最高气温

1961—2017 年，阿勒泰地区各县市 7 月平均最高气温有显著的上升趋势，各县市中除阿勒泰市以外，几乎呈直线上升，趋势增温率范围 0.04 ~ 0.42℃ /10 年。富蕴、青河两地 7 月平均最高气温增温速度较快，福海县近 30 年增温线性特征十分明显，富蕴县的变化具有特立独行的性质，1981—1990 年时段各县市都有增速负值现象，唯独富蕴县直线上升，成为一个有趣的气候变化迷局。阿勒泰市 1980 年以前时段气温较高，导致后期增温效果被抹煞许多。全地区 7 月平均最高气温增温率 0.23℃ /10 年，弱于年平均气温和冬季平均气温两要素（图 1.18，表 1.28）。

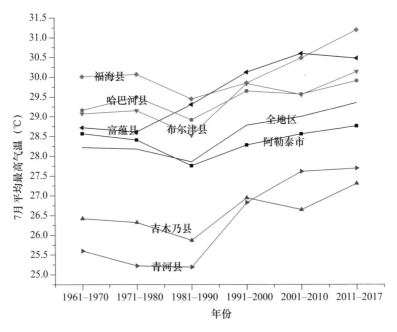

图 1.18 7月平均最高气温分段年际变化曲线

表 1.28 7月平均最高气温 单位：℃

分段时间（年）	阿勒泰市	哈巴河县	吉木乃县	布尔津县	福海县	富蕴县	青河县	平均
1961—1970	28.57	29.16	26.42	29.07	30.01	28.72	25.60	28.22
1971—1980	28.41	29.49	26.32	29.15	30.07	28.61	25.22	28.18
1981—1990	27.76	28.91	25.87	28.52	29.45	29.31	25.19	27.86
1991—2000	28.28	29.64	26.94	29.83	29.85	30.12	26.82	28.78
2001—2010	28.56	29.56	26.64	29.55	30.48	30.59	27.61	29.00
2011—2017	28.76	29.90	27.30	30.13	31.19	30.47	27.69	29.35
趋势增温率	0.04	0.15	0.18	0.21	0.24	0.35	0.42	0.23

（6）稳定通过界限温度的积温

（注：富蕴站1978年迁站，合并统计略有影响）

①≥0℃积温（表1.29）

表 1.29 0℃积温分段统计 单位：℃·d

分段时间（年）	阿勒泰市	哈巴河县	吉木乃县	布尔津县	福海县	富蕴县	青河县	平均
1961—1970	3277.0	3127.2	2722.8	3258.5	3270.5	3040.3	2503.0	3027.0
1971—1980	3286.3	3239.2	2824.1	3307.3	3333.3	3051.4	2547.9	3084.2
1981—1990	3230.6	3237.4	2840.8	3287.2	3399.2	3217.3	2595.4	3115.4
1991—2000	3296.5	3349.0	2994.2	3392.8	3472.4	3347.2	2756.1	3229.7
2001—2010	3343.1	3423.0	3044.8	3458.5	3606.8	3435.5	2829.8	3305.9
2011—2017	3396.4	3540.4	3154.8	3563.4	3742.3	3510.9	2915.7	3403.4
趋势增温率	23.88	82.64	86.40	60.99	94.37	94.13	82.55	75.28

从图 1.19 容易看出 ≥0℃积温分段年际变化曲线，具有稳定向上增温趋势，表 1.29 中给出了趋势增温率，23.88 ~ 94.37 ℃·d/10 年，阿勒泰市增长率最小，福海县增温率最高。大部分县增温率都在 60.0 ℃·d/10 年以上。

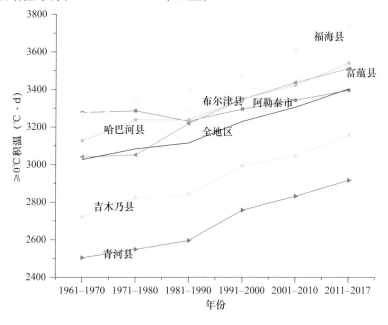

图 1.19　≥0℃积温分段年际变化曲线

②≥5℃积温（表 1.30）

表 1.30　≥5℃积温分段　　　　　　　　　　　　　　　　单位：℃·d

分段时间（年）	阿勒泰市	哈巴河县	吉木乃县	布尔津县	福海县	富蕴县	青河县	平均
1961—1970	3112.8	2934.0	2521.8	3099.1	3134.6	2856.8	2355.9	2859.3
1971—1980	3156.2	3100.2	2667.6	3170.8	3228.8	2914.3	2392.7	2947.2
1981—1990	3072.7	3100.7	2629.9	3149.9	3259.1	3085.4	2432.4	2961.4
1991—2000	3162.8	3218.3	2836.5	3278.3	3369.8	3214.8	2638.0	3102.6
2001—2010	3140.32	3214.63	2791.79	3309.19	3469.62	3269.35	2664.05	3122.7
趋势增温率	6.88	70.16	67.51	52.53	83.76	103.13	77.04	65.86

≥5℃积温分段增温率与≥0℃积温的情况类似，增温情况不作进一步阐述。

③≥10℃积温（表 1.31）

表 1.31　≥10℃积温分段　　　　　　　　　　　　　　　单位：℃·d

分段时间（年）	阿勒泰市	哈巴河县	吉木乃县	布尔津县	福海县	富蕴县	青河县	平均
1961—1970	2851.4	2969.0	2413.8	3001.0	3208.0	2979.1	2213.3	2805.1
1971—1980	2882.9	3009.1	2471.4	3035.1	3245.8	3015.5	2239.0	2842.7
1981—1990	2904.2	3033.9	2547.5	3068.7	3249.4	3040.7	2269.8	2873.5
1991—2000	2883.0	3022.6	2534.6	3055.2	3239.6	3024.5	2316.8	2868.0

续表

分段时间（年）	阿勒泰市	哈巴河县	吉木乃县	布尔津县	福海县	富蕴县	青河县	平均
2001—2010	2843.8	2981.7	2523.4	3017.0	3216.4	2992.4	2310.9	2840.8
2011—2017	2841.2	2954.5	2440.8	3039.5	3282.1	2963.9	2262.6	2826.4
趋势增温率	−2.04	−2.89	5.40	7.71	14.81	−3.04	9.86	4.26

从图 1.20 容易看出 ≥10℃积温分段年际变化曲线，无明显稳定向上增温趋势，表 1.31 中给出了趋势增温率，−3.04 ～ 14.81℃·d/10 年，阿勒泰市、哈巴河县、富蕴县呈现负增长，福海县增温率最高，青河次之。对于阿勒泰地区总体而言增温微弱，增温率 4.26 ℃·d/10 年。

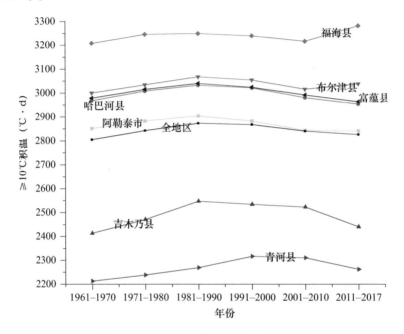

图 1.20　≥10℃积温分段年际变化曲线

④≥15℃积温（表 1.32）

表 1.32　≥15℃积温分段　　　　　　　单位：℃·d

分段时间（年）	阿勒泰市	哈巴河县	吉木乃县	布尔津县	福海县	富蕴县	青河县	平均
1961—1970	2152.9	2014.4	1351.9	2321.8	2362.8	1921.4	1049.3	1882.1
1971—1980	2077.3	1966.2	1455.7	2168.7	2274.7	1900.9	1070.5	1844.8
1981—1990	2015.7	2047.1	1601.5	2229.9	2438.1	2067.7	1165.0	1937.8
1991—2000	2041.3	2070.8	1561.6	2220.2	2341.9	2196.6	1275.9	1958.3
2001—2010	2122.6	2272.3	1797.7	2384.4	2573.0	2369.8	1625.6	2163.6
2011—2017	2238.8	2365.8	1965.8	2465.6	2708.4	2356.0	1718.4	2259.8
趋势增温率	17.18	70.28	122.78	28.76	69.14	86.92	133.82	75.55

从图 1.21 容易看出，≥15℃积温分段年际变化曲线有明显稳定向上增温趋势，表 1.32

中给出了趋势增温率，17.18～133.82℃·d/10 年，阿勒泰市、布尔津县增温率较小，吉木乃县、青河县增温率显著，数值过百，青河县最高，达 133.82℃·d/10 年。对于阿勒泰地区总体而言增温显著，增温率 75.55℃·d/10 年。

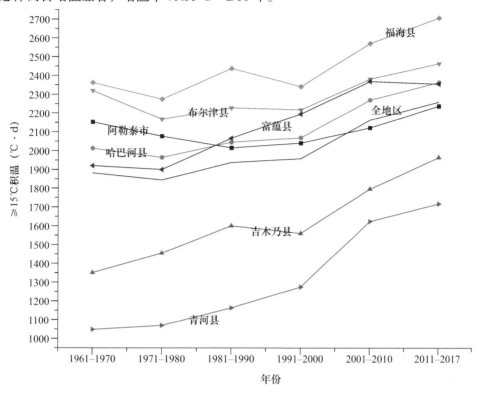

图 1.21　≥15℃积温分段年际变化曲线

⑤≥20℃积温（表 1.33）

表 1.33　≥20℃积温分段　　　　　　　　　　　　　　　　单位：℃·d

分段时间（年）	阿勒泰市	哈巴河县	吉木乃县	布尔津县	福海县	富蕴县	青河县	平均
1961—1970	642.3	870.8	613.6	1245.5	1728.9	1165.7	427.2	956.3
1971—1980	653.2	890.1	639.5	1160.6	1662.8	1072.9	435.3	930.6
1981—1990	568.1	609.0	378.0	656.3	972.1	708.2	246.9	591.2
1991—2000	607.0	904.5	516.2	1103.8	1195.8	888.6	243.6	779.9
2001—2010	668.6	931.4	629.9	1180.7	1495.5	1044.1	433.1	911.9
2011—2017	650.8	855.0	615.9	1188.9	1780.8	1119.1	412.0	946.1
趋势增温率	1.70	−3.15	0.47	−11.32	10.38	−9.32	−3.05	−2.04

从图 1.22 容易看出，≥20℃积温分段年际变化曲线在 1981—1990 年代有"V"字型转折现象，前段呈下降趋势，后段呈上升趋势，两段综合导致总体趋势向下，全地区负增长达 −2.04℃·d/10 年。各县市表现不一，阿勒泰市、吉木乃县、福海县呈现微弱正增长，其他四县微弱负增长。

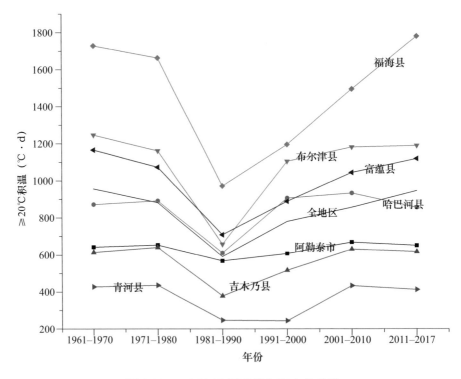

图 1.22 ≥20℃积温分段年际变化曲线

如上大量的分析图表所示，气候变化对阿勒泰地区的影响主要体现在两个方面：热量和降水双增长。积温的低温段增长较多，高温段增长缓慢，无霜期延长。自 1961 年以来，≥15℃积温增长最多的是青河县和吉木乃县，达到 600℃以上，全地区平均达 380℃。气候变化使得年降水量增多，尤其是冬季降水显著增多。自 1961 年以来，年降水量平均增加 46 mm，增加最多的是哈巴河县、富蕴县，达到 60 mm 以上，相当于全地区普遍增加了 30%～40% 的降水量。

气候变化对于阿勒泰地区来说，一是热量条件好转，二是水分显著增加。这意味着降水增多，湿度增大，水源更有保障，热量条件好转，农业生产春播提前，后秋霜期延迟，夏季有害高温无显著增长，有利于种植业丰收高产。

（7）暖季日平均气温

分析了暖季（3 月 1 日至 11 月 30 日）分段年代的逐日平均气温的年变程。图 1.23 中，福海县代表阿勒泰地区暖区增温年际变程；图 1.24 中，吉木乃县代表冷区增温年际变程。图中同比增温曲线大多处于 0℃线上方，即处于增温状态，暖季年初和年末增温幅度高于年中部分，表明开春提前，初霜推迟。表 1.34 给出了简单分段（1971—1981 年，2001—2010 年）对比数据，福海县平均增温率 1.84℃，吉木乃县 1.42 略小于福海县；吉木乃县开春提前 15 天，入冬推迟 8 天，暖季延长 23 天；福海县开春提前 7 天，入冬推迟 8 天，暖季延长 15 天。暖季延长与无霜期延长成正比关系，暖季延长天数相当于无霜期延长天数。注意到，1961—1970 年代比 1971—1980 年代气温略低，2011 年以来比 2001—2010 年代气温略高，因此，2011 年后至目前 2019 年的分段增温效果略高于表 1.34 中的数值。其他各县市介于福海县与吉木乃县的增加值以内。青河县增加的数值略高于吉木乃县。

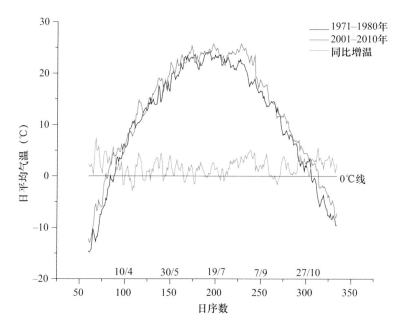

图 1.23　福海县分段逐日增温年际曲线

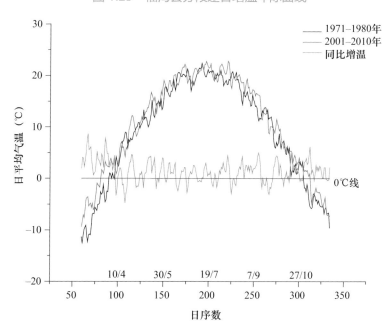

图 1.24　吉木乃县分段逐日增温年际曲线

表 1.34　福海县、吉木乃县暖季日平均温度分段逐日增温比较表

	平均增温率 （℃/10 年）	前段＞0℃ 初日（月－日）	后段＞ 0℃初日 （月－日）	前段＞0℃ 终日 （月－日）	后段＞0℃ 终日 （月－日）	初日提前 （d）	终日推后 （d）
福海县	1.84	03-30	03-23	11-01	11-09	7	8
吉木乃县	1.42	04-07	03-23	10-31	11-08	15	8

1.3.3.2.2　降水量

（1）年降水量（表 1.35，图 1.25）

表 1.35　年降水量分段　　　　　　　　　　　　　单位：mm

分段时间（年）	阿勒泰市	哈巴河县	吉木乃县	布尔津县	福海县	富蕴县	青河县	平均
1961—1970	174.3	161.6	204.9	116.4	112.8	156.1	159.5	155.1
1971—1980	163.7	166.1	173.6	117.7	100.7	152.2	143.9	145.4
1981—1990	187.6	195.0	195.5	143.5	133.2	183.9	171.0	172.8
1991—2000	222.7	193.2	237.8	156.6	131.6	232.4	196.7	195.9
2001—2010	227.4	228.7	235.0	178.1	129.1	212.6	199.6	201.5
2011—2017	222.7	227.8	241.4	156.1	147.7	221.0	187.9	200.6
趋势增长率	9.7	13.3	7.3	7.9	7.0	13.0	5.7	9.1

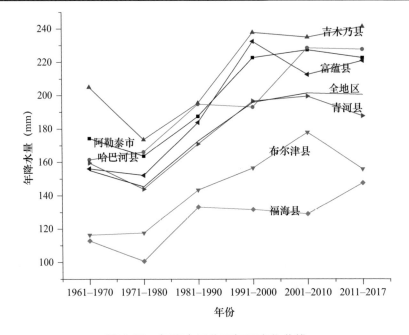

图 1.25　年降水量分段年际变化曲线

（2）冬季降水（表 1.36，图 1.26、图 1.27）

表 1.36　冬季降水分段增量统计表　　　　　　　　　单位：mm

分段时间（年）	阿勒泰市	哈巴河县	吉木乃县	布尔津县	福海县	富蕴县	青河县	平均
1961—1970	64.1	43.1	47.9	31.8	24.6	60.0	50.4	46.0
1971—1980	65.3	40.7	47.5	30.7	19.9	52.1	40.7	42.4
1981—1990	66.0	54.8	61.9	37.2	27.4	58.6	43.6	49.9
1991—2000	86.7	71.3	76.3	53.7	31.1	76.8	62.4	65.5
2001—2010	102.2	87.8	85.4	67.1	38.8	95.0	76.5	79.0
2011—2017	87.1	86.8	71.9	61.7	41.9	76.1	55.1	68.6
趋势增长率	4.6	8.7	4.8	6.0	3.5	3.2	0.9	4.5

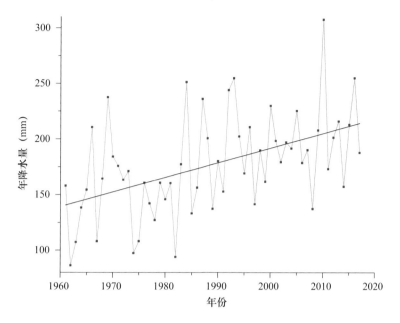

图 1.26 全地区年降水量年际变化曲线

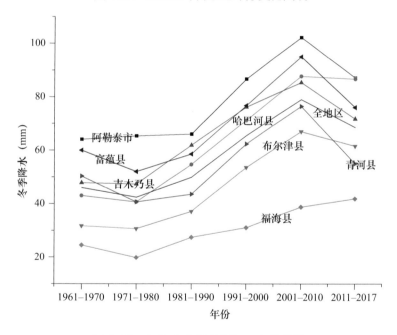

图 1.27 冬季降水量分段年际变化曲线

（3）夏季降水（表 1.37，图 1.28）

表 1.37 夏季降水量分段统计表   单位：mm

分段时间（年）	阿勒泰市	哈巴河县	吉木乃县	布尔津县	福海县	富蕴县	青河县	平均
1961—1970	53.1	59.3	81.0	44.6	48.5	50.7	62.4	57.1
1971—1980	39.6	46.8	55.6	40.9	35.9	40.6	47.5	43.8
1981—1990	56.5	63.2	62.8	54.0	58.5	62.7	65.8	60.5

分段时间（年）	阿勒泰市	哈巴河县	吉木乃县	布尔津县	福海县	富蕴县	青河县	平均
1991—2000	76.6	56.4	79.7	57.1	56.6	95.2	79.5	71.6
2001—2010	59.5	58.3	67.7	56.5	43.1	55.7	69.9	58.7
2011—2017	69.1	69.8	79.5	48.5	51.2	77.4	80.8	68.0
趋势增长率	3.2	2.1	−0.3	0.8	0.6	5.3	3.7	2.2

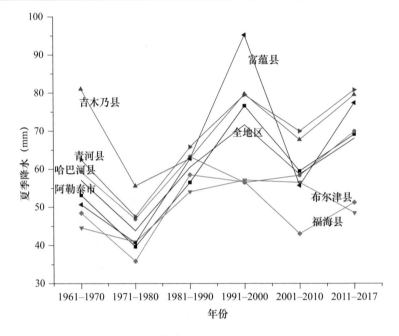

图 1.28　夏季降水量分段年际变化曲线

由图 1.26、图 1.27、图 1.28 和表 1.35、表 1.36、表 1.37 可知，年降水有明显的增加趋势，冬季降水量也有明显的增加趋势，夏季虽然略有增加，但趋势不明显。

第2章

农业气候资源

资源指的是一切可被人类开发和利用的物质、能量和信息的总称。《辞海》对资源的解释是："资财的来源，一般指天然的财源。"联合国环境规划署对资源的定义是："所谓资源，特别是自然资源是指在一定时期、地点条件下能够产生经济价值，以提高人类当前和将来福利的自然因素和条件。"上述两种定义着眼点不同，都对自然资源进行了定义、解释。资源，广泛地存在于自然界和人类社会中，是一种自然存在物或能够给人类带来财富的财富。或者说，资源就是指自然界和人类社会中一种可以用以创造物质财富和精神财富的具有一定量的积累的客观存在形态，如土地资源、矿产资源、森林资源、海洋资源、石油资源、人力资源、信息资源等。

在知识经济条件下，对某种资源利用的时候，必须充分利用科学技术知识来考虑利用资源的层次问题，在对不同种类的资源进行不同层次利用的时候，又必须考虑地区配置和综合利用问题。这就是"新资源观"，也是在知识经济条件下解决资源问题的认识基础。自然资源就其物质性而言是有限的，然而人类认识、利用资源的潜在能力是无限的。

自然资源一般是指一切物质资源和自然过程，通常是指在一定技术经济环境条件下对人类有益的资源。从资源的再生性角度可划分为再生资源和非再生资源。可以循环利用的资源，如太阳能、空气、雨水、风和水能、潮夕能等；从农业经济的视角看，气候具有资源的属性，因此也是一种重要的资源，称之为农业气候资源，包括太阳辐射、热量、降水和风等。

植物可分为孢子植物和种子植物，一般有叶绿素、基质、细胞核，没有神经系统。植物的生长，离不开气候环境，良好的气候环境能够促进植物的生长，顺利完成生命周期。尽管植物生长需要的客观条件千差万别，但是从植物生理学角度容易理解，良好的气候环境就是一种宝贵的资源。生物界按两界系统分类，现在已经知道的植物种类多至 50 余万种，包括藻类、菌类、地衣、苔藓、蕨类和种子植物等。它们的大小、形态结构和生活方式各不相同，共同组成了复杂的植物界。在地球表面上，植物的分布极为广泛。无论在广大的平原、冰雪常年覆盖的高山、严寒的两极地带、炎热的赤道区域、江河湖海的水面和深处、干旱的沙漠和荒原，都有植物在生活着。即使一滴水珠、一撮尘埃、岩石的裂缝、树叶的表层、悬崖峭壁的裸露石面、生物体，都可成为某些植物的生活场所。同样，在冰冷的积雪下面和水温极高的温泉中间，也常有特殊的植物种类在生存着。某些地衣甚至在冰点以下的温度中仍能生存，某些蓝藻在水温达 $40 \sim 85 ℃$ 的温泉中仍能旺盛生长。在高空的大气中，常有飘浮的细菌和孢子，土壤的表层和深层，也生活着多种藻类和菌类。所以，几乎可以说自然界处处都有生物，从而气候资源也处处被利用。

2.1　太阳光资源

太阳辐射俗称太阳光，是地球上生命活动的主要能量来源，也是植物进行光合作用的唯一能源。它不仅以热效应给生物一个适宜生存的温度条件，在农业领域里，更重要的是在太阳光的作用下，植物借助于光形态效应和光周期效应进行光合作用，完成植物的物质同化积累。植物具有光合作用和矿化作用。绿色植物细胞内的叶绿体能够利用光能，将简单的无机物（即二氧化碳和水）合成为碳水化合物的过程，称为光合作用。因此，光合作用就是把无机物合成为有机物的过程。光合作用的产物不仅解决绿色植物自身的营养，同时，也维持了非绿色植物、动物和人类的生命。所以，绿色植物对维持整个生物界的生命起着重要作用，因而，在自然界的生态平衡中也就占着主要的地位。在农业气候分析中，主要研究太阳辐射的光合效应。农作物在土壤、肥料和水分的参与下，利用日光能和空气中的 CO_2，形成根、茎、叶和子实体等植物体。植物细胞原生质中有机物约占细胞干重的90%，植物体的干物质中 90%～95% 都是依靠光合作用形成的。可见，认识一个地区太阳光能资源的数量分布规律及其生产潜力，采用农业新技术，进而提高光能利用率和生产水平具有重要意义。

2.1.1　太阳总辐射

2.1.1.1　太阳总辐射的计算

到达地面的太阳总辐射（Q），是由太阳直接辐射（S）和天空散射辐射（D）所组成，即：

$$Q=S+D \tag{2.1}$$

在全天有云的情况下，$S=0$，则 $Q=D$。

太阳辐射量以一定时间（年、月、日或作物生育期间或某生育阶段）内投射到单位面积（cm^2、hm^2 等）上的能量表示。一般用 $J/(cm^2 \cdot s)$[或 $J/(m^2 \cdot s)$] 表示。

太阳辐射量主要取决于地理环境和大气环流情况。具体由地理纬度、海拔高度、太阳高度、大气透明度、云量等因子决定。新疆有太阳辐射的观测台站共 10 个，阿勒泰地区只有一个，即阿勒泰国家基准气候站（47°44′N，88°05′E），位于阿勒泰地区中部，阿尔泰山南侧的沿山一带，地势开阔平坦。各县市太阳辐射值用气候学方法计算得来。

1924 年 Angstrom 发现到达地面的太阳总辐射和晴天（可能）太阳总辐射之比与日照百分率呈线性关系，提出了利用晴天（可能）太阳总辐射和日照百分率计算太阳辐射的气候学方法。该方法目前仍然被广泛采用。其公式：

$$Q=Q'(a+bs) \tag{2.2}$$

式中：Q 是到达地面的太阳总辐射，s 是日照百分率，a、b 是经验系数，Q' 是起始太阳辐射。Q' 可以采用 3 种参数形式：天文总辐射、晴天（可能）太阳总辐射和理想大气总辐射。公式（2.1）用于一定地点的月总辐射的计算。

天文辐射完全由地球在绕日轨道的位置决定。即日地距离、太阳高度角、白昼的时长等因素决定到达大气上界的太阳辐射。晴天（可能）太阳辐射指，天空晴朗无云时到达地面的太阳辐射。理想大气辐射指，通过理想大气（即干洁大气）到达地面的太阳辐射。

天文辐射的日总量计算公式为：

$$Q_A = \frac{TI_0}{\pi\rho^2}(\omega_0 \sin\varphi \sin\delta + \cos\varphi \cos\delta \sin\omega_0) \tag{2.3}$$

式中：Q_A 是天文辐射，单位 W（m^2.d）；T 是一天的时间，单位 s；I_0 是太阳常数，取值 1370 W/m^2；φ 是当地的地理纬度，单位弧度；ω_0 是时角。

$1/\rho^2$ 是日地距离订正项，由下式计算：

$$\frac{1}{\rho^2} = 1.00011 + 0.034221\cos\theta_0 + 0.00128\sin\theta_0 + 0.00719\cos2\theta_0 + 0.000077\sin2\theta_0 \tag{2.4}$$

式中：$\theta_0 = 2\pi(d_n - 1)/365$，$\theta_0$ 是以地球绕太阳公转轨道上位置的角度（单位弧度）值。d_n 是日期序数值，定义 1 月 1 日 $d_n=1$，逐日加 1，平年 12 月 31 日天 $d_n=365$。

太阳赤纬 δ（单位弧度）的计算公式：

$$\delta = 0.006918 - 0.399912\cos\theta_0 + 0.070257\sin\theta_0 - 0.006758\cos2\theta_0$$
$$+ 0.000907\sin2\theta_0 - 0.002697\cos3\theta_0 + 0.00148\sin3\theta_0$$
$$\tag{2.5}$$

时角 ω_0（单位弧度）的计算公式：

$$\omega_0 = \arccos(-\tan\varphi \tan\delta) \tag{2.6}$$

研究认为，以天文辐射为输入参数的方式计算当地太阳总辐射模式最优，误差小。对阿勒泰地区的太阳辐射采用下式计算：

$$Q = Q_A(a + bs) \tag{2.7}$$

式中：Q 为到达地面的月总太阳辐射，Q_A 为月总天文辐射，s 为月日照百分率。a、b 是参数。

全地区各地地理纬度差异不大，地形近似，公式（2.7）取 $a=0.185$、$b=0.595$ 计算，误差控制在 1.5% 以内。

根据理论分析及大量的研究成果和经验，结合新疆阿勒泰地区的实际，资料取自阿勒泰国家基准气候站，1960—2010 年 51 年逐日太阳辐射资料，以及阿勒泰、福海、青河、哈巴河、吉木乃、布尔津同期的日照观测资料，另外取黑山头 1961—1980 年、巴里巴盖 1957—1980 年、顶山 1961—1980 年日照观测资料作为主要分析数据。

2.1.1.2　理论太阳辐射资源

太阳天文辐射，完全由地球在绕日轨道的位置决定。即日地距离、太阳高度角、白昼的时长等因素决定到达大气上界的太阳辐射。在地球表面上，当地点固定不变或两点距离较近时，太阳天文辐射主要受纬度高低的影响。越接近赤道（北半球纬度越偏南）太阳天文辐射值越大、太阳天文辐射能资源越丰富。阿勒泰地区各地的太阳天文辐射分布情况见表 2.1。

根据公式（2.7），当日照百分率为 100%，即太阳光不受云层的影响直接通过大气层全部到达地面时，除穿越大气层的损失外，是本地地面获得最多的太阳辐射能量，在数量上相当于本地天文辐射的 78%。理论上视为一地获得太阳辐射能量的上限值（表 2.2）。

表 2.1　大气上界太阳天文总辐射分布（平年）　　　　　　　单位：MJ/㎡

	哈巴河	吉木乃	布尔津	福海	阿勒泰市	富蕴	青河	顶山	黑山头	巴里巴盖
纬度	48°03′	47°26′	47°42′	47°07′	47°44′	46°59′	46°40′	46°42′	47°06′	47°34′
1 月	320.969	332.646	327.595	338.655	326.964	341.185	347.204	346.571	338.97	330.121
2 月	443.002	453.39	448.9	458.717	448.34	460.957	466.269	465.711	458.996	451.148
3 月	741.426	751.201	746.984	756.188	746.457	758.279	763.233	762.714	756.447	749.095
4 月	971.671	977.897	975.215	981.057	974.881	982.377	985.499	985.171	981.219	976.558
5 月	1201.61	1204.428	1203.219	1205.838	1203.066	1206.425	1207.805	1207.659	1205.909	1203.823
6 月	1250.081	1250.81	1250.502	1251.157	1250.462	1251.296	1251.619	1251.587	1251.172	1250.659
7 月	1250.919	1252.49	1251.82	1253.268	1251.738	1253.588	1254.338	1254.26	1253.312	1252.156
8 月	1086.349	1091.124	1089.07	1093.536	1088.811	1094.544	1096.92	1096.67	1093.663	1090.101
9 月	817.284	852.399	821.901	829.529	821.468	831.262	835.354	834.924	829.744	823.651
10 月	583.898	594.743	590.06	600.29	589.475	602.619	608.144	607.563	600.578	592.405
11 月	362.794	374.046	369.181	379.83	368.571	382.263	388.048	387.439	380.134	371.612
12 月	277.866	289.395	284.405	295.331	283.779	297.84	303.797	303.169	295.642	286.899
合计	9307.869	9397.569	9358.852	9443.396	9354.012	9462.635	9508.23	9503.438	9445.786	9378.228

表 2.2　最大日照的太阳总辐射分布（平年）　　　　　　　单位：MJ/㎡

	哈巴河	吉木乃	布尔津	福海	阿勒泰市	富蕴	青河	顶山	黑山头	巴里巴盖	莫索湾
纬度	48°03′	47°26′	47°42′	47°07′	47°44′	46°59′	46°40′	46°42′	47°06′	47°34′	45°01′
1 月	250.356	259.464	255.524	264.151	255.032	266.124	270.819	270.325	264.397	257.494	295.349
2 月	345.542	353.644	350.142	357.799	349.705	359.546	363.690	363.255	358.017	351.895	385.173
3 月	578.312	585.937	582.648	589.827	582.236	591.458	595.322	594.917	590.029	584.294	615.163
4 月	757.903	762.760	760.668	765.224	760.407	766.254	768.689	768.433	765.351	761.715	781.034
5 月	937.256	939.454	938.511	940.554	938.391	941.012	942.088	941.974	940.609	938.982	947.376
6 月	975.063	975.632	975.392	975.902	975.360	976.011	976.263	976.238	975.914	975.514	977.321
7 月	975.717	976.942	976.420	977.549	976.356	977.799	978.384	978.323	977.583	976.682	981.146
8 月	847.352	851.077	849.475	852.958	849.273	853.744	855.598	855.403	853.057	850.279	864.918
9 月	637.482	664.871	641.083	647.033	640.745	648.384	651.576	651.241	647.200	642.448	667.903
10 月	455.440	463.900	460.247	468.226	459.791	470.043	474.352	473.899	468.451	462.076	496.599
11 月	282.979	291.756	287.961	296.267	287.485	298.165	302.677	302.202	296.505	289.857	326.177
12 月	216.735	225.728	221.836	230.358	221.348	232.315	236.962	236.472	230.601	223.781	261.305

	哈巴河	吉木乃	布尔津	福海	阿勒泰市	富蕴	青河	顶山	黑山头	巴里巴盖	莫索湾
合计	7260.138	7330.104	7299.905	7365.849	7296.129	7380.855	7416.419	7412.682	7367.713	7315.018	7599.464

当日照百分率为 0%，即太阳光受云层的影响无法直达地面，只有散射辐射时，本地地面获得最少的太阳辐射能量，在数量上相当于本地天文辐射的 18.5%，理论上视为一地获得太阳辐射能量的下限值（表 2.3）。

表 2.3　最小日照的太阳总辐射分布（平年）　　　　　　　单位：MJ/ ㎡

	哈巴河	吉木乃	布尔津	福海	阿勒泰市	富蕴	青河	顶山	黑山头	巴里巴盖
纬度	48°03′	47°26′	47°42′	47°07′	47°44′	46°59′	46°40′	46°42′	47°06′	47°34′
1 月	59.379	61.540	60.605	62.651	60.488	63.119	64.233	64.116	62.709	61.072
2 月	81.955	83.877	83.047	84.863	82.943	85.277	86.260	86.157	84.914	83.462
3 月	137.164	138.972	138.192	139.895	138.095	140.282	141.198	141.102	139.943	138.583
4 月	179.759	180.911	180.415	181.496	180.353	181.740	182.317	182.257	181.526	180.663
5 月	222.298	222.819	222.596	223.080	222.567	223.189	223.444	223.417	223.093	222.707
6 月	231.265	231.400	231.343	231.464	231.335	231.490	231.550	231.544	231.467	231.372
7 月	231.420	231.711	231.587	231.855	231.572	231.914	232.053	232.038	231.863	231.649
8 月	200.975	201.858	201.478	202.304	201.430	202.491	202.930	202.884	202.328	201.669
9 月	151.198	157.694	152.052	153.463	151.972	153.783	154.540	154.461	153.503	152.375
10 月	108.021	110.027	109.161	111.054	109.053	111.485	112.507	112.399	111.107	109.595
11 月	67.117	69.199	68.298	70.269	68.186	70.719	71.789	71.676	70.325	68.748
12 月	51.405	53.538	52.615	54.636	52.499	55.100	56.202	56.086	54.694	53.076
合计	1721.956	1738.550	1731.388	1747.028	1730.492	1750.587	1759.023	1758.136	1747.470	1734.972

表 2.1～表 2.3，从理论上给出了大气上界、到达地面最大日照和最小日照概念下，到达的太阳辐射总量分布情况，有一个共同的特点，就是主要由纬度决定其分布特征。位于最北部的哈巴河最少，最南部接近石河子市的莫索湾地区为最大。

2.1.2　太阳总辐射的分布

2.1.2.1　总辐射的年分布

太阳总辐射，是地面实际得到的太阳辐射总量。依据不同时段的合计，分为年总辐射、月总辐射、季总辐射及某生育期总辐射等。

阿勒泰地区位于新疆的北部，最北端近 50°N，最南端达 45°N。地处欧亚大陆的中心地带，远离海洋，空气干燥，晴朗少云，太阳光资源丰富。阿勒泰市年总辐射量达

4750 ～ 5850 MJ/m²，平均 5460 MJ/m²。阿勒泰市的辐射数据根据实际观测资料统计得来，其他各地数据由公式（2.7）计算得到，见表2.4。

表 2.4　年、月平均太阳总辐射分布（平年）　　　　单位：MJ/㎡

	哈巴河	吉木乃	布尔津	福海	阿勒泰市	富蕴	青河	顶山	黑山头	巴里巴盖	莫索湾
纬度	48°03′	47°26′	47°42′	47°07′	47°44′	46°59′	46°40′	46°42′	47°06′	47°34′	45°01′
1月	160.597	178.315	165.861	181.655	187.449	182.892	202.646	189.904	187.756	176.961	184.953
2月	240.107	256.528	243.304	255.186	272.994	260.810	283.235	269.041	265.162	255.260	255.893
3月	410.676	429.499	422.644	436.082	460.620	424.523	468.167	427.005	423.497	423.838	413.382
4月	555.553	559.113	563.382	574.995	572.450	555.829	586.914	557.410	537.659	569.968	554.634
5月	715.619	695.798	716.577	712.036	711.922	704.130	719.308	697.665	667.953	724.100	687.212
6月	759.362	730.035	752.177	745.383	745.289	737.764	752.849	745.383	663.246	767.154	723.844
7月	759.871	731.016	752.970	739.512	732.644	731.657	747.021	746.975	664.381	760.622	734.161
8月	685.758	675.788	680.996	672.697	641.535	658.368	672.851	672.697	618.795	681.640	673.583
9月	511.048	511.211	513.935	527.046	480.244	509.896	527.317	512.142	494.154	519.930	530.341
10月	323.421	332.967	333.856	354.604	321.875	340.962	365.799	343.759	325.513	335.183	371.590
11月	175.048	193.831	178.130	191.550	183.482	198.089	221.867	200.771	203.771	188.147	211.722
12月	129.110	144.799	130.457	142.671	145.934	147.252	166.466	148.083	154.961	138.429	143.701
合计	5426.169	5438.899	5454.287	5533.417	5456.439	5452.171	5714.439	5510.835	5206.847	5541.231	5485.016

　　阿勒泰地区各县市太阳辐射的年内变化趋势基本一致，主要原因是气候差异小，纬度变化不大。以阿勒泰市为例，展示太阳辐射年变化的特征，如图2.1。

　　阿勒泰地区各地的年总辐射，以各地的多年平均值论，年总辐射在5207～5714 MJ/m²，由于青河县是最南部有日照记录的计算格点，距离行政区地理纬度最南端45°N，相差1°46′，为弥补南端资料不足，引用周边的莫索湾站、米泉、阜康、吉木萨尔、奇台、北塔山和布克赛尔等站气候数据，作太阳辐射资源等值线分析。新疆阿勒泰地区比同纬度的华北和东北地区多620～840 MJ/m²，比长江流域中下游多1250～2090 MJ/m²。新疆范围内太阳总辐射量，东南部多在6000 MJ/m²以上，西北部多在5800 MJ/m²以下。最大值是哈密地区，近6400 MJ/m²。克拉玛依、车排子、炮台和莫索湾一带受地形影响，云量和风沙较多，太阳辐射总量只有5200 MJ/m²以下，是全疆平原地区辐射量最小的地区。由此阿勒泰地区平均5400 MJ/m²与哈密地区相差1000 MJ/m²，仍然十分丰富，在新疆占有十分重要的地位。阿勒泰地区的地形，北部主要有西北至东南走向的阿尔泰山脉，西部有萨吾尔山，两山之间为额尔齐斯河谷，是西部冷空气入境通道，在山区形成较多的云和降水，致使太阳辐射量减少；南部多为比较平坦的戈壁沙漠，降水少，辐射量大。

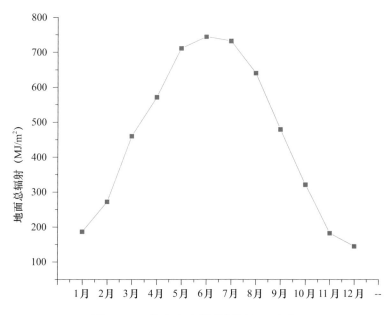

图 2.1 阿勒泰市太阳总辐射年际变化

阿勒泰地区太阳辐射总量分布情况见图 2.2，分布特点是：在同纬度上，山区少，平原多；不同纬度，南部多，北部少。山区云量多，日照少，导致总辐射少。山脉分布的特点，破坏了总辐射的沿纬线分布的特点。实际分布为等值线包围山区，山区是低值区，平原是高值区，南部高北部低。海拔 1200 m 以下的浅山和广大戈壁地区，年总辐射分布趋势是西北 5200 MJ/m² 至东南逐渐增高到 5800 MJ/m²。5200 MJ/m² 以上，占地区行政面积的 80%，5400 MJ/m² 以上，占 70%，5600 MJ/m² 以上，占 40%，5800 MJ/m² 以上，占 1%。农业耕作区年总辐射在 5200 ～ 5400 MJ/m²。吉木乃、哈巴河、布尔津西三县太阳辐射资源略少于阿勒泰、福海一线，以东太阳辐射资源相对比较丰富。

阿勒泰地区太阳总辐射的年代际变化是显著的。对阿勒泰市 1960 年以来的数据分析表明，自 1960—2009 年间，总辐射在 4 个年代区段中减少 242.7782 MJ/m²，全区段平均降幅 60.6945 MJ/(m²·10a)，即平均每 10 年每平方米下降 60.6945 MJ。1960—1989 年连续下降，1990—1999 年小幅升高，2000—2009 年又有小幅下降。但是 2010—2018 年又大幅反弹，达到前期高点附近。如图 2.3a 所示。

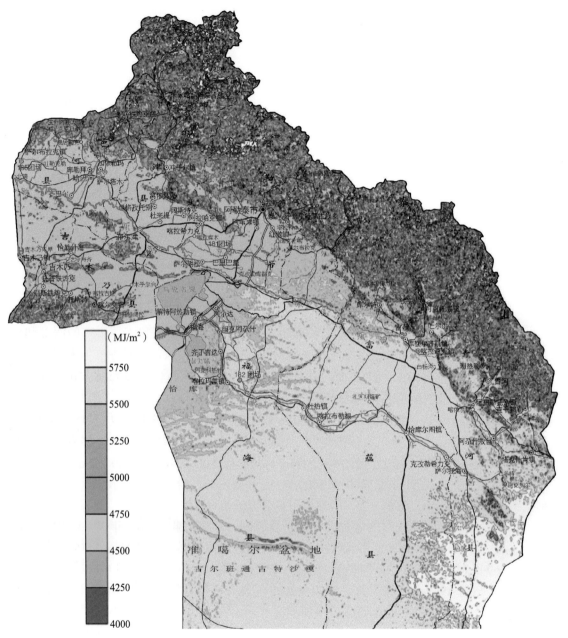

图 2.2　阿勒泰地区太阳总辐射分布图

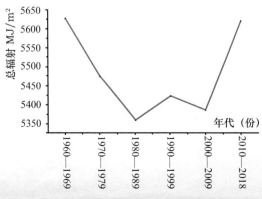

图 2.3a　阿勒泰市太阳总辐射年代际变化

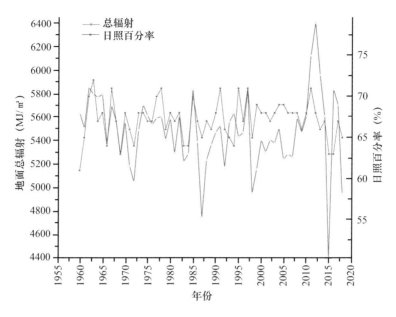

图 2.3b　阿勒泰市日照百分率和太阳总辐射逐年变化

2.1.2.2　总辐射的季度分布

2.1.2.2.1　冬季（11月至翌年3月）

冬季太阳高度角较低，白天时间短，辐射量最少，占全年的20.6%～23.5%。冬季阿勒泰处在强大的蒙古高压控制下，天气稳定。冬季在西方、北方和西北方三个路径的冷空气影响下，大尺度天气系统控制，区域云量差别趋势减少，总辐射的地区分布主要受纬度支配，由南向北递减，变化比较均匀。盆地南缘为1210 MJ/m² 左右，至北疆北部，仅为1116 MJ/m² 左右，南北相差94 MJ/m²。

2.1.2.2.2　春季（4—5月）

春季是阿勒泰的多风沙季节，大尺度天气系统下的局部对流逐步增强，气流不稳定，山区云量逐步增多，分布不确定性增强，太阳辐射量分布的纬向特征减弱。春季由于太阳高度角比较大，且白天时间逐渐延长，总辐射为1254～1306 MJ/m²，占全年的22.9%～23.5%。

2.1.2.2.3　夏季（6—8月）

夏季是全年总辐射量最多的季节，为2119～2204 MJ/m²，占全年的38.5%～40.6%，夏季太阳高度角大，阿勒泰地区的纬度范围45°～49°N，南北狭长，北部地区日照时间较南部地区长36 min，达到16.1 h。

夏季6月、7月、8月3个月，阿勒泰地区各县市中，哈巴河日照时数1403 h，比青河多5 h。阿勒泰市日照时数1400 h，比南疆和田地区多95 h，而南北的大气理想辐射量差异却不大，所以，太阳总辐射的地区分布主要是受云量和风沙天气的制约。

2.1.2.2.4　秋季（9—10月）

秋季是全年云量最少的季节，风沙天气也比春、夏季显著减少，大气透明度良好，但太阳高度角减小，日照时间缩短，太阳总辐射减少，其分布上除山区云量多的影响外，基本呈纬向，由南向北均匀地减少，大致变化在802～893 MJ/m²，约占全年总辐射的14.7%～15.9%，最大值在青河南部一带，为900 MJ/m²，最小值出现在北部阿勒泰，为800 MJ/m²。

太阳总辐射的年变程为单峰型，全年最低值各地均出现在 12 月，月总辐射量为 130～170 MJ/m²，南部多于北部，最高值在 6 月或 7 月，月总辐射值为 660～760 MJ/m²。只有山区站黑山头最高值出现在 5 月，达 670 MJ/m²。

2.1.3　光合有效辐射

太阳光主要由红外光、可见光和紫外光三部分组成，波长大于 710 nm 的红外线，不能直接被作物的叶绿素吸收，只能使土壤、水和空气增热，是热量的主要来源。波长小于 380 nm 的紫外线，其波长较短部分能抑制作物的生长，杀死病菌；波长较长部分对作物有刺激作用，可促进种子发芽和果实成熟，并能提高蛋白质和维生素的含量。波长 380～710 nm 的可见光，是作物进行光合作用、制造有机物质的主要来源，这一部分太阳光因对植物生长、发育和重要的生理过程有实际意义，故称为光合有效辐射。

2.1.3.1　光合有效辐射的计算

目前气象台站没有光合有效辐射的观测资料，只能间接计算。计算方法可以采用总辐射系数法、直接辐射和散射辐射系数法。由于 $Q=S+D$，而光合有效辐射在 S 和 D 中的比重不同，所以我们采用直接辐射和散射辐射系数法，先计算光合有效辐射占太阳总辐射的比值，其计算公式为：

$$Q_p=0.43S+0.57D \tag{2.8}$$

式中：Q_p= 为光合有效辐射；S 为直接辐射；D 为散射辐射。光合有效辐射在 S 和 D 中的比重是随太阳高度而变化的，在太阳高度不低于 20° 时，计算总误差不超过 5%。徐德源（1989）用新疆 9 个辐射站的实测 S 和 D 资料，按公式（2.8）计算了它们的光合有效辐射值，其结果与太阳总辐射进行比较，发现各地的光合有效辐射占太阳总辐射的 48%～51%，见表 2.5。这与通常认为光合有效辐射占太阳总辐射的 50±3% 是一致的。

表 2.5　光合有效辐射占太阳总辐射的比值

	阿勒泰	伊犁	乌鲁木齐	吐鲁番	哈密	库车	和田
Q [MJ/(m²·a)]	5511.6	5484.7	5259.3	5755.0	6335.9	5876.6	5851.8
Q_p [MJ/(m²·a)]	2641.1	2625.7	2531.2	2833.0	3045.2	2943.4	2995.8
比值（%）	48	48	48	49	48	50	51

由表 2.5 可知，光合有效辐射占总辐射的比值系数，随时间、地点的不同而变化。新疆各地虽然幅员辽阔，但是比值系数波动不大。北疆光合有效辐射在总辐射中的比值为 48%，南疆多为 50%，南北疆的这种差异，主要是由于南疆各地散射辐射大于直接辐射所致。散射辐射量大，农作物所能利用的光合有效辐射量就多。南疆散射辐射量大，是因为塔里木盆地的腹部是一个浩瀚的大沙漠，降水稀少，下垫面极端干燥，浮尘天气多，太阳直射光线，常受到空气中大量微粒作用而减弱，散射辐射则因此增大。如果用式（2.8）计算阿勒泰地区的光合有效辐射，则需分别计算各县市的 S 和 D，实测资料很少，这种计算是很复杂的。阿勒泰地区各地工矿企业少，荒漠地面植物覆盖良好，扬沙、浮尘极少，空

气质量好，散射辐射变化不大。据此，为了计算方便，对阿勒泰地区各县市，根据表 2.5 中的比值，采用总辐射系数法计算。取系数 0.48。即：

$$Q_p=0.48Q \tag{2.9}$$

式中：Q 和 Q_p 分别为太阳总辐射和光合有效辐射。光合有效辐射在阿勒泰地区的分布形态与总辐射类似，存在等值线数值比例上的差异。

2.1.3.2　光合有效辐射的分布

年光合有效辐射。新疆的南疆和东疆年光合有效辐射为 2800～3100 MJ/m^2，北疆为 2400～2600 MJ/m^2，了解到我国华东、华南、黄河中下游地区在 2300 MJ/m^2 左右，东北可达 2500 MJ/m^2。阿勒泰地区虽属于新疆北部，经计算年光合有效辐射为 2641.1 MJ/m^2，高于北疆其他地区，也显著高于国内其他地区。所以，阿勒泰地区的光合有效辐射资源是相当丰富的，可为农业开展多种种植实验和耕作制度改革提供优势的气候资源基础。哈密瓜属于高光照作物，1998 年开始阿勒泰地区引种晚熟型哈密瓜，在阿勒泰市、北屯市周边大面积种植获得高产，与新疆其他地区哈密瓜上市时间错峰，获得较高的经济效益，开启了阿勒泰地区经济作物多元化新模式。

依据公式（2.9）计算阿勒泰地区年度的各地光合有效辐射、季节变化比较简单，全年以 7 月或 6 月最多，以 12 月为最少。年度的各地光合有效辐射分布状况见图 2.4。

阿勒泰地区年度的光合有效辐射分布形态与年总辐射趋势一致，只有数量的区别。北部山区最少 2390 MJ/m^2，东南部最多达 2740 MJ/m^2 以上，与新疆的其他地区比较，处于较低的状态。整体趋势西北部低、东南部高，等值线围绕山脉和沿经纬线分布的结合走势。

2.1.3.3　不同界限温度的光合有效辐射

日平均气温的各个界限值期间的光合有效辐射，对植物生长具有直观的容易理解的现实意义。植物的生长发育要在一定的温度条件下才能进行。因此，只有在植物的生长期内，光合有效辐射才能为植物所利用。阿勒泰地区各地全年光合有效辐射量尽管非常充足，但因气候的大陆性非常强烈，温度变化比较大，全年有 5～6 个月的日平均气温在 0℃ 以下，太阳光不能被植物吸收利用，为比较准确地反映各种作物对光能的利用情况，分别计算了不同界限温度的光合有效辐射，见表 2.6。

表 2.6　不同界限温度的光合有效辐射　　　　单位：MJ/m^2

	≥0℃	5℃至初霜冻	≥10℃
阿勒泰市	2047	1763	1566
哈巴河县	2068	1758	1545
富蕴县	2026	1566	1545
福海县	1993	1746	1566

各种喜温作物如棉花、玉米、水稻、高粱以及瓜果、葡萄等，其生长发育要求温度条件都比较高，一般都在日平均气温 10℃ 以上的条件下完成生命周期。因此，≥10℃ 期间的光合有效辐射是喜温作物可利用的光能。

各界限温度下的光合有效辐射在地面分布上都具有类似分布形态。以 ≥10℃ 期间

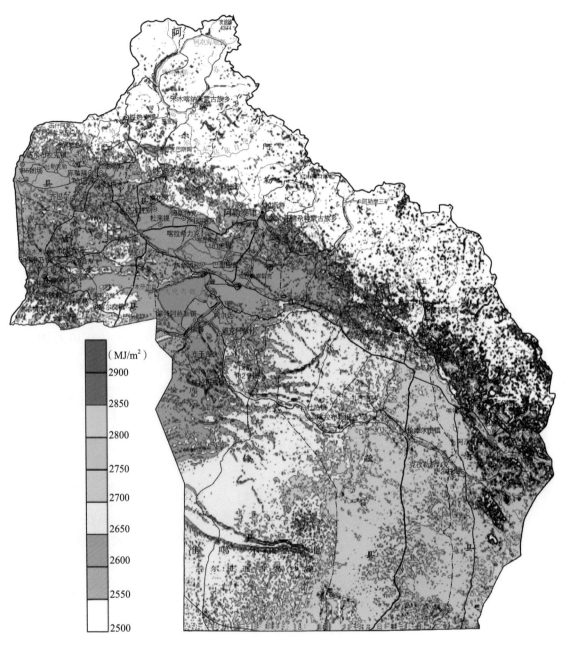

图 2.4 光合有效辐射分布图

的光合有效辐射量分布为例。南部高于北部，东部高于西部，由盆地向山区递减，等值线呈梯级分布。阿勒泰地区各县市多在 2600 MJ/m² 左右。

2.1.3.4 光温生产潜力

作物吸收了光能，生产出的有机物是太阳能转换的结果。水肥环境等是外因，植物自身的转换效能是内因。植物光合作用只能吸收光合有效辐射部分的能量。光合有效辐射是衡量植物光温生产潜力的基础。

光合有效辐射被植物吸收利用的部分用光能利用率 E（%）表示，即在一定时期内，单位面积上作物收获物所包含的能量（$\sum B$），与同时期内照射单位面积上的太阳辐射能

（$\sum Q$）之比。其通式为：

$$E(\%) = \frac{\sum B}{\sum Q} \times 100\% \tag{2.10}$$

如果生物学产量（Y）以 kg / 亩计算，合成 1 g 干物质需要 17794 J 的热量，则其计算公式为：

$$E(\%) = \frac{1000 \times HY}{666.7 \times \sum Q} \times 100\% = 2.67 \frac{Y}{\sum Q} \times \% \tag{2.11}$$

式中：Y 为生物学产量，单位为 kg；H 为 1 g 干物质燃烧释放的能量。不同作物的 H 值不同，平均取 0.017794 MJ/g；1kg=1000 g；$\sum Q$ 为太阳辐射总量或光合有效辐射总量，单位为 MJ。在光能利用率和光温生产潜力计算时均用光合有效辐射值。

C_3 植物也叫三碳植物，光合作用中同化 CO_2 的最初产物是三碳化合物 3- 磷酸甘油酸。C_3 植物的光呼吸高，CO_2 补偿点高，而光合效率低，如小麦、水稻、大豆[①]、棉花等大多数作物。C_4 植物也叫四碳植物，CO_2 同化的最初产物是四碳化合物苹果酸或天门冬氨酸，如玉米、甘蔗、高粱、苋菜等。一般来说，C_4 植物比 C_3 植物有更高的光合效率。C_3、C_4 植物在理想的环境下，光合有效辐射利用率，可达 10% ～ 14%。目前因作物品种、耕作制度、环境条件和农业技术水平的限制，光合有效辐射利用率远远没有达到这个水平，目前全国平均不到 1%。以阿勒泰地区小麦的平均单产 306.6 kg/ 亩计算，作物经济系数取 0.35，光合有效辐射利用率只达到 0.7%。因此提高光合生产效率有广阔的空间。

阿勒泰地区植物光合作用效率低的主要原因在于：冬季时间长，是土地资源休眠期，光合有效辐射流失；春季作物播种和生长初期，地面裸露或覆盖度低；管理不当，水肥不足，叶色不绿，没有合理密植，地面叶子漏光；作物品种不良，自身光合转换效率低，影响光合作用等。可以因地制宜采取合理密植、引进增加 C_4 植物品种、实行间种套种、地膜增温等生产措施，提高光合生产效率。

2.1.4　日照

2.1.4.1　日照时长与光周期

植物的开花时间决定于白天与黑夜、光照与黑暗的交替及其时间长短，这种现象称之为光周期现象。对多数一年生植物的开花期，光周期现象起了决定性作用，而与整个生育期的总日照时数没有什么关系。作物具有光周期现象，即作物的生长发育除需要不同成分光谱和光照强度外，与日照时间（长度）也有密切关系。光照时间分为实照时数和可照时数。

日照时数是指太阳在一地直接辐照度达到或超过 120W/ ㎡的那段时间总和，以小时为单位。日照时数也称实照时数。而可照时数（天文可照时数），是指在无遮蔽条件下，太阳中心从某地东方地平线运行到西方地平线，照射到地面所经历的时间。气象上考虑大气的折射作用，光线在穿越大气层时，因折射影响而略弯向地面产生的视差，既天文上的蒙气差。可照时数由下列公式计算：

$$\sin \frac{T_B}{2} = \sqrt{\frac{\sin[45° + (\varphi - \delta + r)/2]\sin[45° + (\varphi - \delta - r)/2]}{\cos\varphi\cos\delta}} \tag{2.12}$$

---

① 大豆（学名：Glycinemax（Linn.）Merr.）通称黄豆，下同。

式中：T_B 为半日可照时数；$r=34'$ 为蒙气差；φ 为当地纬度；δ 为太阳赤纬。可照时数 $T=2T_B$。

可照时数是指在不受云量和山体等影响下的从日出到日落之间的时间，也称为日长，是计算日照百分率的基础数据。实照时数是受云量和山体等影响后实际观测到的日照时数。气象观测站点通常选择在开阔平坦的地域，避开山体、建筑物的遮挡。

可照时数对植物的影响包括两个方面：一是提供光合作用时间的长短，包括阴天或者无太阳直接照射的散射光；二是提供光周期，即某段时间内有必要的日照时间长度。

实照时数是表示有太阳照射的时间长短，它在很大程度上反映了一个地区光通量的多少和强弱。表示植物生长发育可供吸收利用的光通量的多寡程度。

阿勒泰地区各县市的可照时数依据经纬度位置可理论计算出，见表2.7。

表2.7　阿勒泰地区各县市可照时数（以16日为准）　　　　单位：h

地点	纬度	1月	2月	3月	4月	5月	6月	7月	8月	9月	10月	11月	12月
阿勒泰市	47°44′	8.76	10.19	11.78	13.55	15.06	15.91	15.57	14.27	12.58	10.87	9.26	8.38
青河	46°40′	8.89	10.26	11.79	13.5	14.94	15.76	15.43	14.18	12.56	10.91	9.37	8.52
富蕴	46°59′	8.86	10.24	11.79	13.51	14.98	15.8	15.48	14.21	12.56	10.9	9.34	8.48
福海	47°07′	8.84	10.23	11.79	13.52	14.99	15.82	15.49	14.22	12.56	10.89	9.32	8.46
吉木乃	47°26′	8.8	10.21	11.78	13.54	15.03	15.87	15.53	14.24	12.57	10.88	9.29	9.29
哈巴河	48°03′	8.73	10.17	11.78	13.57	15.09	15.96	15.62	14.29	12.58	10.86	9.23	8.33
布尔津	47°42′	8.77	10.19	11.78	13.55	15.05	15.91	15.57	14.26	12.58	10.87	9.26	8.38

日长主要由纬度和季节来决定，10月上旬以后到翌年3月初的半年时间里，纬度越高，白昼的时间越短，12月是一年中日长最短的一个月。以12月16日为基准日，试比较新疆南北纬度跨度较大的两个城市阿勒泰市与和田市的差异。和田市（37°08′N）为9.48 h，阿勒泰市（47°44′N）为8.38 h，后者比前者短1个小时6分钟。阿勒泰地区东南部的青河县（46°40′）日长8.52 h，北部的哈巴河县（48°03′）日长8.33 h，两者相差近20 min。

4月到9月是作物的主要生长季节，阿勒泰地区最南端45°N，最北端49°N，日长从南到北时长相差26 min，时长最长达11.8～16.1 h，有利于作物进行光合作用。6月、7月是一年中日长最长的季节。阿勒泰市为15.91 h，阿勒泰地区北部的哈巴河县日长15.96 h，南部的青河县15.76 h。夏季纬度高时长长，冬季纬度高时长短。所以，引进时长敏感作物品种时，一般在纬度相近地区引种成功的可能性比较大，在不同纬度引种要注意被引进作物对光照时长条件的要求。

植物对光周期的反应是长期适应自然界变化的结果，是长期驯化、选择而形成的特性，这些作物的遗传特性叫做植物的感光性。感光性要求栽培地区昼夜交替符合植物的本性，不然便不能正常完成生育周期。但是，有些作物经过人类长期的栽培、驯化，对日照长短的反应已不十分敏感，如棉花，原产热带，属短日照作物，我国北方棉区和南方棉区都有大面积栽培，新疆光热资源十分丰富，南北疆很多地州盛产棉花，因此新疆也被称为国家优质棉基地，北纬 45° 左右的莫索湾一带，引种种植表现良好。阿勒泰地区纬度高，夏半年日照时间长，随着气候变暖和栽培驯化的技术进步，使得棉花种植区域进一步北移。例如，农十师 184 团（46°23′N），从 2001 年开始，大面积种植获得成功，创造棉花种植区域进一步北移新纪录。

2.1.4.2　日照时数

新疆是我国日照时数最多的地区之一，全年日照时数达 2500 ~ 3360 h。阿勒泰地区虽然纬度偏高，但是日照时数同样很丰富，全年日照时数达 2870 ~ 3097 h。见表 2.8。

对阿勒泰地区而言，东西跨度 400km，南北跨度 500km，而且处于中高纬度地区，农区主要分布在两河平原地区和浅山丘陵地区，日照时数差别不大。夏季日照时数是冬季的 1.7 ~ 2.4 倍。作物生长旺盛期，阿勒泰各地 ≥10℃界限温度期间的日照时数 1280 ~ 1570 h。≥10℃期间的日平均日照时数 10.0 ~ 10.6 h，高于北疆伊犁。

表 2.8　阿勒泰地区各地日照时数　　　　　　　　　　　　单位：h

	全年		1 月	7 月	4 ~ 9 月		≥0℃		≥10℃		≥15℃	
	总量	均值			总量	均值	总量	均值	总量	均值	总量	均值
阿勒泰市	2983.9	8.2	165.4	337.9	1879.3	10.3	2131.0	9.9	1562.0	10.6	1094.0	10.9
哈巴河	2892.1	7.9	147.6	340.1	1876.4	10.3	2086.1	9.8	1545.2	10.6	710.7	11.1
吉木乃	2900.7	7.9	164.1	320.0	1805.8	9.7	1928.8	9.6	1290.0	10.2	821.3	10.4
布尔津	2881.0	7.9	148.8	332.7	1860.1	10.2	2099.0	9.7	1548.3	10.5	772.9	10.9
福海	2908.7	8.0	160.2	323.0	1836.1	10.0	2106.4	9.6	1571.6	10.2	1168.6	10.4
富蕴	2870.3	7.9	166.6	317.5	1780.2	9.7	1983.6	9.4	1433.7	10.0	1031.3	10.2
青河	3095.8	8.5	188.2	326.3	1854.7	10.1	1992.2	9.9	1280.4	10.4	695.3	10.5
塔城	2947.3	8.0	165.5	340.3	1851.9	10.1	2131.0	9.7	1563.0	10.6	1153.0	10.8
伊犁	2802.4	7.7	156.6	322.3	1740.2	9.5	2180.0	8.7	1660.0	9.5	1224.0	9.8

全年日照时数的分布特点见图 2.5。

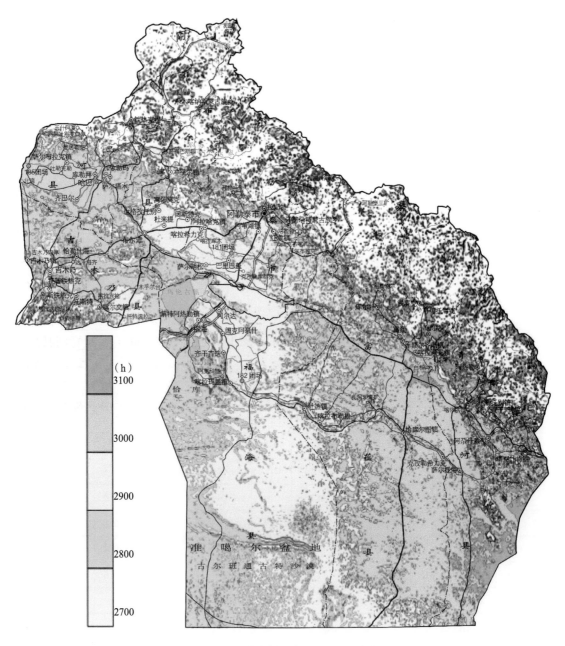

图 2.5　阿勒泰地区年日照时数分布

　　阿勒泰地区年日照时数分布的特点是，东部多西部少，南部多北部少，平原开阔地域多，丘陵高山少。阿勒泰地区是我国冷空气入侵的门户，阴雨天气多，西南方向的萨吾尔山和北部的阿尔泰山，高山地形影响易形成云雾，日照时数少。区域内，东南部最高达到3100 h。≤2700 h是白色区域，主要分布于海拔1000 m以上的山区。低山丘陵以下的农区全年日照时数在2700～3100 h。

2.1.4.3　日照百分率

　　日照百分率是指某一地区，在某一日（或一年）内实际的日照时数占理论上最大日照时数（假设附近无山和其他障碍物遮挡阳光，又假设天空无云）的百分率。

表 2.9 描述了阿勒泰地区各县市日照百分率的基本分布特点，年平均日照百分率变化为 65%～70%，最高值多出现在秋高气爽的 8—9 月，其值为 69%～74%；最低值出现在阴雾天气比较多的 12 月，其值为 45%～61%。总体上平原成云致雨的多云天气少于山区，遮蔽阳光辐射时间短，同理秋季秋高气爽，好天气多，日照百分率较高。4—9 月作物生长季节的平均日照百分率都高于全年平均值，这对作物生长发育十分有利。阿勒泰各地以 8—9 月为最高，其中哈巴河、布尔津、吉木乃日照百分率最高处在 8 月份，是全疆不多见的秋季提前现象。12 月太阳辐射弱、日照百分率最低、日照短，是造成冬季气温低的重要原因（图 2.6）。

表 2.9　阿勒泰地区各地日照百分率　　　　　　　　单位：%

	1 月	2 月	3 月	4 月	5 月	6 月	7 月	8 月	9 月	10 月	11 月	12 月	全年
阿勒泰市	61	66	67	69	70	70	70	73	74	65	54	52	67
哈巴河	54	62	63	67	70	71	70	74	73	61	49	47	65
布尔津	54	61	65	68	70	70	69	72	72	62	48	45	65
吉木乃	60	66	67	66	67	67	67	72	72	62	55	50	65
福海	58	63	67	68	69	69	67	71	74	65	51	48	65
富蕴	60	66	65	65	68	68	66	69	70	62	54	51	65
青河	68	74	73	70	70	69	68	71	74	69	64	61	70
黑山头	61	67	62	61	62	59	58	65	69	61	59	57	62

阿勒泰地区各地气象观测站点的分布特点是平原地区多，而且乌伦古河和额尔齐斯河流域分布密集度高，山区站点仅有黑山头和阿尔泰山中部的森塔斯，南部戈壁站点少，北部山区站点稀少。从 2005 年开始全地区逐步增加建设区域自动气象站，至 2017 年底已经建立 139 个自动气象站，站点分布大有改善，但日照和辐射气候要素的观测没有改善。关于山区辐射与日照的更多数据，主要来自参数化计算所得，仍有重要的参考价值。

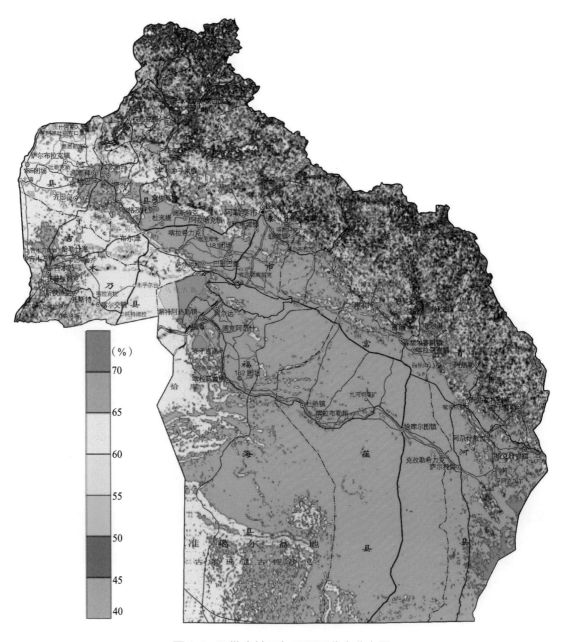

图 2.6　阿勒泰地区年日照百分率分布图

2.2　热量资源

　　热量是农作物全部生物化学过程的基本条件之一。热量直接影响作物的生长、分布界限和产量，影响作物发育速度、生育期的长短及各生育期迟早；同时还影响作物病虫害的发生发展及危害程度。

　　热量资源是重要的环境因子之一。一个地区的温暖寒凉状况，决定着该区域植物的种类、形态特征、生产性能等。表征热量的指标方法有多种，一般常用温度高低表示一个地区气候热量资源的多寡。作物生长的过程就是不断与外界环境进行物质与能量交换的过程，大气中的光、热、水、气是作物生长发育的能量与物质基础。

每种作物的生命过程都有 3 个基点温度。最低温度：作物维持生命和生长的下限温度；最适温度：作物维持生命的最适温度和生长速度最快的温度；最高温度：作物维持生命和生长的上限温度。作物要完成某一发育期或全发育周期，主要受温度的制约。在温度强度及其持续时间适宜时，作物的发育速度快，生长健壮。阿勒泰地区热量资源的总体特征是，少酷暑多严寒，热量不足；大陆性气候强，冷暖悬殊，年较差大；多戈壁沙质地面，植被盖度低，日较差大。

2.2.1　平均气温

平均气温的分布可以反映一个地区热量资源的最基本概况。

表 2.10　阿勒泰地区各县市月、年平均气温　　　　　单位：℃

站名	1月	2月	3月	4月	5月	6月	7月	8月	9月	10月	11月	12月	年
哈巴河	−14.0	−11.9	−4.0	7.8	15.5	20.4	22.4	20.6	14.5	6.7	−3.2	−11.2	5.3
吉木乃	−12.0	−10.4	−4.3	6.0	13.5	18.7	20.8	19.3	13.1	5.0	−4.2	−10.1	4.6
布尔津	−16.0	−13.1	−3.6	8.5	16.2	21.1	22.7	20.4	14.1	6.2	−3.7	−12.7	5.0
福海	−18.6	−15.3	−4.4	8.5	16.5	21.9	23.4	21.1	14.8	6.3	−4.0	−14.3	4.7
阿勒泰	−15.3	−12.7	−4.5	7.9	15.6	20.2	21.7	20.1	14.3	6.3	−4.0	−12.6	4.8
富蕴	−19.3	−15.7	−5.3	7.8	15.3	20.8	22.8	20.8	14.4	5.7	−5.7	−16.2	3.8
青河	−21.5	−17.1	−6.4	5.4	12.9	17.8	19.6	17.6	11.6	3.3	−8.9	−18.8	1.3

平均气温的时间分布：阿勒泰地区各县市 7 月是一年中最热月，平均气温为 19.6 ～ 23.4℃；1 月最冷，气温最低，平均气温为 −12.0 ～ −21.5℃。最热月和最冷月的气温极差在 30.0℃以上，相差最大的是福海县，达到了 42.0℃（表 2.10）。

月平均气温的空间分布：7 月和 1 月代表着一年中冷热状态在时间上的分布，那么最热、最冷时段在阿勒泰地区的空间分布，最好的表达就是图 2.7 和图 2.8。一般特征为：7 月，南部平均气温高于北部，东部平均气温高于西部，平原平均气温高于山区；1 月南部平均气温高于北部，特别是西部河谷平原高于东部地区，山区的平均气温也有同样的分布特点，即西部山区气温高于东部山区气温，富蕴 – 青河一带的山区气温最低。

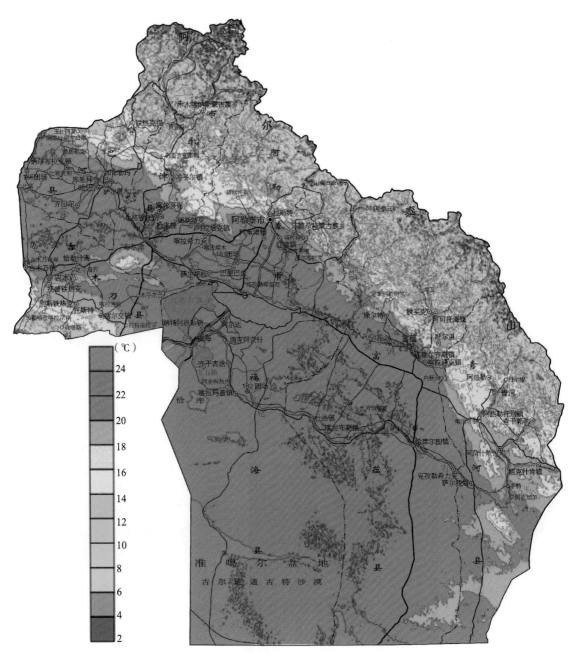

图 2.7　阿勒泰地区 7 月平均气温分布图

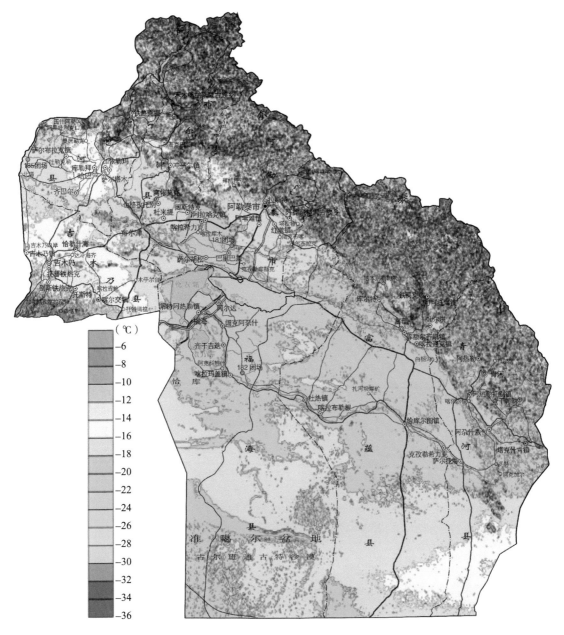

图 2.8　阿勒泰地区 1 月平均气温分布图

　　年平均气温的空间分布：总体分布特点是南部高、北部低，西部高、东部低，平原高、山区低，见图 2.9。南部福海县年平均气温为 4.7℃。东北部青河县较低，年平均气温仅为 1.3℃，南北相差 3℃以上；西部高（哈巴河县、布尔津县、吉木乃县），为 4.6 ～ 5.3℃，而东部（富蕴县、青河县）低，仅为 1.3 ～ 3.8℃。这很可能是和南部的纬度低、北部纬度高有很大的关系，而阿勒泰地区的东部海拔较高，又紧邻阿尔泰山，是造成平均气温较其他区域低的主要原因。

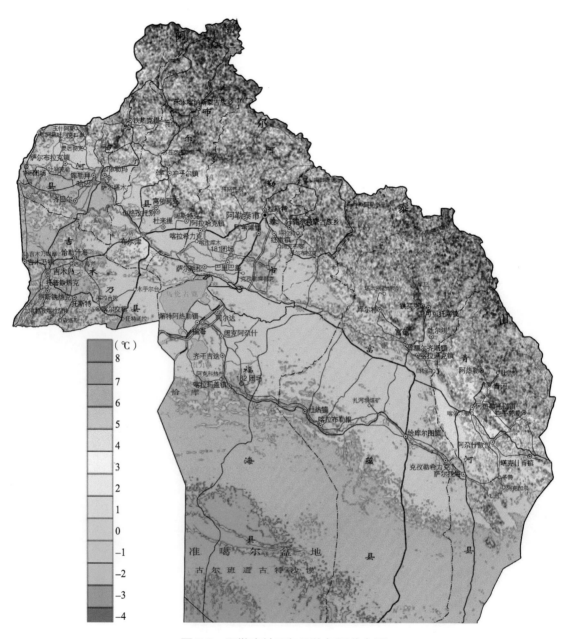

图 2.9 阿勒泰地区年平均气温分布图

阿勒泰地区的作物生长季节是 4—10 月，平均气温的空间分布特点是，南部的福海县最高，为 15.9℃；西部的吉木乃县和东部的青河县因海拔高度较其他几个县高很多，平均气温也明显偏低 2～3℃。

从表 2.11 看，在全球气候变暖的大背景下，阿勒泰地区 4—10 月平均气温均是呈现增加趋势变化的，东部的富蕴县、青河县增加趋势最为明显，达到 0.41～0.55℃/10a；而北部的阿勒泰市增加最不明显，仅为 0.08℃/10a。这从趋势系数也可以很明显地看出，全地区的 7 个县市中，只有阿勒泰市没有通过显著性检验，没有达到相关显著性检验标准[①]，而其余

---

① 显著性检验标准的表示方法：* 表示通过信度 0.05，** 表示通过信度 0.01，*** 表示通过信度 0.001，下同。

6 个县均通过了信度 0.001 的 P 检验，有极好的相关性。

表 2.11　阿勒泰地区 4—10 月平均气温的年变化特征

	哈巴河县	吉木乃县	布尔津县	福海县	阿勒泰市	富蕴县	青河县
倾向率 （℃/10a）	0.32	0.4	0.23	0.39	0.08	0.55	0.41
趋势系数	0.561***	0.602***	0.447***	0.667***	0.148	0.689***	0.685***

注：*** 表示通过信度 0.001 检验。

　　从表 2.12 中看到，平均气温的年代际变化特征，也可以很好地看出与表 2.13 相吻合的变化趋势。阿勒泰地区的 7 个县市有极好的一致性变化趋势，均是在 20 世纪 60—80 年代为负距平，负距平也是呈现向 0 移动的趋势；而从 20 世纪的 90 年代开始，平均气温呈现明显的正距平，到了 21 世纪气温升高更加明显，有 4 个县达到了 0.8 ~ 1.0℃。

表 2.12　阿勒泰地区 4—10 月平均气温的年代变化　　　　　　单位：℃

	哈巴河县	吉木乃县	布尔津县	福海县	阿勒泰市	富蕴县	青河县
20 世纪 60 年代	−0.7	−0.9	−0.4	−0.7	0.0	−1.2	−0.7
20 世纪 70 年代	−0.3	−0.4	−0.3	−0.6	−0.1	−0.9	−0.6
20 世纪 80 年代	−0.3	−0.3	−0.4	−0.3	−0.3	−0.1	−0.4
20 世纪 90 年代	0.3	0.3	0.2	0.1	0.0	0.5	0.3
21 世纪	0.6	0.8	0.5	0.9	0.2	1.0	0.9

2.2.2　最高气温

　　农作物的生长离不开合适的温度，如果气温过高，不仅抑制作物的光合作用，甚至会灼伤肌体，进而影响作物的生长发育。阿勒泰地区各县市的年平均最高气温为 9.1 ~ 11.4℃，平均最高气温的空间分布与月平均气温分布基本一致，平原丘陵地带高，沿山山区低；南部高，北部低。见表 2.13。

表 2.13　阿勒泰地区各月、年平均最高气温　　　　　　单位：℃

站名	1 月	2 月	3 月	4 月	5 月	6 月	7 月	8 月	9 月	10 月	11 月	12 月	年
哈巴河县	−10.1	−7.2	1.5	14.7	22.6	27.4	29.4	27.8	21.5	12.5	0.8	−7.7	11.1
吉木乃县	−6.1	−4.1	1.2	12.1	19.6	24.4	26.5	25.2	19.3	10.8	1.2	−4.6	10.5
布尔津县	−11.5	−7.8	2.2	15.7	23.3	27.8	29.3	27.8	21.9	13	1	−8.8	11.2
福海县	−12.8	−9	2.1	16.2	23.7	28.5	29.9	28.4	22.5	13.5	1.4	−9.5	11.2
阿勒泰市	−9.1	−6.1	1.4	14.1	21.9	26.6	28.2	26.9	21.2	12.4	1.3	−7	11
富蕴县	−11	−6.8	2.1	15	22.7	28.1	30	28.6	22.5	13.2	1.4	−8.9	11.4
青河县	−12.6	−7.6	1.3	12.5	20	24.8	26.5	25.3	19.9	11.1	−1.2	−10.8	9.1

　　全地区各县市中，平均最高气温的最热月均在 7 月，为 26.5 ~ 30℃；最冷月均在 1 月，为 −12.6 ~ −6.1℃。最热月和最冷月的最高气温相差均在 40℃左右，福海县达到 41.3℃。

　　4—10 月平均最高气温的空间分布（图略）与月平均气温分布基本一致，平原丘陵地带高、沿山山区低；南部高、北部低。南部的福海县最高，为 23.2℃；吉木乃县和青河县最低，为 19.6 ～ 19.8℃；其余的县市在 21.6 ～ 22.7℃。

从表 2.14 可以很清楚地看出 4—10 月的平均最高气温，在全球变暖的气候大背景下，近年来，阿勒泰地区的平均最高气温的变化与平均气温的变化趋势基本相同，在作物生长季的平均最高气温也是呈现明显的增加趋势，增幅最大的是海拔最高的青河县，为 0.35℃ /10a；增幅最小的依然是阿勒泰市，仅为 0.16℃ /10a。平均气温的年变化对于最高气温的贡献率是不相同的。

表 2.14　阿勒泰地区 4—10 月平均最高气温的年变化特征

	哈巴河县	吉木乃县	布尔津县	福海县	阿勒泰市	富蕴县	青河县
倾向率（℃ /10a）	0.2	0.26	0.24	0.22	0.16	0.24	0.35
趋势系数	0.325*	0.406**	0.383**	0.364**	0.266*	0.388**	0.526***

注：* 表示通过信度 0.05 检验；** 表示通过信度 0.01 检验；*** 表示通过信度 0.001 检验。

各县市的平均最高气温与年份的趋势系数（0.266 ～ 0.526），均通过了 0.05 信度的 P 检验，有较好的相关性。除哈巴河县和阿勒泰市外，均是通过信度 0.01 的检验，尤其是青河县，通过了信度为 0.001 的 P 检验，相关极为显著。

在作物生长季节的 4—10 月的平均最高气温是呈现明显的线性增加趋势变化的，在 20 世纪的 60—80 年代，多是为负距平的，而从 90 年代至现在，是正距平的。1997 年出现一个明显的峰值。从这一时期开始，5 年滑动平均也开始呈现逐步上升趋势，且比较稳定。在 20 世纪的 80 年代到 90 年代初，出现的谷值较多，导致 80 年代较其他年代明显偏低（表 2.15）。

表 2.15　阿勒泰地区 4—10 月平均最高气温年代变化　　　距平单位：℃

	哈巴河县	吉木乃县	布尔津县	福海县	阿勒泰市	富蕴县	青河县
20 世纪 60 年代	−0.3	−0.4	−0.3	−0.2	−0.1	−0.3	−0.4
20 世纪 70 年代	−0.1	−0.2	−0.2	−0.2	−0.1	−0.5	−0.7
20 世纪 80 年代	−0.4	−0.5	−0.7	−0.4	−0.5	−0.3	−0.6
20 世纪 90 年代	0.1	0.2	0.2	−0.1	0.0	0.2	0.4
21 世纪	0.5	0.6	0.6	0.7	0.5	0.5	0.8

2.2.3　最低气温

阿勒泰地区各县市的年平均最低气温为 −5.5 ～ 0.2℃，平均最低气温的空间分布，平原丘陵地带高，沿山山区低；南部高，北部低。西部的哈巴河县最高为 0.2℃，而东部的青河县为 −5.5℃，二者相差 5.7℃（表 2.16）。

表 2.16　阿勒泰地区各月、年平均最低气温　　　单位：℃

站名	1 月	2 月	3 月	4 月	5 月	6 月	7 月	8 月	9 月	10 月	11 月	12 月	年
哈巴河县	−17.3	−15.8	−8.4	1.9	8.8	13.8	16.0	14.2	8.5	2.1	−6.6	−14.3	0.2
吉木乃县	−16.4	−15.1	−8.7	0.9	8.1	13.4	15.6	14.0	7.9	0.6	−8.2	−14.3	−0.2
布尔津县	−19.9	−17.6	−8.5	2.2	9.0	14.0	15.9	13.4	7.5	1.0	−7.3	−16.0	−0.5
福海县	−23.5	−20.8	−10.2	1.6	9.5	15.1	16.8	14.1	7.8	0.5	−8.2	−18.5	−1.3

续表

站名	1月	2月	3月	4月	5月	6月	7月	8月	9月	10月	11月	12月	年
阿勒泰市	−20.4	−18.1	−9.8	2.2	9.1	13.3	15	13.3	7.8	1.3	−8.3	−17.5	−1.0
富蕴县	−24.7	−22.1	−11.4	1.2	7.9	13.3	15.7	13.4	7.1	−0.3	−10.7	−21.3	−2.7
青河县	−27.5	−24.1	−13.2	−1.0	5.4	10.3	12.4	10.1	4.0	−3.0	−14.4	−24.4	−5.5

在最热月 7 月，各县市的平均最低气温为 12.4 ~ 16.8℃，县域温差 4.4℃；最冷月 1 月，平均最低气温为 −16.4 ~ −27.5℃，县域温差 11.1℃之多。

植物生长季，白天温度在适宜域之内越高光合作用速率越快，有利于有机物的合成；夜间温度下降较快，接近植物适宜生长下限，植物呼吸变得缓慢，营养物质逆向转化少，有利于有机物正向积累，提高产量和质量。如，阿勒泰地区甜菜含糖量和油葵含油率均高于沿天山一带，其中日较差大是原因之一，但最低气温较低的作用亦功不可没。当冷季日较差大时，会增加热血动物调节体温功能的负担，若气温变化剧烈，日变幅度异常增大，动物调节负荷超载，轻者可引起疾病，重者可造成死亡、经济受损。

2.2.4　无霜期

霜是空气温度接近 0℃或以下，水汽到达饱和状态，在近地层物体表面出现水汽凝华物的天气现象。阿勒泰地区干旱的气候特点，使得"有冻不见霜"的情况为常见现象。霜与霜冻是不同的科学概念。霜冻的危害主要是低温造成的冻害，一般称为霜冻。霜冻对农业生产是一种气象灾害，也是农作物充分利用光、热资源的一项限制性天气要素。霜现象与霜冻既有联系又有区别，意义不同。所以，我们以当地主要作物受害的最低气温 0℃作为霜冻标准，定义最低气温 > 0℃的连续日数为一般大田作物的无霜期。

低温对植物的危害，按低温程度和受害情况，可分为冻害（0℃以下低温）和冷害（0℃以上低温）两种。

（1）冻害。当温度下降到 0℃以下，植物体内发生冰冻，破坏植物体内细胞结构，不能自然恢复原状态，因而受伤甚至死亡，这种现象称为冻害。阿勒泰地区在晚秋及早春时，寒潮入侵，气温骤然下降，作物的冻害比较严重。植物冻害是普遍存在的现象，对农业生产的影响是巨大的，应予重视。

（2）冷害。在零上低温时，明显无结冰现象，但能引起喜温植物的生理障碍，使植物受伤甚至死亡，这种现象称为冷害。比如，原产于热带或亚热带的水稻，在生长过程中遇到零上低温，则发生冷害，损失巨大。阿勒泰地区水稻种植很少，为室外育苗，如遇到春季寒潮，就可能烂秧；水稻开花前遭受冷空气侵袭，就会产生较多空秕粒。这些小范围种植区要注意低温冷害的发生。其他作物苗期因低温影响，发育迟缓，农民称为"僵苗"，也是冷害的现象之一。

阿勒泰地区主要存在霜冻的危害，水稻种植少，因此冷害对农业生产影响也很有限。要重点加强对霜冻的预防。

阿勒泰地区各县市的平均霜冻终日为 4 月 25 日至 5 月 14 日，最早的布尔津县和最晚的青河县相差 20 天，而同一县市的不同年份差别很大，最早的年份和最晚的年份相差 50 天左右。平均初日和终日情况比较相似，不同的地域、不同的年份相差同样很大。各县市平均霜冻初日为 9 月 14 日至 10 月 3 日，最早的青河县和最晚的哈巴河县相差 20 天。这二者反映到无霜期的结果就是：平均无霜期最长的布尔津县为 159 天，而最短的青河县只有 124 天，相差 35 天。而时间最长的年份与最短的年份相差可以达到 80 天左右，这对于安排农业生产较为不利（表 2.17）。

表 2.17　阿勒泰地区最低气温≤0℃初终日和无霜期

站名	终日	初日	无霜期（d）
哈巴河县	4 月 30 日	10 月 3 日	157
吉木乃县	5 月 5 日	9 月 29 日	148
布尔津县	4 月 25 日	9 月 30 日	159
福海县	4 月 27 日	10 月 1 日	158
阿勒泰市	4 月 30 日	9 月 30 日	154
富蕴县	5 月 2 日	9 月 25 日	147
青河县	5 月 14 日	9 月 14 日	124

从表 2.18 可知，阿勒泰地区的霜冻终日，只有阿勒泰市是推迟的，为 1.05 d/10a；其余各县市均是提前的，为 1.63～2.28 d/10a。霜冻初日是全部推迟的，为 1.16～2.4 d/10a。与霜冻终初日变化相匹配的无霜期也都是增加的，为 1.12～4.68 d/10a。趋势系数中有 71.4% 通过了显著性检验，这说明阿勒泰地区的霜冻终初日和无霜期与年份有极好的相关性。

表 2.18　阿勒泰地区霜冻变化倾向率

站名	倾向率（天/10a）			趋势系数		
	终日	初日	无霜期	终日	初日	无霜期
哈巴河县	−1.63	2.02	3.65	−0.226	0.337*	0.355**
吉木乃县	−2.27	2.32	4.58	−0.313*	0.343**	0.418**
布尔津县	−1.04	1.53	2.58	−0.159	0.283*	0.316*
福海县	−2.28	2.4	4.68	−0.353**	0.391**	0.486***
阿勒泰市	1.05	1.16	1.12	0.156	0.182	0.013

注：* 表示通过信度 0.05 检验；** 表示通过信度 0.01 检验；*** 表示通过信度 0.001 检验。

从选取的布尔津县和青河县来看，无霜期在 1990 年后的多数年份都是呈正距平，尤其是进入 21 世纪后，无霜期是明显增加的。这对农业生产是较为有利的一面。

无霜期年际变化大，整体上无霜期有延长趋势。按照传统模式种植，受冻害的概率变小。从农业经济效益上讲，一年生作物成熟保证率应在 80% 以上，多年生经济作物受冻害的概率应该趋近于零，否则不宜种植，更不应该大面积发展。

阿勒泰地区无霜期分布图见图 2.10。

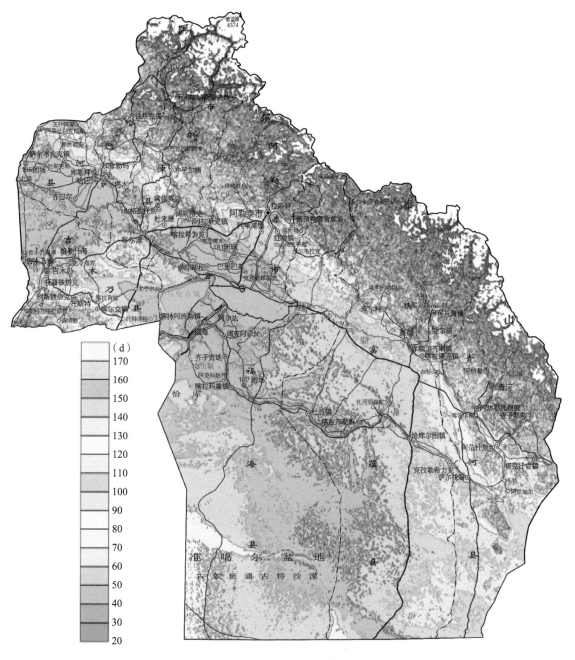

图 2.10　阿勒泰地区无霜期分布图

2.2.5　积温

积温是评价热量资源的重要指标。作物全生育期的各时段，对积温都有一定的要求，若积温数量不能满足，其相应生长发育阶段不能按时完成，甚至不能完成该发育期，轻则影响产量，重则绝收。所以，一个地区不同作物不同时段的积温能否满足生物指标要求，决定着该区种植制度、作物品种结构和布局。

农业生产常用的温度指标有：稳定通过≥0℃，田间开始耕播作业；≥5℃，多数作物籽种萌芽、生长；≥10℃，喜温作物播种、出苗生长；≥15℃，喜温作物积极生长发育。就阿勒泰而言，主要作物春小麦，田可耕便可播，稳定通过≥0℃区间的积温都可视为有效积温；喜温作物主要是玉米，稳定通过≥10℃后便可播种，故≥10℃区间的积温亦可视为喜温作物的有效积温。根据本区生产现状，主要分析了≥0℃和≥10℃两个指标界限区间的积温态势。

2.2.5.1　各界限温度积温

表 2.19 可以很好地反映出阿勒泰地区作物生长季节的积温年变化情况，各界限温度（≥0℃、≥5℃、≥10℃、≥15℃）的积温均是呈现增加趋势的，增幅最大的是富蕴县，均在 100℃/10a 以上；增幅最小的是阿勒泰市，仅为 6 ～ 15℃/10a。各界限温度积温的趋势系数，除布尔津县≥10℃、≥15℃积温通过了信度 0.02 的 P 检验，其余均通过了信度 0.001 的 P 检验，有极显著的相关性。全球变暖的大背景，在阿勒泰地区体现在积温指标上是显著增加，响应良好。

表 2.19　阿勒泰地区 4—10 月积温年变化特征

站名	倾向率（℃/10a）				趋势系数			
	≥0℃	≥5℃	≥10℃	≥15℃	≥0℃	≥5℃	≥10℃	≥15℃
哈巴河县	66.48	70.27	73.22	69.04	0.571***	0.574***	0.542***	0.478***
吉木乃县	77.26	80.83	82.88	90.69	0.588***	0.578***	0.562***	0.528***
布尔津县	47.63	50.29	50.68	42.02	0.442***	0.446***	0.416**	0.329**
福海县	80.42	84.53	89.14	83.90	0.668***	0.668***	0.643***	0.584***
阿勒泰市	13.57	15.09	10.50	6.58	0.668***	0.668***	0.643***	0.584***
富蕴县	113.27	114.80	121.30	124.35	0.691***	0.686***	0.706***	0.683***
青河县	83.47	86.45	89.24	106.65	0.694***	0.692***	0.665***	0.621***

注：* 表示通过信度 0.05 检验；** 表示通过信度 0.01 检验；*** 表示通过信度 0.001 检验。

图 2.11、图 2.12、图 2.13 分别描绘了≥0℃、≥5℃、≥10℃积温的空间分布。其中白色区域是低于相应色标下限值的积温区域。阿勒泰地区 4—10 月≥0℃积温，是以南部的福海县为最大值中心，向四周扩散，逐渐减小，到最东部的青河县和最西部的吉木乃县时达到最小。最高的福海县为 3411.0℃·d，吉木乃县和青河县均小于 3000℃·d，最小的青河县仅为 2676.8℃·d，二者相差了 734.2℃·d。平原丘陵地带的积温条件较好，而沿山山区的积温条件相对较差，不能满足很多作物的生长需要。其余各界限温度积温的空间分布图略。

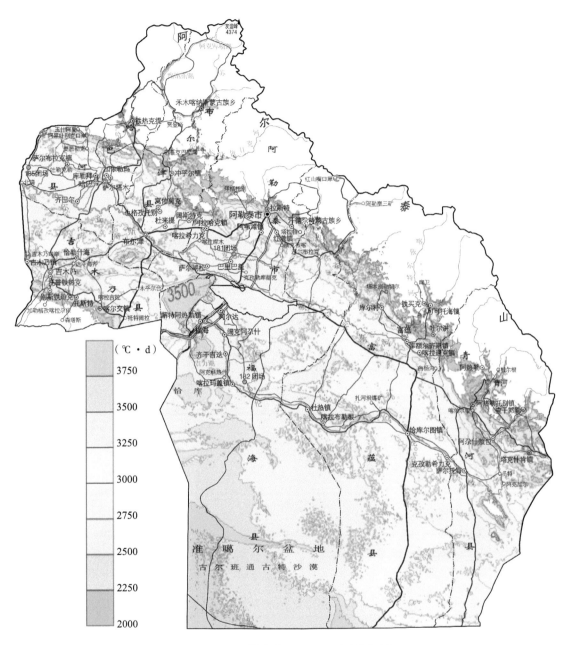

图 2.11 阿勒泰地区≥0℃积温分布图

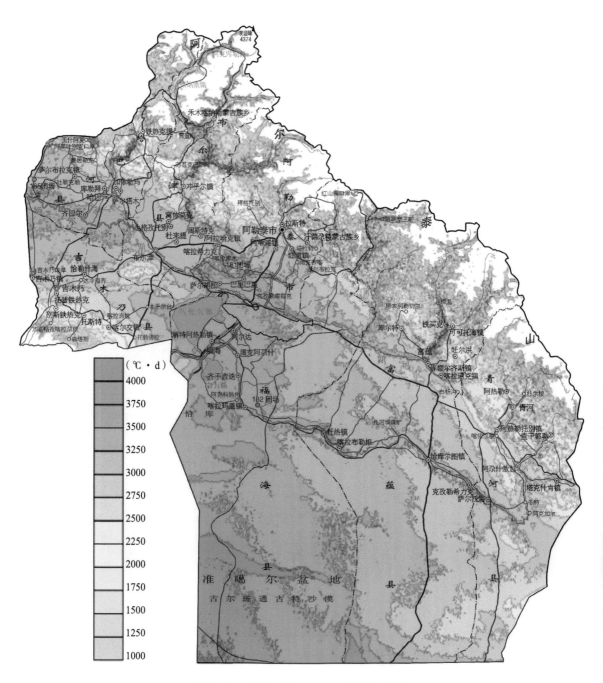

图 2.12 阿勒泰地区≥5℃积温分布图

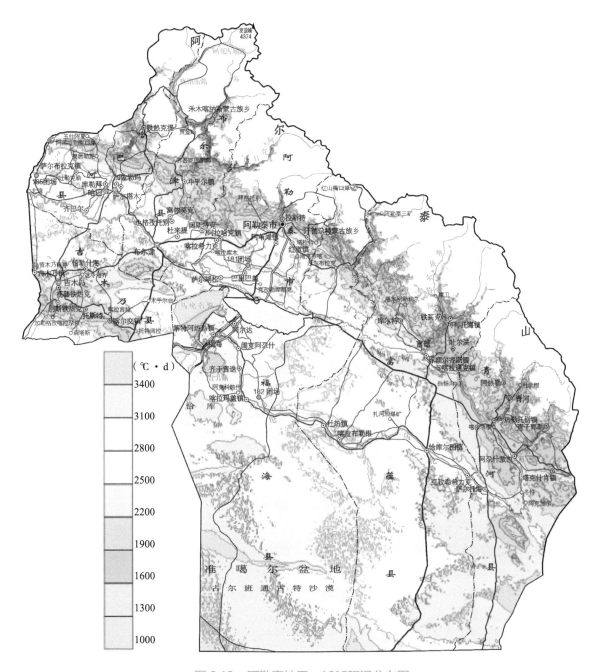

图 2.13　阿勒泰地区≥10℃积温分布图

　　从表 2.20 可以看出，阿勒泰地区大多数县市的各界限温度的积温，在 20 世纪的 60—80 年代为负距平，从 20 世纪 90 年代至今，积温增加明显，呈现正距平，尤其是 2000—2014 年的近 15 年间，正距平达到最大。只有阿勒泰市的≥0℃和≥5℃积温在 20 世纪 60 年代出现正距平，1970—1980 年为负距平；20 世纪 90 年代到 21 世纪又变为正距平；而阿勒泰市的≥10℃和≥15℃积温在 20 世纪 60 年代为正距平，20 世纪 70—90 年代为负距平，21 世纪又转为正距平，这与其余县市均不同，呈现很明显的波浪式变化。

表 2.20   阿勒泰地区积温的年代变化特征   单位：℃·d

温度	年代	哈巴河县	吉木乃县	布尔津县	福海县	阿勒泰市	富蕴县	青河县
≥0℃	20 世纪 60 年代	−146.1	−164.5	−74.5	−137.8	6.3	−244.8	−132.3
	20 世纪 70 年代	−64.5	−87.8	−53.9	−112.6	−13	−184.8	−134.5
	20 世纪 80 年代	−66	−69.7	−89.6	−59.8	−72.1	−18.1	−91.4
	20 世纪 90 年代	56.8	64.1	42.5	22.1	0.8	106.7	63.5
	2000—2014	136.8	160.9	112.1	182	52.4	211.1	187.6
≥5℃	20 世纪 60 年代	−148.4	−166.8	−75.5	−146.8	11.9	−243.3	−138.9
	20 世纪 70 年代	−73.7	−92.9	−57.1	−112.3	−19.7	−188.6	−132.9
	20 世纪 80 年代	−73.6	−70.1	−99.5	−70.8	−81.4	−24.6	−99.4
	20 世纪 90 年代	64.6	63.7	44.9	26.2	6.3	109.2	68.5
	2000—2014	144.3	166.3	119.8	192.7	56	215.3	192.6
≥10℃	20 世纪 60 年代	−163	−185.6	−77.8	−155.2	21.7	−258.8	−136.6
	20 世纪 70 年代	−60.6	−100.3	−44	−112	−6.3	−201.3	−163.7
	20 世纪 80 年代	−77.1	−47.3	−107.2	−77.2	−85.9	−19.5	−69.4
	20 世纪 90 年代	58.2	66	31.5	20.9	−4.7	104.1	50
	2000—2014	150.8	165.8	126.5	205.3	51.5	233.1	204.1
≥15℃	20 世纪 60 年代	−158.8	−184.7	−48.1	−124.4	27.5	−254.4	−170.1
	20 世纪 70 年代	−103	−152.7	−90.2	−157.3	−27.2	−269	−175.6
	20 世纪 80 年代	−6.3	−18	−53.2	−17.1	−37.1	28.2	−119.3
	20 世纪 90 年代	38	28.3	29.9	−9.1	−39.3	115.9	71.2
	2000—2014	142.8	205.7	104.6	197.1	52.5	235.9	251.2

2.2.5.2   界限温度初终日及持续日数

各界限温度的初终日对于农作物的生长发育有不同的含义。

从表 2.21 可以看出，各界限温度稳定通过的初日，在各县市中，只有吉木乃县和青河县≥10℃初日、布尔津县和福海县≥15℃初日是略推迟的，其余的初日在近年来是逐渐提前的。各界限温度稳定通过的终日，只有阿勒泰市≥15℃终日是略提前的，其余终日推迟，这与 4—10 月气候逐渐变暖是相适应的。与初日提前和终日推迟相对应的是各界限温度的初终间日数增加，只有阿勒泰市≥15℃日数是略减少的。

表 2.21   界限温度初终日期的年变化特征

站名	日	倾向率（d/10a）				趋势系数			
		≥0℃	≥5℃	≥10℃	≥15℃	≥0℃	≥5℃	≥10℃	≥15℃
哈巴河县	初日	−0.65	−3.77	−1.27	−0.9	−0.111	−0.176	−0.177	−0.132
	终日	2.54	2.26	1.48	1.47	0.385**	0.391**	0.271*	0.253*
	日数	2.97	3.96	2.76	2.36	0.377**	0.428**	0.285*	0.258*
吉木乃县	初日	−1.51	−2.3	0.76	−2.27	−0.232*	−0.274*	0.116	−0.258*
	终日	2.44	2.13	1.05	1.93	0.335*	0.332*	0.17	0.21
	日数	4.35	4.43	0.299	4.42	0.459***	0.371**	0.0344	0.332*

续表

站名	日	倾向率（d/10a）				趋势系数			
		≥0℃	≥5℃	≥10℃	≥15℃	≥0℃	≥5℃	≥10℃	≥15℃
布尔津县	初日	−0.73	−1.22	−1.04	0.82	−0.117	−0.207	−0.146	0.124
	终日	2.04	1.54	0.61	1.02	0.332*	0.312*	0.128	0.184
	日数	2.77	2.76	1.65	0.2	0.327*	0.365**	0.189	0.022
福海县	初日	−1.36	−1.18	−0.92	0.15	−0.23*	−0.206	−0.139	0.023
	终日	3.01	2.22	1.16	1.12	0.513***	0.401**	0.222	0.196
	日数	4.37	3.4	2.08	0.98	0.515***	0.451***	0.246*	0.115
阿勒泰市	初日	−0.64	−1.17	−0.24	−0.07	−0.112	−0.179	−0.033	−0.011
	终日	2.5	0.48	0.43	−0.18	0.395**	0.093	0.079	−0.025
	日数	2.69	1.65	0.67	−0.01	0.353**	0.198	0.073	−0.012
富蕴县	初日	−1.4	−2.48	−0.5	−1.03	−0.22	−0.385**	−0.07	−0.153
	终日	2.17	4.18	0.81	2.51	0.361**	0.451***	0.162	0.387**
	日数	3.57	4.38	1.31	3.54	0.426**	0.484***	0.152	0.402**
青河县	初日	−0.84	−2.36	0.46	−3.9	−0.125	−0.318*	0.069	−0.423**
	终日	2.2	3.29	1.79	2.43	0.394**	0.478***	0.307*	0.283*
	日数	3.04	3.97	1.33	6.33	0.343**	0.41**	0.169	0.443**

注：* 表示通过信度 0.05 检验；** 表示通过信度 0.01 检验；*** 表示通过信度 0.001 检验。

初终日期及日数变化，有 52.4% 的通过了信度 < 0.05 的显著性的 P 检验。其中，初日与年份的相关性不太显著，只有 25% 的通过了显著性检验；而终日和日数与年份的趋势系数分别有 64.3% 和 67.9% 通过了显著性检验，相关性较好。

2.3　水分资源

水是作物生长发育必备的条件之一。阿勒泰地区降水较少，地域分布不均匀，季节差异也大，但本地区的农牧业主要依靠灌溉，而且灌溉用水主要依靠降水，因此研究降水的时空变化，对农业生产有极大的指导作用。

2.3.1　降水量的时空分布

阿勒泰地区东北部有阿尔泰山，西南部有萨吾尔山，地形作用促成降水空间分布差别很大。阿尔泰山体处在偏西气流的迎风面，地形抬升有利于降水形成，从平原向山区推进，平均每升高 100 m，年降水量增加 30 ～ 40 mm；另据 1980 年阿尔泰山冰川考察工作分析，永久性积雪带下线（冰川尾部）的年降水量平均在 500 mm 左右；又有阿勒泰市森塔斯气象站（海拔约为 1900 m）4 年记录，年降水量为 > 600 mm。结合山体自然景观变化特征综合分析，在阿尔泰山区，年度、夏季、冬季及过程最大降水量等与海拔高度的相关系数在 0.43 ～ 0.67 之间，并且在海拔 2000m 左右有一最大降水带。2001

年喀纳斯附近 (48°47′N，87°01′E，)、海拔 1400 m 处，测得年降水量 1065.4 mm。吉木乃县处在萨吾尔山背风坡，地形抬升作用微弱，西南气流翻越山体后，对系统性降水作用已属强弩之末，尤其是在冷季西南气流暖区控制时，大降水天气形势在此地反应极其微弱。由平原向山区，年降水量每升高 100 m 增加 15 mm 左右，而冬季各月平均降水量随着海拔高度升高增加的量很小，萨吾尔山区内的黑山头测站，冬季降水量反而比平原丘陵区还少。

从表 2.22 可知，阿勒泰地区各县市年降水量为 131.2～222.8 mm，南部的福海县最少，西部的吉木乃县最多。各县市的降水多集中在 5—8 月和 11 月，对农业生产相对有利。本区虽居大陆中心腹地，远离海洋，但仍具有夏季降水多、冬季降水少的季风气候特点，全年以 7 月份降水最多，冬季降水为少，尤以本区特定的后冬（1—3 月），普遍降水较少。

由表 2.22 和图 2.14 阿勒泰地区年降水量分布图可以看出：阿勒泰地区的降水量时空分布不均匀。其中，在时间分布上，4—10 月的阿勒泰地区平均降水量各县市为 94.2～143.4 mm，最多的年份各县市为 163.8～302.3 mm；最少的年份 1962 年仅为 18.1～61.9 mm，相差可以达到 10 倍左右。空间上，南部的福海县和西部的布尔津县最少，而西部的吉木乃县最多，相差 50% 左右。

表 2.22　阿勒泰地区各月、年降水量　　　　　　　　单位：mm

站名	1月	2月	3月	4月	5月	6月	7月	8月	9月	10月	11月	12月	年
哈巴河县	9.8	8.3	10.7	18.6	20.8	20.9	22.7	15.7	16.5	19.5	27.0	15.2	205.7
吉木乃县	12.8	8.3	13.1	17.5	27.0	20.8	28.2	21.1	16.6	17.2	24.4	15.8	222.8
布尔津县	9.6	6.3	7.6	11.5	15.3	16.7	24.1	15.1	10.8	13.6	17.4	11.4	159.4
福海县	6.7	3.5	4.7	7.3	15.3	13.7	22.5	16.5	13.1	10.7	9.6	7.6	131.2
阿勒泰市	17.5	9.3	10.4	14.3	18.8	16	28	20.3	14.1	16.2	25.1	22.6	212.6
富蕴县	14.3	9.0	11.0	13.1	18.0	21.5	32.4	17.4	14.1	16.3	25.1	17.5	209.7
青河县	10.5	6.3	9.1	11.5	16.7	21.9	29.6	20.2	14.6	13.9	21.4	13.5	189.2

从表 2.23 可知，阿勒泰地区 4—10 月降水量占年度降水量的 66%，年际变化是呈现增加趋势，增加率为 3.2～10.56 mm/10a，增幅最大的是富蕴县，增幅最小的是福海县。布尔津县、阿勒泰市、富蕴县、青河县的趋势系数为 0.24～0.379，均通过信度 0.1（或 0.01）的 P 检验，与年份有很好的正相关；其余三县的趋势系数没有通过 P 检验，和年份的相关性不是很显著。

表 2.23　阿勒泰地区 4—10 月降水量年变化趋势

	哈巴河县	吉木乃县	布尔津县	福海县	阿勒泰市	富蕴县	青河县
倾向率（mm/10a）	5.33	4.11	5.19	3.2	7.5	10.56	6.16
趋势系数	0.208	0.135	0.251*	0.144	0.263*	0.379**	0.24*

注：* 表示通过信度 0.05 检验；** 表示通过信度 0.01 检验；*** 表示通过信度 0.001 检验。

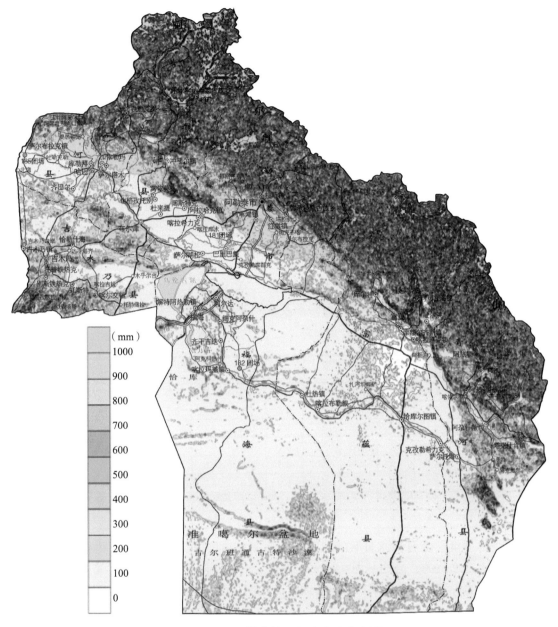

图 2.14　阿勒泰地区年降水量分布图

从表 2.24 看出，除吉木乃县在 20 世纪 60 年代为正距平（7.6%）外，其余各县市在 60—70 年代均是负距平，为 –6.6 ～ –19.8%。而从 80 年代至今，只有哈巴河县在 90 年代和吉木乃县在 80 年代为负距平，其余县市均是正距平，为 1.6% ～ 25.7%。

表 2.24　阿勒泰地区 4—10 月降水量的年代变化趋势　　　　　　　　单位：%

	哈巴河县	吉木乃县	布尔津县	福海县	阿勒泰市	富蕴县	青河县
20 世纪 60 年代	–12.7	7.6	–14.8	–7.9	–10.8	–27.8	–14.9
20 世纪 70 年代	–6.6	–19.8	–14.4	–16.5	–19.3	–17.3	–12.1
20 世纪 80 年代	9.2	–7.1	9.1	15.6	1.6	7.9	7.9
20 世纪 90 年代	–8.3	11.6	5.8	3.7	11.0	25.7	12.5
21 世纪	11.4	5.6	8.5	2.9	10.9	5.9	3.3

2.3.2　降水日数时空分布

阿勒泰地区总体上降水少，地域分布不均，季节有异，作为主要农耕区没有灌溉便没有种植业。但是，本区冷季长，11月至翌年3月降水量占年度降水量的34%，降水都以积雪的形式储存下来，开春化雪，水润土层，相当于一次适时的春灌，由此，早春播种墒情良好，牧草适时返青；山区积雪时间长而厚，转暖化雪后，除及时供给当地植物生长所需水分外，余下部分经河流汇集输送到平原丘陵区供灌溉用水。如此，有两季降水一季用、两地降水一地流的水资源再分配特点。

从表2.25看出：阿勒泰地区各县市的年降水日数在75.1～109.4天，西部的吉木乃县最多，和年降水量一致；而降水日数最少的是东部的青河县，这和年降水量的分布就不太一致了。除青河县在夏季的7月降水日数最多外，其余各县市的降水日数主要集中在冬季的11—12月。图2.15所示是阿勒泰地区年降水日数在全地区范围的地理分布图，更大范围地描述了降水日数的分布特征。

阿勒泰地区4—10月平均降水日数为42.7～59.2天，日数最多的是西部的吉木乃县，最少的是西部的布尔津县和南部的福海县及东部的青河县，相差16天左右。这个空间分布基本和4—10月平均降水量的分布一致。

表 2.25　阿勒泰地区各县市各月、年降水日数　　　　　　单位：d

站名	1月	2月	3月	4月	5月	6月	7月	8月	9月	10月	11月	12月	年
哈巴河县	9.0	7.9	7.8	7.1	7.6	7.3	7.9	6.2	6.5	7.1	10.2	10.8	95.4
吉木乃县	9.0	8.2	9.1	9.0	9.8	8.3	10.4	8.3	7.3	8.0	10.7	11.3	109.4
布尔津县	8.3	7.6	6.1	5.7	7.0	6.7	8.1	6.7	5.4	6.0	9.3	10.3	87.2
福海县	8.0	6.7	4.4	4.9	7.0	6.5	7.8	6.6	5.9	5.3	8.1	9.2	80.4
阿勒泰市	8.2	6.8	6.0	5.8	7.3	6.9	8.0	6.7	6.0	5.8	8.7	10.1	86.3
富蕴县	8.3	7.1	7.6	6.5	6.7	7.2	8.4	6.7	5.4	6.2	9.2	8.8	88.1
青河县	6.3	4.8	4.9	5.6	6.4	7.0	7.9	6.9	5.1	5.7	7.2	7.3	75.1

表2.26是4—10月降水日数的年变化，除福海县是减少的，减少率为0.16 d/10a外，其余各县市是增加的，增加率为0.26～1.26 d/10a。增幅最大的是东部的富蕴县，增幅最小的是东部的青河县。趋势系数均没有通过P检验，说明4—10月的降水日数与年份没有很好的相关性。

表 2.26　阿勒泰地区4—10月降水日数（d）的年变化倾向率

	哈巴河县	吉木乃县	布尔津县	福海县	阿勒泰市	富蕴县	青河县
倾向率（d/10a）	0.76	0.54	0.37	−0.16	0.81	1.26	0.26
趋势系数	0.122	0.081	0.064	−0.028	0.138	0.21	0.051

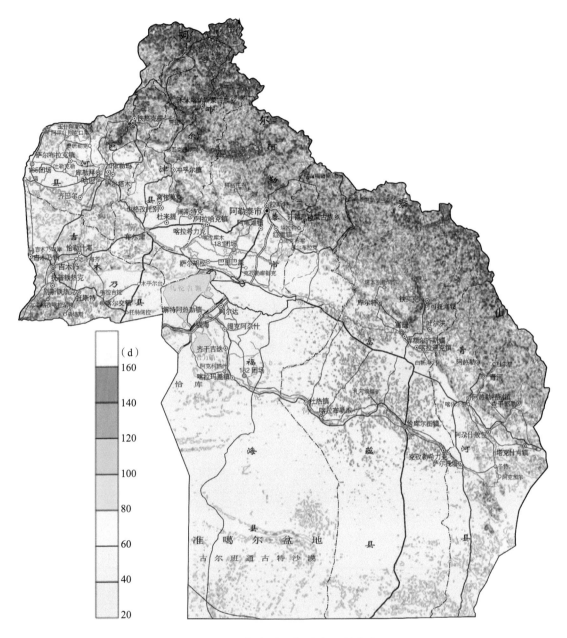

图 2.15　阿勒泰地区年降水日数分布图

　　表 2.27 是阿勒泰地区 4—10 月降水日数，在 20 世纪 60—70 年代除吉木乃县在 60 年代为正距平外，其余均为负距平；在 20 世纪 80 年代，吉木乃县和阿勒泰市为 −0.3 天、−1.4 天的负距平，其余县市为 1.0 ～ 5.4 天的正距平；20 世纪 90 年代，均为 0.2 ～ 4.3 天的正距平；21 世纪以来，西部的哈巴河县、吉木乃县和北部的阿勒泰市为 0.5 ～ 1.4 天的正距平，其余各县市为 −1.2 ～ −0.8 天的负距平。

表 2.27　阿勒泰地区 4—10 月降水日数的年代变化特征距平　　　　　　　　　单位：d

	哈巴河县	吉木乃县	布尔津县	福海县	阿勒泰市	富蕴县	青河县
20 世纪 60 年代	−1.7	0.7	−1.6	−1.3	−1.2	−6.6	−3.0
20 世纪 70 年代	−1.8	−4.4	−2.0	−0.3	−2.2	−2.5	−1.4

续表

	哈巴河县	吉木乃县	布尔津县	福海县	阿勒泰市	富蕴县	青河县
20世纪80年代	1.0	−0.3	2.0	3.4	−1.4	5.4	4.8
20世纪90年代	0.2	3.2	2.9	0.3	3.5	4.3	1.2
21世纪	1.4	0.5	−0.9	−1.6	0.7	−0.8	−1.2

2.4 风能资源

一提到风，人们首先想到的是大风，对诸多生产经营活动造成的破坏及其经济损失的一面。但是，另一方面，风是人们生产、生活不可缺少的环境因子，往往不被人们关注。

对种植业生产，它是调节农田小气候的动力因子，其一，它可以改变田间空气成分，通过空气流动，改善作物生长发育对各种气体的需求。其二，它可减小高湿郁热环境的危害。其三，它能抑制病虫害的发生、发展。其四，微风摆叶，可增加叶片吸收太阳辐射能量，光合制造有机物增多，即称为"闪光效应"。其五，它有风媒作用，是传递植物花粉的"红娘"。其六，它是扩散播撒植物种子、发展壮大种群的纽带。还有一项大贡献：风是一项可供开发利用的无污染、可再生的绿色能源。

2.4.1 风向

冬季，阿勒泰地区处在地面蒙古冷高压西部，西南方常有暖空气活动，形成明显的东高西低的气压场，阿尔泰山前丘陵平原区盛行偏东风；萨吾尔山浅山丘陵区则盛行偏南风。4—9月的暖季，蒙古冷高压减弱北缩，本区逐渐被暖低压控制，各地盛行偏西风具有较高的一致性。另在冷空气入侵时，除路径偏东的冷空气入侵有助于地区偏西测站东风增强外，冷空气入侵时，绝大多数区域均刮西风（表2.28）。

表 2.28　各月、年最多风向及频率　　　　　单位：%

站名	项目	1月	2月	3月	4月	5月	6月	7月	8月	9月	10月	11月	12月	年
哈巴河	风向	E	E	E	W	W	W	W	W	W	E	E	E	E
	频率	47	40	27	24	25	27	23	20	18	27	41	50	24
吉木乃	风向	S	SSW	WNW	WNW	WNW	WNW	WNW	WNW	S	S	S	S	S
	频率	24	21	13	20	21	23	20	17	17	16	18	19	16
布尔津	风向	ESE	ESE	ESE	NW	NW	NW	NW	NW	WNW	ESE	ESE	ESE	ESE
	频率	33	29	19	18	20	27	27	19	15	18	27	32	16
福海	风向	SE	SE	SE	NW	NW	NW	WNW	NW	NW	SE	SE	SE	SE
	频率	17	17	12	16	17	17	15	12	11	12	21	22	11
阿勒泰市	风向	NE	NE	NNE	NNE	W	W	W	W	W	NNE	NE	NE	W
	频率	9	9	10	13	15	18	14	14	13	11	11	10	9

站名	项目	1月	2月	3月	4月	5月	6月	7月	8月	9月	10月	11月	12月	年
富蕴	风向	W	W	W	W	W	W	W	W	W	W	W	W	W
	频率	3	5	12	19	22	22	21	20	20	14	9	4	14
青河	风向	2个	ENE	NE	W	W	W	W	W	W	WNW	NE	ENE	W
	频率	3	6	6	10	14	12	11	10	8	5	4	4	7

2.4.2　风速

风速的大小分布与冷暖空气移动的方向、强度有关，也与地形特点有关，地形有加强或者减弱风速的辅助作用。西部阿尔泰山和萨吾尔山两山之间谷地，年平均风速 3.3 ～ 4.2 m/s；中部平原丘陵区为 2.1 ～ 2.3 m/s。东部阿尔泰山浅山丘陵区及山间小盆地仅有 1.2 ～ 1.8 m/s。西部靠近阿尔泰山的哈巴河、布尔津测站冬季风速较大。另外，在科克逊山与萨吾尔山之间，有驰名的"闹海"风区。其他各测站资料显示，春、夏两季风速均相对偏大（表 2.29）。

表 2.29　各月、年平均风速　　　　　　　　　　　　　　　单位：m/s

站名	1月	2月	3月	4月	5月	6月	7月	8月	9月	10月	11月	12月	年
哈巴河县	4.6	4	3.7	4.1	3.6	3	2.5	2.4	2.7	3.3	4.1	4.7	3.6
吉木乃县	2.1	2.2	2.9	4.4	4.5	4.3	3.9	3.8	3.6	3.1	2.4	2	3.3
布尔津县	4.9	4.7	4.6	5	4.5	3.8	3.2	3.1	3.3	3.9	4.7	4.9	4.2
福海县	1.5	1.6	2.2	3.3	3.1	2.8	2.3	2.2	2.1	2.2	2.4	1.9	2.3
阿勒泰市	1	1.3	1.9	3.4	3.2	2.6	2.1	2.2	2.3	2.3	1.8	1.1	2.1
富蕴县	0.3	0.5	1.4	2.9	3.1	3.1	2.8	2.5	2.1	1.6	0.9	0.4	1.8
青河县	0.2	0.4	1	2.1	2.2	2	1.7	1.6	1.4	1	0.5	0.3	1.2

2.4.3　风能

风能的资源量用风能密度表示。在风能开发利用的实践中，年平均有效风能密度在 150 kW/m² 以上，3 ～ 20 m/s 的有效风速在 5000 h 以上，就有较高的开发利用价值。阿尔泰山与萨吾尔山之间，莫乎尔太以西（包括哈巴河、布尔津、吉木乃等地）全年有效风速达到 5000 ～ 6700 h，有效风能密度为 150 ～ 250 kW/m²，有效风能达 1000 ～ 1800 kW/（m²·h）。每年可提供 230 亿 kW·h 的电能。冬、春两季风能最丰富。此期，正是当地水能发电不足的季节。开发得当，水能、风能有着很好的互补性（表 2.30，图 2.16）。

表 2.30　风能资源评价标准

指标	丰富区	较丰富区	可利用区	贫乏区
年有效风能密度（W/m²）	>200	150 ～ 200	50 ～ 150	<50
年≥3 m/s 累计小时数（h）	>5000	4000 ～ 5000	2000 ～ 4000	<2000
年≥6 m/s 累计小时数（h）	>2200	1500 ～ 2200	350 ～ 1500	<350

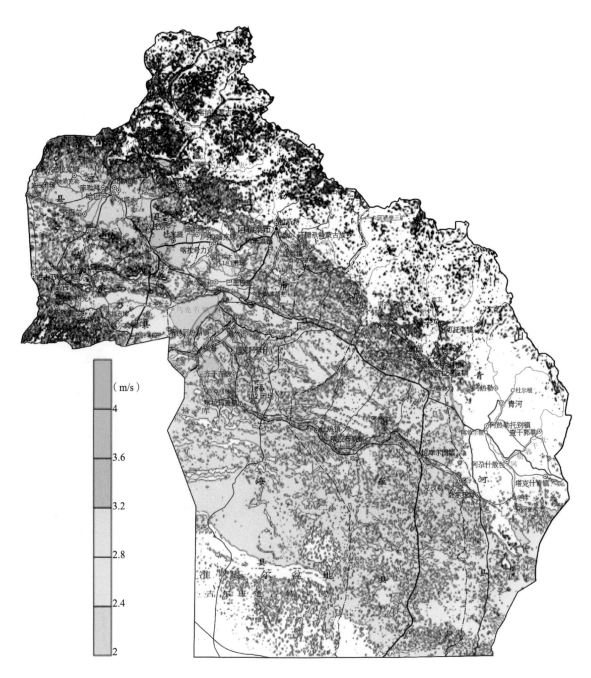

图 2.16　阿勒泰地区年平均风速分布图

第 3 章
农业气象灾害

3.1　阿勒泰地区气象灾害概述

根据世界气象组织统计，全球气象灾害占自然灾害的 86%。阿勒泰地区幅员辽阔，地形复杂、多样，地处中高纬度的半干旱气候区，气象灾害既有干旱性又有湿润性特征，既有高温型又有低温型，气象灾害种类多，影响范围广。

3.1.1　气象灾害概况

阿勒泰地区地处新疆维吾尔自治区北部、北半球的中温带半干旱气候区，阿尔泰山区和萨吾尔山区属中温带山地气候，其他地区属典型的中温带荒漠草原气候。在大气环流形势中，阿勒泰地区处于北半球西风带上，距离海洋遥远，地处欧亚大陆的腹地，是典型的大陆性气候，水汽来源匮乏，降水少，易发生干旱，冬季干冷；海拔 800～1200 m 是低山丘陵，1200 m 以上是中高山区，夏季受地形的抬升作用凝云致雨，暴雨泥石流时有发生。夏季高空处于西伯利亚低压槽影响，以及受南部地面大陆热低压向北发展的影响，因此多发生雷暴、冰雹、暴雨等阵性天气。冬季受西风带波动影响带来强烈的暴风雪天气。阿勒泰地区春秋和冬季时间长、夏季短暂的气候季节显著。春季升温快，干旱多风，温度不稳定，昼夜温差大，气温变幅大；夏季山区凉爽，气温无稳定大于 20℃的时段；春夏之交，戈壁平原温暖干燥，时有阵性大风天气，乌伦古河以南沙漠地区有炎热酷暑天气，时有对流性强降雨；秋季多晴朗天气，9 月以后陆续出现低温霜冻；冬季漫长严寒，多寒潮天气。

在阿勒泰地区复杂的地理环境和中温带半干旱气候区背景下，气象灾害显示出多样性，而且季节有别。由此也引发较多的次生灾害，如：干旱、森林草原火灾、泥石流、雪崩、道路结冰、病虫害等。

3.1.1.1　灾害种类与季节性

20 世纪 60 年代，阿勒泰地区各县市逐步建立气象观测网。据统计，气象灾害主要包括：洪涝、大风、雪灾、冰雹、寒潮、干旱、霜冻、雪崩、雷击、冻害、低温冷害和干热风等。其中洪涝、大风、寒潮和雪灾是主要的气象灾害。据不完全统计，自 1998 年以来，平均每年因洪涝受灾的农作物受灾面积为 5642.5 hm²，成灾面积达 4900 hm²，发生的时间主要集中在春、夏两季，主要发生地为阿勒泰地区沿山一带。阿勒泰地区是多风灾的地区，大风主要有偏西大风和偏东大风，而且季节性明显。西部三县（哈巴河县、吉木乃县、布尔津县，下同）和福海县是准噶尔盆地西部三大风口之一，是东西方向气流进出的主要通道，也是风能资源比较丰富的地区。哈巴河县、吉木乃县、布尔津县和福海县大风日数明显多于阿勒泰市、富蕴县、青河县；阿勒泰地区年平均大风日数为33天，其中哈巴河县的大风日数最多，年平均55.1天，西风占67%，东风占33%。其次是吉木乃县，年平均大风日数为53.8天，80%以上为西风。最少的为青河县，年平均11.1天（均为西风）。西部三县，冬季偏东大风略多，其他县市的东西大风比例比较接近。冬季雪灾的发生率较高。2009—2010年冬季，阿勒泰地区多县市发生严重雪灾。阿勒泰市、富蕴县及阿尔泰山前部丘陵地区，雪深超过90 cm，积雪厚度普遍突破历史极值。

3.1.1.2 灾害的统计特征

阿勒泰地区气象灾害的时空分布比较复杂，简要的分析评估见图3.1和表3.1。更进一步的数据，见本章具体灾种的相关内容。

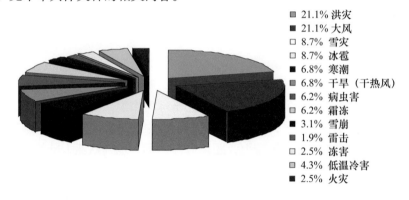

图 3.1 灾害比例图

- 21.1% 洪灾
- 21.1% 大风
- 8.7% 雪灾
- 8.7% 冰雹
- 6.8% 寒潮
- 6.8% 干旱（干热风）
- 6.2% 病虫害
- 6.2% 霜冻
- 3.1% 雪崩
- 1.9% 雷击
- 2.5% 冻害
- 4.3% 低温冷害
- 2.5% 火灾

表 3.1 阿勒泰地区气象灾害频率统计表

气象灾害种类	出现频率	防治区划分		平均每年造成损失
		重点防治区	一般防治区	
洪灾	3.4 次 / 年	阿勒泰市、富蕴县、青河县	吉木乃县、哈巴河县、布尔津县、福海县	442.6 万元 / 次
大风	3.4 次 / 年	福海县、哈巴河县、吉木乃县	富蕴县、布尔津县、阿勒泰市、青河县	206.9 万元 / 次
雪灾	1.4 次 / 年	阿勒泰市、富蕴县、青河县	吉木乃县、哈巴河县、布尔津县、福海县	826.2 万元 / 次
冰雹	1.4 次 / 年	吉木乃县、阿勒泰市、富蕴县、青河县、福海县	吉木乃县、哈巴河县、布尔津县	465.8 万元 / 次
寒潮	1.1 次 / 年	阿勒泰市、富蕴县、青河县	吉木乃县、哈巴河县、布尔津县、福海县	
干旱（干热风）	1.1 次 / 年	吉木乃县、福海县	哈巴河县、布尔津县、阿勒泰市、富蕴县、青河县	562.8 万元 / 次
病虫害	1.0 次 / 年	吉木乃县、阿勒泰市		489.1 万元 / 次
霜冻	1.0 次 / 年	青河县		36.4 万元 / 次
雪崩	0.5 次 / 年	布尔津县、富蕴县		
雷击	0.3 次 / 年	山区		
冻害	0.4 次 / 年	萨吾尔山区		

气象灾害种类	出现频率	防治区划分		平均每年造成损失
		重点防治区	一般防治区	
低温冷害	0.7 次/年	沿山一带		95.3 万元/次
火灾	0.4 次/年	林区		

3.1.2 气象灾害的主要影响方式

阿勒泰地区社会经济状态和防灾减灾能力建设水平决定着气象灾害影响的深度和广度。20 世纪 80 年代前期，阿勒泰地区经济发展滞后，防灾抗灾能力低，气象灾害造成的影响以最直接的方式充分显露。改革开放以来，经济建设发生了突飞猛进的变化，农村经济总量增加了 49.1 倍达到 19.4 亿元，加强了农牧区道路、桥梁、渠系、棚圈、住房以及基本农田整理等农牧业基础设施建设，增加大型农机具、运输车辆，引进农牧业新品种，提高了科学种养水平，防灾抗灾能力显著增强。生产发展和气候变化使得气象灾害在新的条件下具有新特征、新领域和新形式。

3.1.2.1 雪灾和大雨引发地质灾害

2009—2010 年冬季，阿勒泰地区发生大雪灾，河谷平原地区超过 40 cm，沿山一带接近 100 cm，部分地区 150 cm 以上。积雪过厚，道路雪阻、牧草被覆盖，草料、粮食、药品运输供给困难，山区易发生雪崩，影响生命安全。改革开放以来，道路村村通，通车里程增加，交通影响面空前扩大。通信、输电线路等生命线工程也受到严重影响。各县市都有雪灾发生，沿山一带雪灾严重。阿勒泰地区普遍为一年一熟制，冬季大田腾空，大雪对种植业影响较小。阿勒泰地区有少量的冬小麦，积雪厚有利无害。大雪对设施农业影响较大，全区 800 多座大棚温室冬季停产，棚架设施损坏。

阿勒泰地区是半干旱气候区，夏季降水比较丰富。乌伦古河和额尔齐斯河流域河谷平原大雨发生率小于山区，阿尔泰山区夏季有暴雨发生。1995—1998 年 4 年间，阿勒泰市区遭受 7 次暴雨引发的泥石流灾害，造成直接经济损失 1790.5 万元，泥石流堵塞桥涵、淤积渠道，继发性山洪使街道、公路中断，工厂、住宅、农田被毁。强降雨常引发地质灾害。

地质灾害是由于强烈降雨或混合型融雪作用，岩土体移动事件。影响阿勒泰地区的地质灾害主要有泥石流、山体滑坡、崩塌等。春季前期，温度条件相对关键，因为冬季降水丰富，山区形成较厚的积雪，初春如遇明显升温过程，浅山区积雪融化，即使没有降水或降水量很小，也会造成地质灾害。但春季后期至 6 月是融雪性洪水期，7—9 月，多由局地暴雨和长时间降水引发泥石流、滑坡等地质灾害。夏季是强降水事件集中暴发期，短时间内可造成重大人员伤亡和财产损失。

3.1.2.2 干旱、病虫害

阿勒泰地区是重旱灾区，六县一市受灾程度不同。干旱一直是制约农牧业发展的主要灾害，不但威胁着农牧业生产，甚至还影响到人畜饮水。特别是 4—10 月，是一年中农作物和牧草的主要生长成熟期和水库的蓄水期，此时出现的干旱不仅影响生产生活，而且还对后期及次年的生产生活带来深远的影响。如 1974 年大旱年，河水断流，重灾区人畜饮水困难。2008 年出现近 30 年少有的干旱，据统计旱灾造成直接经济损失达 13455.8 万元，农业经济损失达 9501 万元。干旱灾害主要集中在春夏季节，春夏连旱概率较高，强度较大。夏秋连旱较少，1962 年是最严重的春夏秋连旱年，1974 年是最严重的春夏连旱年。

蝗虫是农牧业生产的严重害虫之一，阿勒泰地区是新疆蝗害的高发区，也是防治的重点区域。阿勒泰地区西部三县蝗虫灾害发生率较高。气候异常时有利于蝗虫的生息繁衍，引发病虫害。1991 年以来发生了 6 次蝗灾（1994 年、1998 年、1999 年、2000 年、2001 年、2007 年），造成了严重的经济损失和生态环境破坏。气候条件对蝗虫的发生程度有重要的影响，在蝗卵孵化、成虫、产卵的 5—8 月，以及蝗虫产卵之后的 9—10 月，气温偏高，降水偏少，有利于蝗虫来年的发生，而低温多雨不利于蝗虫灾害的发生。冬季气温异常偏低、降雪量少不利于蝗虫灾害的发生。

3.1.2.3 城市气象灾害

城市与乡村的生态系统不同，气象灾害和引发的次生灾害具有特殊性。城市以水泥、沥青路面为主，不透水、增热快；高楼林立密度大，阻挡气流、光照；城市人口众多，经济社会部门密集，气象灾害影响面大，对经济社会系统运行产生深远的影响，不但直接使得产业、行业受损，而且影响到上下游相关联的产业行业，影响的社会面更加广泛。2005 年 8 月，阿勒泰市区暴雨引发山洪，洪水沿将军沟、四道巷防洪渠直接进入市区，冲毁掩埋建筑设施、道路，淤泥阻碍交通，供水、排水系统部分损坏，城市功能受到严重影响。2011 年 7 月 2 日阿勒泰市区降雨量达 37 mm，造成山洪暴发、河道水位急剧上涨，造成 533 hm² 耕地、133 hm² 草场受灾。阿勒泰市汗德尔特乡，多幢房屋被冲毁，62 户房屋被水浸泡，5 处重点农村公路、多处基本农田水利设施被冲毁，直接经济损失 1800 多万元。

3.1.3 气象灾害防御

防御气象灾害是一项系统工程，除要建立"政府决策、部门参与、多方协调一致"的高效指挥决策系统外，社会各部门各单位还要做好气象灾害应急预案，气象部门要提高预报精度、时效和预警监测水平。做到预警信息传达及时、公众密切关注，最大限度地降低气象灾害造成的损失。

3.1.3.1 防御洪涝灾害

（1）洪涝发生前，要强化水患意识，做好洪涝灾害发生的防御工作，相关应急处置部门和抢险单位应加强值班，密切监视灾情。切断低洼地带有危险的室外电源，落实应对措施，随时准备启动抢险应急方案；转移危险地带、危房居民到安全场所；对于即将成熟或进入采收期的农作物要及时组织人力、机械抢收。

（2）洪涝发生过程中，交通管理部门要对积水地区实行交通引导或管制；驾驶人员应注意道路积水和交通阻塞，确保安全；相关应急处置部门和抢险单位要及时组织人员进行抢险和排洪。

（3）洪涝灾害发生后，迅速抢修洪涝毁坏的堤坝，疏通沟渠，尽快排涝去渍；农作物植株恢复生长后，要及时进行中耕、松土、培土、施肥等，加强田间管理；对大部分蔬菜、植株已经死亡的农田，要及时补种，以减少洪涝灾害造成的损失。

3.1.3.2　防御大风灾害

春、秋两季阿勒泰地区受东移南下的冷空气影响，多发生偏西大风；夏季热力作用强，多发生阵性大风；冬季，受蒙新高压和西南暖低压的共同作用，西部的哈巴河县、布尔津县、吉木乃县一带盛行区域性偏东大风。吉木乃县的偏东大风俗称"闹海风"，是一种在特殊地形作用下形成、伴有风沙或吹雪等天气现象的猛烈偏东大风。"闹海风"对冬牧场的农牧业生产和交通运输业危害极大。防御措施：

（1）大风来临前应注意有气象部门发布的大风最新消息和有关防风通知，做好防风准备。

（2）重大、关键性的农牧业生产活动应选择弱风时段和场所；春小麦受大风的影响很大，土壤失墒快，应注意选择好播种时间。拔节期后，大风前不易浇水，防止大面积倒伏。

（3）3月上中旬至4月中上旬是春季牧业转场、产羔育幼的关键期，春季天气变化快，风雪交加，对瘦弱、幼畜的牧事活动影响很大。通过风口时要避开偏西大风和偏东大风时段；在牲畜转场路线附近，选择避风地段设立一定数量的防风畜圈，同时应注意加固防风设施，储备饲草料备灾。

（4）营造农田防风林带，保护生态环境，退耕还林、还草；选育、种植抗风不宜倒伏的作物品种。

3.1.3.3　防御雪灾

阿勒泰地区是雪灾的高发区。雪灾是指由于降雪过多、积雪过厚和雪层维持时间过久，主要对越冬作物、畜牧业和农业设施以及交通等造成的危害。牧业上所说的雪灾分为两类："白灾"和"黑灾"。冬季降雪量大，积雪过厚，雪层维持时间长，造成的灾害称为"白灾"。大部分草场牧草被积雪覆盖，牲畜采食困难，造成饿冻或因此染病，甚至发生大批牲畜死亡；雪量过大不仅放牧牲畜困难，还能压损棚舍等。"白灾"也对牧业生产和交通运输造成极大的危害。"黑灾"与"白灾"相反，冬季牧区人、牲畜以雪为水源。积雪过少饮水困难，逐渐引发牲畜掉膘，发生各种传染病而引起牲畜大批死亡，称为"黑灾"。防御措施：

（1）关注气象部门发布的冬季气候趋势预报、年景分析报告，合理确定年终存栏数，贮备足够多的饲草，调整畜群结构及冬、春、秋牧场的载畜量，防止过载，减轻雪灾危害。

（2）雪灾发生前，应急处置部门要随时关注天气变化，准备启动应急预案。

（3）交通部门做好道路的清扫工作，必要时关闭道路交通；户外活动注意防滑，驾驶人员放慢行车速度，注意交通安全。

（4）发生"黑灾"后，要根据天气预报和积雪分布情况，加强牧放管理，合理进场和转场；在牧场有条件的地方打机井，挖坑、疏渠蓄水，摆脱饮水靠天然积雪的被动局面；加强对传染病、寄生虫病的防治工作，提高畜群抗病能力。

3.1.3.4 防御寒潮

寒潮是阿勒泰地区的主要气象灾害之一，阿勒泰地区冷空气活动频繁，以每年的11月、12月和次年的2月为最多。防御措施：

（1）寒潮来临前要注意最新天气预报信息，外勤人员注意添衣保暖，供暖单位做好供暖工作；农业部门做好蔬菜大棚的防风、防冻工作；牧业、交通运输及旅游部门做好防风、防寒工作；高空、水上等户外作业人员停止作业。

（2）牧业部门要积极改良牧场，增加产草量，有计划贮备一定数量的草料，大力修建暖圈，加强草场的围栏建设，控制牲畜存栏数。合理转场期，在牲畜转场期间，时刻关注天气变化。在转场路线附近的避风地段，设立一定数量的防风御寒畜圈。

3.1.3.5 防御冰雹和雷击

冰雹主要是出现在夏季的6—8月，通常伴随雷暴一起发生，对农业生产的危害较大。阿尔泰山区、萨吾尔山区夏季时常有雷暴、冰雹发生，并造成人畜伤亡。防御措施：

（1）注意天气变化，相关部门做好防雹准备。

（2）利用人工影响天气防雹设施进行人工消雹，减轻冰雹灾害损失。

（3）在冰雹多发地段建立人工防雹基地。

（4）加强防御雷电灾害知识的宣传，规范建设防雷装置和防雷设施，提高防御雷电灾害的能力。

（5）加强雷电灾害监测预警能力，减轻雷电灾害损失。

（6）出现雷电时，要关闭手机，户外行人立即到安全的地方躲避，不要进入孤立的棚屋、岗亭等建筑物或大树底下；贵重电器设备实行断电保护。

3.1.3.6 防御干旱和干热风

近10年来，阿勒泰地区平均每次干旱受灾面积为29 513.94 hm^2，成灾面积达29 392.73 hm^2，春旱和冬旱的发生相对较少，而夏季和秋季易出现伏、秋干旱，其中作物生长期的伏旱多，且重于秋旱。全地区中，吉木乃县旱情最严重，其次为布尔津县。总体来说，阿勒泰地区干旱西部多于中、东部，平原多于丘陵。另外，阿勒泰地区干旱还与长期气候背景有关，存在一定的相对频发期。在少雨期内，干旱发生频次多、强度大；而在多雨期则相反，干旱程度轻。

干热风是在高温低湿，并伴有一定风速的情况下出现的一种天气，干热风使得作物蒸腾强烈，叶片萎蔫，特别是对春小麦开花灌浆期的危害最大。防御措施：

（1）阿勒泰地区是灌溉型农业，进一步搞好水资源综合开发利用工作，加强抗旱工程基础设施建设，进行灌区的完善配套和更新改造，提高灌排标准和灌溉质量是防御干旱的治本之策。大力发展节水灌溉，修建防渗渠，加强水源管理，合理利用水源。

（2）改善生态环境，保护生态平衡，积极营造护田林带，防风降低农田蒸发，从一定程度上缓解旱情。

（3）加强干旱气候和降水的气象预测研究，掌握干旱规律，做好大范围水旱趋势预测分析，提高预报预警水平，适时进行人工增雨作业，缓解旱情，提高抗旱效率，防止土地沙化。

（4）要积极开展人工影响工作，建立现代化的人工影响天气指挥作业系统和基地，采用先进的监测、通信手段，进行人工影响作业，强化人工增雨服务功能。

（5）选用抗干热风良种，合理搭配早、晚熟品种。

（6）加强麦田管理，合理施肥，增强小麦的抗旱性。适时播种，培育壮苗。

（7）通过农业技术革新，提高科学种田水平。在干热风经常发生的地区，根据旱涝预报和气候规律，改革栽培制度，提高抗御干热风的能力。

（8）营造防护林带，改善农田小气候。在干热风发生频繁的地区，有计划地营造护田林带防护网，实行林粮间作，降低风速，增大湿度，减少蒸腾和调节近地层温度。

3.1.3.7　防御霜冻

阿勒泰地区秋季气温不稳定，霜冻比较严重，通常初霜出现在 9 月底到 10 月初，终霜出现在 4 月底到 5 月初。秋季是一年一熟地区农业生产的关键期，常给农业生产造成不同程度的损害。防御措施：

（1）霜冻主要危害蔬菜、瓜类及玉米等喜温作物。在播种时间上避开终霜冻。有效利用天气预报，对于春季霜冻，采取"霜前播种，霜后出苗"的措施，减轻霜冻危害。另外，对于已经出苗的作物在霜冻来临之前，采用灌水、覆盖、烟雾等方式防霜。

（2）初霜冻出现前应加紧抢收，将霜冻危害减少到最低程度。

（3）轻霜出现前不要从塑料大棚或温室中往外移栽菜苗、花卉等，做好塑料大棚和温室的保温覆盖。

（4）春季重霜冻毁苗，要及时重播和补种。

3.1.3.8　防御森林草原火灾

阿勒泰地区荒漠草原广阔，林业资源丰富，如山地森林、河谷林、荒漠灌木林及平原人工林，森林覆盖率为 4.94%。森林火灾是森林诸灾之首，严重威胁森林资源和人民生命财产的安全。防御措施：

（1）严格执行森林防火法规，有计划地建设生物防火林带工程。

（2）强化森林防火预警系统，健全森林防火指挥体系，提高对森林火灾的监测能力，促进森林防火工作规范化、制度化。

（3）加强森林火灾气象条件预测研究，充分利用卫星遥感监测手段，提高森林火险等级预报精度，增强科学预防和扑救的综合能力。

（4）做好扑火救灾充分准备工作，发生森林火灾时要及时、科学、安全扑救，确保人民群众生命财产安全。

（5）加强巡山护林，落实各项防范措施，在进入林区的主要路口设卡布点，严禁带火种进山，及时消除林火隐患；进一步加强森林防火宣传教育。

3.1.3.9　防御地质灾害

阿勒泰地区虽然是一个干旱和半干旱地区，但是由于地形的影响，山区降水量仍然很大；另外，随着温度的回升山区雪线不断上升，积雪融化，由此产生的地质灾害频率很高，带来的经济损失也很大。大、暴雨和融雪型洪水引发阿勒泰地区地质灾害，不仅与地质条件有关，还与气象条件，如温度、降水等关系密切。阿勒泰地区地质灾害有三种类型：降水型、升温融雪型、混合型。防御措施：

（1）加强地质灾害防治法规和制度建设，努力推进地质环境保护和地质灾害防治行政管理职能全面到位，加大依法监督管理的力度。

（2）要建立和健全地（市）、县两级地质灾害监测预报和信息管理系统。

（3）要开展地（市）、县地质灾害防治规划工作，有计划地推进重点地质灾害的治理和重点地质灾害地区的综合防治示范区工作。

（4）要全面开展基础性、公益性地质灾害防治的调查与科学研究工作。

3.1.3.10　防御其他气象灾害

其他气象灾害主要指：雪崩、公路结冰等。防御和减轻这些灾害，重要的是进一步提高灾害预测、预报，灾害评估、治理能力和水平。建立并完善灾害监测预警系统，增强对灾害的快速反应能力和决策能力，使灾害的影响减少到最低限度。

3.2　干热风灾害

干热风又称干旱风，是指在作物生育期间出现的高温、低湿并伴有一定风速的农业气象灾害。这种灾害性天气主要发生在夏季的 6—8 月。干热风盛行时，正是小麦开花、灌浆至成熟期，严重地影响了小麦的产量，轻时造成小麦减产 5% 左右；重时减产达 10% 以上。阿勒泰地区地处欧亚大陆腹地，由于水汽来源少，空气比较干燥，强烈的太阳辐射及广阔沙漠的聚热作用，使阿勒泰地区夏季常有高温天气出现，加上阿勒泰地区早春作物多为春小麦，在小麦的开花、灌浆至成熟期正是干热风易出现的时段，因此干热风是阿勒泰地区小麦的较大灾害。

根据干热风的成因和表现形式，可分为三种类型：

（1）高温低湿型。特点：高温、低湿、风速不一定大。发生时表现为急剧增温降湿后维持时间较长的高温低湿天气，如遇有较大的风速则会加重干热风的危害程度。阿勒泰地区出现的干热风多属此种类型，主要发生在每年 6—7 月小麦扬花灌浆期间。

（2）大风低湿型。特点：以风速大、湿度小为特点，温度不一定很高，但危害程度很重，主要出现在河谷、风口和多大风的地带，具有焚风的性质。福海等地戈壁的干热风多属此类型。

（3）高温涡风型。特点：以高温为主，风速不大，一般发生在比较郁闭的低洼地带，俗称热风。在富蕴县的个别地方有时会出现这种类型的干热风。

干热风分型的气象指标见表 3.2。

表 3.2　干热风分型的气象指标

类型	等级	最高气温（℃）	相对湿度（%）	风速（m/s）
高温低湿型	轻	≥35	≤30	≥3
	重	≥38	≤25	≥3
大风低湿型	轻	≥28	≤30	≥8
	重	≥32	≤30	≥10

3.2.1　地域分布

位于阿勒泰地区偏南的福海县和偏东地区的富蕴县出现的干热风最多，两县共占 50%；西三县次之，占总数的 41%；阿勒泰市和青河县出现次数最少，只占总数的 9%。

3.2.2　月际分布

阿勒泰地区近 65% 的干热风主要集中在 6—7 月份，其他县市在 50% 以上，最多的福海县、富蕴县在 70% ～ 75%，此时正值阿勒泰地区春小麦的扬花、灌浆期间，干热风的出现造成了小麦灌浆受抑制，出现了高温逼熟、空秕等现象，造成小麦产量下降。而出现次数最少的月份为 5 月份，绝大部分地方都在 10% 以下，此时危害也最小，因为阿勒泰地区的春小麦生育期大多还在分蘖—拔节期间。

3.2.3　持续时间分布特征

阿勒泰地区的干热风持续时间大多数为 2 ～ 3 天，此类干热风全地区平均为 84.3%，各县市都在 76% 以上，青河县最多为 100%；其次是 4 ～ 5 天的干热风较多，出现次数少的是 6 天以上的干热风，仅占 3.4% ～ 7.3%，且有部分县站没有出现过；只有 1 天干热风的概率较小，全地区仅有 3 次。而持续时间最长为期 11 天，在吉木乃县，其次是布尔津县、福海县、富蕴县持续 7 ～ 9 天；其余各县市持续 3 ～ 5 天。

3.2.4　干热风出现的时间分布

福海、哈巴河、布尔津三县的干热风出现时间最早，均在 5 月上旬；阿勒泰市和富蕴县略偏晚，在 5 月中旬出现；而最晚的青河县在 6 月下旬才开始出现干热风；早晚相差近 50 天；结束时间相差不大，均在 8 月中旬末至下旬初结束。

3.2.5　干热风的防御对策

凡是能引起农田小气候和小麦抗性变化的因子，都能影响干热风对小麦的危害程度。因此，防御干热风对小麦的危害最有效的措施是改善农田小气候和设法增强小麦抗干热风能力。干热风的防御是综合性措施，主要分为生物、农技和化学防御等。

生物防御：林带在减低风速、降低温度、提高空气湿度、减少农田蒸发和植被蒸腾等方面效果显著。阿勒泰地区干热风危害严重的原因之一就是地面植被覆盖率低。因此大力营造防护林，实行林、粮、草间作等，可以改善农田小气候，减轻干热风对小麦的危害。

农业技术防御：

（1）灌溉防御。灌溉能增加土壤和大气中的湿度，以此调节土壤中水热状况，利于小麦生理机能的正常进行。有研究指出，在干热风来临前和到来后，灌水比不灌水的麦田的千粒重高。因此，选择合理时机进行灌水，是减轻干热风危害的一种应急措施。

（2）合理布局和改革种植制度。在河谷地带的福海县、富蕴县干热风出现最多，并且多出现在 6—7 月。在这些地方少种普通熟型小麦或种植早熟品种，使小麦的扬花灌浆期能尽量躲开干热风，以减轻干热风的危害；还可以调整播种期，在条件允许的情况下适时早播，躲开干热风危害小麦的关键期。

化学防御：一种是在小麦生育期间，干热风来临之前喷洒药剂，改善小麦生理机能，提高小麦对干热风的抵抗能力。常用的药剂有：石油助长剂、磷酸二氢钾、草木灰水、硼等；另一种是在播种前对种子进行处理，以促进小麦幼苗生长健壮，增强小麦对干热风的抗性，常用药剂有：氯化钙和阿斯匹林等，在播种前按一定的比例进行闷种处理。

从各种防御方法的目的、意义和发展前途来看，生物防御是战略性的，农业技术防御和化学防御是战术性的，农业技术防御经济可行，化学防御则易见成效。

3.3 寒潮灾害

寒潮是东亚地区冬季环流最受瞩目的天气现象。寒潮发生时，伴随有大风、雪灾、暴风雪、低温等一系列灾害性天气，给农牧业生产、交通运输、人民生活等带来很大影响。早在 20 世纪 50 年代，我国气象学者就对寒潮开展了研究，陶诗言（1957）和李宪之（1995）对东亚寒潮分型，指出了影响中国大陆的冷空气源地和路径。近十几年来中国的气温出现了明显的升高趋势，尤其在冬季。在此背景下，各地气象工作者都针对本地的寒潮形成机理、气候特征等方面进行大量研究，发现各地寒潮的发生频率和强度也出现了明显变化。从 20 世纪 50 年代到 80 年代各类寒潮的发生频次呈减少趋势，且强度有所减弱，其结论具有明显的区域性。

阿勒泰地区地处新疆最北部，是新疆主要的畜牧业生产基地之一。寒潮是阿勒泰地区 9 月至翌年 5 月发生最为频繁、危害最大的灾害性天气之一。掌握气候变暖背景下，阿勒泰地区寒潮变化的趋势对于减灾防灾具有重要意义。

3.3.1 寒潮标准

根据新疆气候特点，对北疆单站来说，受冷空气活动影响，24 h 内日平均气温降温 ≥10℃（或 48 h 内降温≥12℃），同时日最低气温降至 4℃以下，定义为一次寒潮过程。

3.3.2 阿勒泰地区寒潮的统计特征

根据阿勒泰地区六县（吉木乃、哈巴河、布尔津、福海、富蕴、青河）一市（阿勒泰）共 7 个站，1961—2012 年的逐日平均气温、逐日最低气温资料。利用线性趋势法、Cubic 函数，定性分析寒潮的变化趋势、转型特征等；用 Morlet 小波变换法取其实部和模拟值分析寒潮频数的周期性等。

阿勒泰地区年平均寒潮次数为 4.8 次 / 年，1968 年寒潮次数最多达到 9.8 次，其次是 1976 年达 9.1 次，2006 年最少仅 0.9 次。图 3.2 为阿勒泰地区平均寒潮频率逐月变化图，从图 3.2 中可知：寒潮发生频率月分布很不均匀，11 月至翌年 2 月是寒潮集中发生期，占寒潮总发生次数的 72.2%，其中 12 月寒潮出现频次最多，占总发生次数的 19.5%；其次为 11 月。10 月、3 月和 4 月寒潮发生频率相当，占寒潮总发生次数的 7.5%；而 9 月和 5 月寒潮很少，仅占寒潮总发生次数的 5.1%。这与我国北方寒潮在 10—12 月份明显多于其他月份略有不同。究其原因，是由于 12 月是形成阿勒泰稳定积雪和封冻的时期，无论副热带急流或是极锋锋区，都没有形成冬季最完整的形式，500 hPa 上 50º ～ 60ºN 的欧洲槽已经形成，但不够强，不够稳定，同纬度高压脊在 50º ～ 80ºN 间摆动，阿勒泰天气变化比较频繁。

　　寒潮在各县市的初现期差异较大，吉木乃县最早出现于 9 月 2 日（2009 年）；阿勒泰市、哈巴河县、布尔津县和富蕴县次之，最早出现于 9 月 16 日（2002 年）；青河县最早出现于 9 月 27 日（1996 年）；福海县最晚，寒潮最早出现于 10 月 17 日（1972 年）。就寒潮平均初日而言，吉木乃县最早，在 10 月下旬末；福海县最晚，在 12 月中旬。可见，寒潮出现的时间，阿勒泰的西部和北部地区要比南部、东部早，其中吉木乃县比福海县早 40 余天。

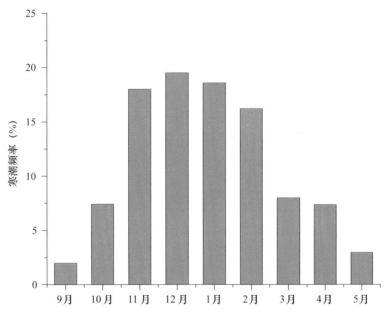

图 3.2　阿勒泰地区平均寒潮频率逐月变化（白松竹等，2014b）

　　寒潮的终期吉木乃县宽幅震荡，吉木乃县寒潮的平均终日在 3 月下旬末，最晚终日出现于 2011 年 5 月 26 日。阿勒泰市、哈巴河县、布尔津县、福海县寒潮最晚终日都在 5 月 19—20 日，青河县在 5 月 14 日（1984 年），即青河县终日比吉木乃县早 10 天左右。

3.3.3　阿勒泰地区寒潮的时空分布特征

3.3.3.1　空间分布特征

　　根据寒潮标准计算 52 年来阿勒泰地区各站寒潮过程，结果表明，寒潮的地区差异明显，出现最多的是青河县（共有 328 次），最少的是福海县（共有 143 次），多寡比 2.29 倍。根据寒潮出现频数的多少，可将阿勒泰地区划分为三个影响区：

（1）多寒潮区：包括青河县和吉木乃县，平均每年出现寒潮 6.0 ～ 6.3 次。

（2）次多寒潮区：包括阿勒泰市、富蕴县、哈巴河县，平均每年出现寒潮 4.5 ～ 5.6 次。

（3）少寒潮区：包括布尔津县、福海县在内的河谷平原地区，平均每年寒潮出现 2.8 ～ 3.0 次。

造成阿勒泰地区寒潮地域差异的原因，主要是阿勒泰地区地域辽阔，南北和东西跨度大，地貌、地形差异大，入侵路径不同等，造成在不同的区域差异较大。

阿勒泰地区寒潮发生频率月分布很不均匀，11 月至翌年 2 月是寒潮集中发生期，9 月和 5 月是冷暖季节交界期，寒潮很少。11 月后是形成新疆稳定积雪和封冻的时期，冷空气活动比较频繁，寒潮渐多。寒潮出现的时间，西部和北部地区要比南部、东部早，寒潮最早出现日期各地差异较大，吉木乃县最早，福海县最晚。而寒潮的终期吉木乃县出现最晚，青河县次之。

寒潮在阿勒泰地区不仅区域分布上差异较大，在年际时段上波动也很大。阿勒泰地区 9 次强寒潮中，有 4 次出现在 20 世纪 60—70 年代，且以 1968 年最为严重，平均寒潮频数超过 4.5 次；9 次弱寒潮年有 8 次出现在 20 世纪 80 年代以后，且有两次出现在 21 世纪。近 52 年气象记录显示，气候逐渐变暖，寒潮呈弱的减少趋势。Cubic 函数分析表明，20 世纪 60 年代后期到 70 年代前期寒潮频数最大，90 年代寒潮频数最小，80 年代中期寒潮频数发生了由多到少的转型。

阿勒泰地区寒潮距平指数序列存在多时间尺度结构，并存在着明显的年代际尺度的周期性变化。年代际变化以 20 ～ 25 年、10 ～ 12 年尺度的周期信号显著，10 ～ 12 年尺度的周期最强，5 年左右的年际尺度的显著周期在 90 年代以后表现较强。

亚洲区极涡强度指数与阿勒泰地区寒潮日数相关程度最高；其次为东亚槽强度、北美区极涡面积指数、北半球极涡面积指数、大西洋欧洲环流型 C、大西洋欧洲区极涡面积指数。与东亚槽强度、大西洋欧洲环流型 C 和大西洋欧洲区极涡强度指数呈现正相关，与亚洲区极涡强度指数、北美区极涡面积指数、北半球极涡面积指数、大西洋欧洲区极涡面积指数、亚洲区极涡面积指数呈现正相关。各显著相关的大气环流特征量与阿勒泰地区寒潮日数具有较好的对应关系。

3.3.3.2 时间变化

为研究阿勒泰地区寒潮的长期变化，对阿勒泰地区 7 个观测站逐年寒潮距平资料累加后求平均，得到阿勒泰地区寒潮距平指数序列（图 3.3）。该指数在一定程度上反映了阿勒泰地区 1961—2012 年 52 年逐年寒潮异常变化。由图 3.3 可见，寒潮频数正距平超过 2 倍标准差的年份有 1965 年、1966 年、1968 年、1970 年、1976 年、1987 年、1997 年、1998 年和 2009 年，这些年份为强寒潮活动年；寒潮频数负距平超过 2 倍标准差的年份有 1963 年、1981 年、1982 年、1989 年、1991 年、1994 年、1999 年、2006 年和 2011 年，这些年份为弱寒潮活动年。从这些强弱年的时间分布可以看到，9 次强寒潮活动年中有 4 次出现在 20 世纪 60—70 年代，且以 1968 年最为严重，平均寒潮频数超过 4.5 次；9 次弱寒潮年有 8 次出现在 20 世纪 80 年代以后，且有两次出现在 21 世纪。

从寒潮频数变化的趋势来看，近 52 年阿勒泰地区寒潮呈减少趋势，但是并未通过显著性检验。由 Cubic 函数拟合曲线（图 3.3）可知，20 世纪 60 年代后期到 70 年代前期寒潮频数最大，90 年代寒潮频数最小，21 世纪后，寒潮频数又开始增多；20 世纪 80 年代中期，寒潮频数发生了由多到少的转型。

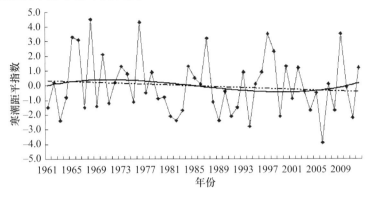

图 3.3　阿勒泰地区寒潮频数逐年变化曲线（白松竹等，2014b）

对阿勒泰地区寒潮距平指数序列进行 Morlet 小波分析，阿勒泰地区寒潮距平指数序列存在多时间尺度结构，并存在着明显的年代际尺度的周期性变化。年代际变化以 20 ～ 25年、10 ～ 12 年尺度的周期信号显著，模值全部＞ 0.5，且变化是全时域的。对比分析可知，10 ～ 12 年尺度的周期最强，在整个时域内模值全部＞ 2.4。另外，寒潮频数还存在 5 年左右时间尺度的显著周期变化，并且 20 世纪 90 年代开始表现较强。

3.3.4　寒潮灾情

由图 3.4 可知，通过普查数据统计，共出现灾情 29 站次。20 世纪 60 年代至今，灾情频数基本呈单峰型。20 世纪 60 年代至 70 年代基本持平，此后至 20 世纪 80 年代为上升趋势，20 世纪 80 年代至 90 年代呈明显下降趋势，21 世纪 00 年代略有回升。最多的出现在90 年代，最少的出现于 60 年代。20 世纪 90 年代至 21 世纪 00 年代，寒潮灾情频数明显减少，全球气候变暖，阿勒泰地区深受影响，是其中的原因之一。

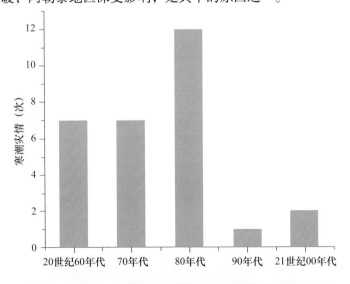

图 3.4　寒潮灾情年代际分布特征

3.3.5 寒潮的防御

（1）供暖单位调整供热参数，做好供暖工作。

（2）做好人员（尤其是老弱病人）的防寒保暖工作。

（3）做好暖圈维护和牲畜的防寒补饲工作。

（4）减少外出活动，停止户外作业，并通知高空、水上等户外作业人员停止作业。

（5）在牲畜转场路线附近，选择避风地段设立一定数量防风御寒畜圈。

（6）交通部门根据寒潮预警天气预报，加强寒潮前期预防准备和交通管理工作。

3.4 霜冻灾害

3.4.1 霜冻发生的天气气候特点

阿勒泰地区行政区域在 45°～50°N 的中高纬度带，高空盛行西风，天气系统多为自西向东移动，北方冷空气活动活跃，春季回温缓慢，秋季冷空气南下早，无霜期短。

春秋季气温不稳定，处于冰雪冻融的交替期，也是喜温作物生长的起始期和终结期，因此霜冻对农业生产意义重大，加强霜冻气候的研究，掌握霜冻的气候变化，摸清霜冻规律对植物的危害机理、防御霜冻灾害十分重要。

霜冻是一种限制作物生长期内热量资源充分利用的农业气象灾害。在气候变暖的背景下，许多地区的低温冷害事件发生频率和霜冻起讫日期也出现了明显的变化。叶殿秀等（2008）利用 1961—2007 年，577 个测站最低气温资料分析指出，全国平均终霜日期提早时间明显比初霜日期推迟时间长，无霜期自 20 世纪 80 年代起明显延长；韩荣青等（2010）分析了 1961—2008 年北方地区 233 个测站，指出了 2000 年以来各地初霜日期推迟最为明显，另外，在北方许多地区初霜日期在 20 世纪 80 年代较 90 年代偏晚。

种植业是阿勒泰地区重要的农业经济支柱，近年来农业种植规模也逐步扩大，耕地面积 1978 年全地区农作物总播面积 8.911 万 hm²，2017 年增至 25.58 万 hm²。霜冻问题越来越引起当地种植户的关注。如 2006 年 5 月吉木乃县受冷空气侵袭，造成严重的霜冻灾害，受灾人口 8185 人，农作物受灾面积 0.374 hm²，绝收 0.2992 hm²，直接经济损失 785 万元。很多科技工作者对霜冻问题开展了研究，白松竹等（2010）以最低气温≤0℃为霜冻指标，分析了 1961—2008 年阿勒泰地区霜冻气候变化特征。我国北方地区很多采用地面最低温度定义初终霜。通常地面最低温度低于气温的最低温度。天冷的时候，特别是夜间晴朗、微风、有霜的天气，地面最低温度比最低气温低 3℃左右。植物直接接触地面，当地面最低温度≤0℃时，已经导致植物原生质受到破坏，致使植株受害。因此北方的一些地区将地面最低温度≤0℃作为霜冻指标比较恰当。但是，对于研究阿勒泰地区霜冻的气候变化特征有所不同，经常采用两者结合的方式，着眼于霜冻灾害实际，立足于提高对霜冻灾害的预测能力和灾害的防御能力，为有效防御霜冻灾害提供科学依据。

3.4.2　霜冻定义与资料处理

资料取自 1961—2013 年阿勒泰地区 7 个测站（阿勒泰、吉木乃、哈巴河、布尔津、福海、富蕴、青河）地面最低温度≤0℃的初日、终日资料。霜冻灾情资料来自阿勒泰地区民政局。

霜冻的技术规定：地面最低温度下半年（8—10 月）首次出现≤0℃的日期为初霜日，上半年（4—6 月）最后一次出现＜0℃的日期为终霜日，暖季的初终霜之间的日数为无霜期。全区值取阿勒泰地区 7 站的平均值；气候值是取 1961—2013 年的平均值。

为区别农业部门普遍使用的无霜期定义（最低气温代替地面 0 cm 最低温度），这里的霜冻在此称为轻霜冻。

3.4.3　轻霜冻的基本统计特征

对阿勒泰全区及 7 个站 1961—2013 年平均终霜日进行统计（表 3.3）。全区平均终霜日为 5 月 13 日，最早出现在 4 月 29 日（2008 年），最晚出现在 6 月 4 日（1970年）。最早终霜日出现在布尔津站（5 月 7 日），最晚出现在青河站（5 月 30 日）。全区平均初霜日为 9 月 16 日，最早出现在 8 月 29 日（1961 年），最晚出现在 9 月 25 日（2009 年）；最早初霜日出现于青河站（8 月 25 日），最晚出现于哈巴河站（10 月 14日）。全区平均无霜期为 124 天，最长 146 天（2010 年），最短 96 天（1974 年）；最长无霜期出现在哈巴河站（132 天），最短出现于青河站（83 天），极差富蕴站最大（108 天），阿勒泰站最小（62 天）。

表 3.3　轻霜冻终、初日，无霜期

	平均终霜日（月－日）	最早终霜日（月－日）	最晚终霜日（月－日）	平均初霜日（月－日）	最早初霜日（月－日）	最晚初霜日（月－日）	平均期（d）	最长期（d）	最短期（d）
阿勒泰市	05–12	04–16	05–30	09–19	08–25	10–11	130	158	96
吉木乃	05–13	04–19	06–30	09–15	08–05	10–01	126	157	71
哈巴河	05–11	04–08	05–31	09–21	08–22	10–14	133	178	89
布尔津	05–07	04–09	06–09	09–18	08–31	10–11	135	173	92
福海	05–10	04–02	06–02	9–18	08–25	10–13	132	171	97
富蕴	05–14	04–25	06–09	09–18	08–06	10–08	126	166	58
青河	05–30	05–11	06–30	08–25	08–01	09–29	90	122	42

阿勒泰地区地形复杂，霜冻的时空分布不均匀，初终霜冻日及无霜期的差异较大。一般地，初霜冻出现的时间随海拔高度、纬度的增高而提前，反之则推迟；终霜冻出现的时间随海拔高度、纬度的降低而提前，反之则推迟。对阿勒泰地区来说，数据采集的各站点纬度为 46.66°～48.05°N，相差不大，但海拔高度相差较大，在 475.6～1220.3 m。青河站纬度最南，地形为山区且海拔高度最高，终霜冻出现得最晚，初霜冻出现得最早，无霜期最短。可见，海拔高度是影响霜冻气候特征的重要因素之一。这与采用最低气温≤0℃作为霜冻指标研究的结论是一致的。

3.4.4　轻霜冻的变化趋势

根据近 53 年阿勒泰地区初（终）霜日及无霜期线性变化趋势，由表 3.4 可知，全区终霜日呈提前趋势，初霜日呈推后趋势，无霜期呈延长趋势，均通过 0.01 信度检验。终霜日提前率为 2.9 d/10a，初霜日推后率为 2.2 d/10a，无霜期延长率为 5 d/10a。

大部分站终霜日呈显著提前趋势，除阿勒泰、吉木乃站外，其他站均通过了 0.01 的信度检验，提前率为 2.2 ～ 4.5 d/10a，青河站提前最明显。大部分站初霜日呈推后趋势，但只有哈巴河、富蕴、青河站通过了显著性检验，且推后速率为 2.1 ～ 5.1 d/10a，其他站没有通过显著性检验。无霜期除阿勒泰、吉木乃站外，其他站呈显著延长趋势，延长率为 3.4 ～ 9.0 d/10a，均通过了 0.05 或 0.01 信度检验。

表 3.4 显示，阿勒泰地区终霜日呈提前趋势，初霜日呈推后趋势，无霜期呈延长趋势对于终霜冻、初霜冻的显著性检验结果有差异。

表 3.4　阿勒泰地区轻霜冻的终、初日及无霜期线性趋势　　　　　单位：d/10a

	阿勒泰市	吉木乃县	哈巴河县	布尔津县	福海县	富蕴县	青河县	全区
终霜日	−0.8	−2.2	−3.6**	−3.7**	−2.4**	−3.0**	−4.5**	−2.9**
初霜日	1.1	0.9	2.1*	0.3	1.5	5.1**	4.5**	2.2**
无霜期	1.9	3.1	5.8**	3.4*	4.0**	8.1**	9.0**	5.0**

注：* 表示通过信度 0.05 的检验，** 表示通过信度 0.01 的检验。

阿勒泰地区无轻霜连续日数分布图见图 3.5。

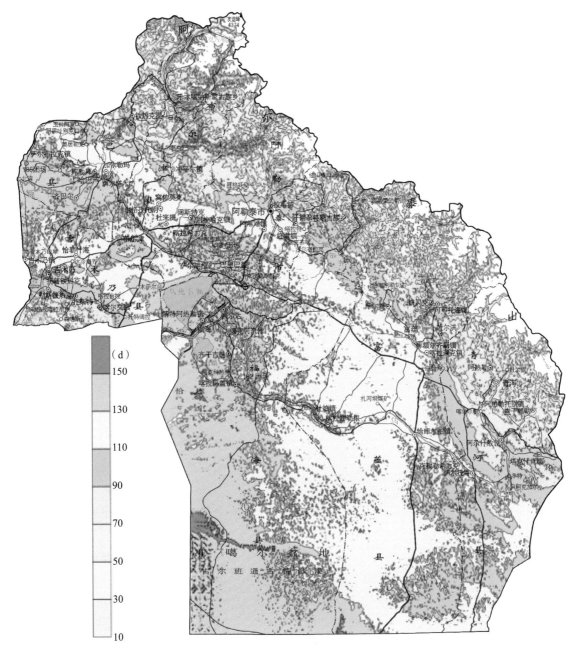

图 3.5　阿勒泰地区无轻霜连续日数分布图

3.4.5　轻霜冻的初终日和无霜期的年际变化和突变性

3.4.5.1　轻霜的无霜期气候变化趋势

以各县市首府气象站点气候资料，代表相应行政区域的气候特征，表 3.5 显示：全地区无霜期平均 159.3 天。地处北部沿山一带的富蕴县、青河县和地处萨吾尔山区的吉木乃县热量资源相对较少，无霜期 123 ～ 161 天，最短只有 78 天。哈巴河县位于西部额尔齐斯河谷，地势平坦，海拔较低，无霜期较长，平均 173.6 天，最长 201 天。全球气候变暖的大背景，对地处中高纬度的阿勒泰气候温凉气候区影响显著。20 世纪 90 年代作为分界时段，1990—2014 年，相对于 1961—1989 年，无霜期平均增加 13.4 天，富蕴县、青河县增加最多，达到 20 天以上。

表 3.5　轻霜的无霜期气候变化趋势　　　　　　　　　　　　　　单位：d

项目			阿勒泰市	哈巴河县	吉木乃县	布尔津县	福海县	富蕴县	青河县	平均
1961—1989 年			165.6	167.1	155.1	162.9	160.5	146	114	153.0
	最短	141	149	134	147	145	117	78	–
	最长	179	180	176	178	174	166	133	–
1990—2014 年			171.6	181	167.8	170.9	171.8	168.5	133.6	166.5
	最短	156	159	144	155	152	152	109	–
	最长	190	201	190	189	193	188	152	–
1961—2014 年			168.4	173.6	161	166.6	165.7	156.6	123.1	159.3
	最短	141	149	134	147	145	117	78	–
	最长	190	201	190	189	193	188	152	–
分段增量			6	13.9	12.7	8	11.3	22.5	19.6	13.4

3.4.5.2　轻霜的气候突变

气候突变是指在短时期内由一种相对稳定的气候状态过渡到另一种气候状态的变化，它是气候系统非线性变化的一种表现。突变检验中，UF 是按时间的顺序列统计量，UB 是时间的逆序列统计量，若两条曲线出现交点，且交点在临界线（±1.96 之间），表明交点对应的时刻便是突变开始时间（图略）。

自 1977 年以来，阿勒泰地区终霜日呈显著提前趋势，因此，1977 年是全地区终霜日，从一个相对偏晚期跃变为一个相对偏早期，全区无霜期在 1968 年出现突变，即在 1968 年由一个相对偏短期跃变为一个相对偏长期。简单地说，1977 年以后终霜提早结束，就是开春早了。无霜期自 1968 年开始，无霜期增加了。这两点说明，阿勒泰地区的热量条件逐步改善提高，有利于喜温作物的生长。

对阿勒泰地区各站近 53 年终霜日、初霜日及无霜期时间序列进行突变检测，结果见表 3.6。大部分站终霜日在 20 世纪 80 年代发生突变；初霜日只有阿勒泰、青河站发生了突变，通过显著性检测，突变年为 70 年代初期。其他站不存在显著突变年；布尔津、福海站无霜期突变时间在 80 年代，而哈巴河、富蕴站突变时间在 70 年代中后期。

表 3.6　阿勒泰地区轻霜冻的终、初日及无霜期的突变时间

	阿勒泰市	吉木乃县	哈巴河县	布尔津县	福海县	富蕴县	青河县
终霜日（年份）	1990	1989	无	1988	1988	1983	1974
初霜日（年份）	1971	1987	无	无	无	无	1973
无霜期（年份）	无	1987	1975	1983	1980	1979	1969

注："无"表示无显著突变点。

3.4.6　霜冻的周期性

对阿勒泰地区各站近 53 年终霜日、初霜日及无霜期时间序列进行周期分析，发现阿勒泰地区各站的初霜日、终霜日、无霜期年际周期具有一定的同步性。对各站终霜周期主要为准 4～8 年；阿勒泰、吉木乃、富蕴、青河站初霜存在准 5～7 年的周期，其他站存在准 8～9 年的周期；阿勒泰、福海站无霜期存在准 5～6 年的周期，其他站存在准 8～9 年的周期。

阿勒泰地区各站的初霜日、终霜日、无霜期均存在显著的年际和年代际周期变化，虽然年际周期具有一定的同步性，但年代际周期差异较大，具体见表 3.7。这再次证明了本地霜冻气候特征的复杂性和特殊性。

表 3.7　阿勒泰地区各站轻霜冻的终、初日及无霜期的年代际周期

	终霜冻	初霜冻	无霜期
阿勒泰市	准 12 年，16～22 年	14～18 年，20～27 年	12～16 年，23～32 年
吉木乃县	15～20 年，28～33 年	14～22 年	21～23 年
哈巴河县	10～13 年，18～19 年	11～12 年，23～27 年	20～28 年
布尔津县	13～16 年，20～29 年	13 年，20～30 年	12～15 年，20～31 年
福海县	15～16 年，27～47 年	20～32 年	20～30 年
富蕴县	11～13 年，18～22 年	11 年，21～34 年	16～22 年，25～33 年
青河县	准 14 年，19～23 年	18～27 年	10～12 年，18～22 年

3.4.7　霜冻灾害指标

阿勒泰地区的霜冻灾害主要表现为冷空气入侵后，从地面最低温度下降到 0℃ 及以下开始，对豆类、瓜类、蔬菜等作物造成严重的影响，甚至导致绝收，从而造成严重的经济损失。如 1993 年 8 月 28 日，阿勒泰站初霜日较常年提前 20 多天，小麦 1414 hm²、豆类 800 hm² 因霜冻天气全部绝收。

通过对阿勒泰地区历史上的霜冻灾害统计，终霜冻灾害发生 14 站次，初霜冻灾害发生 4 站次，由此可知终霜冻灾害发生的频率明显大于初霜冻灾害。终霜冻灾害主要出现在吉木乃、哈巴河、阿勒泰站，以 20 世纪 90 年代居多（9 站次），其次是 21 世纪 00 年代（出现 3 站次），20 世纪 70 年代、80 年代各出现 1 次；而初霜冻主要出现在吉木乃、阿勒泰站，20 世纪 90 年代 3 站次，70 年代出现 1 站次，其他年代无霜冻灾害。统计了 20 世纪 90 年代阿勒泰、吉木乃、哈巴河站的平均终霜日，分别为 5 月 17 日、5 月 21 日、5 月 20 日，这 3 站多年平均终霜日分别为 5 月 12 日、5 月 13 日、5 月 11 日，由此可知 20 世纪 90 年代的这几次霜冻灾害主要是由于终霜日提前造成的。

通过近年来对轻霜冻的研究，得到一些有意义的启示：

（1）阿勒泰地区各站呈初霜冻来得迟、终霜冻结束早、无霜期延长的趋势，且大部分站通过了显著性检验，终霜日提前速率为 2.9 d/10a，初霜日推后速率为 2.2 d/10a，无霜期

延长速率为 5 d/10a。

（2）大部分站终霜日在 20 世纪 80 年代发生突变；初霜日只有阿勒泰、青河站发生了突变，突变年为 20 世纪 70 年代初期，其他站不存在显著突变年；布尔津、福海站无霜期突变时间在 20 世纪 80 年代，而哈巴河、富蕴站突变时间在 20 世纪 70 年代中后期。

（3）阿勒泰地区各站的初霜日、终霜日、无霜期均存在显著的年际和年代际周期变化，年际周期具有一定的同步性，而年代际周期差异较大，再次证明了本地区霜冻气候特征的复杂性和特殊性。

总的来说，霜冻的发生主要受温度变化的影响，因而温度的变化势必影响到霜冻的时空变化。但霜冻是一种时间尺度很短的农业气象灾害，因此，即使在气候变暖的大背景下，霜冻危害也不能轻视，阿勒泰地区要减少霜冻危害，一方面需要从农作物本身的生理因素上提高对外界气候条件变化的适应性，另一方面需要加强对霜冻灾害的监测预警能力。

3.4.7.1　霜冻的气候指标和影响因子

依据霜冻对农业生产的影响研究，不同的作物、不同的气候指标对霜冻有不同的定义：

气候学上通常将霜冻分为轻霜和重霜，以≤0℃为临界点，以最低温度描述。地面最低温度≤0℃，轻霜出现；最低温度≤0℃，重霜出现。在农业上，热带作物耐寒能力很低，温度高于 0℃也会产生冻害。温带作物通常在地面最低温度≤0℃产生轻度冻害。最低温度≤0℃，产生比较严重的冻害，叶片冻伤发黑，俗称出现黑霜，重者干枯、全植株致死。霜从物理现象上定义，是空气中水汽凝结在地表物体上的结晶物，俗称白霜。霜的形成受到很多天气条件的影响，具有很多不确定性。往往无白霜的低温也会产生作物冻害，为此我们在探讨霜冻气候指标时通常不考虑白霜。

作物的不同部位耐低温的能力也不同，并且植株的不同高度上存在温度的差异，冻害的影响程度也不同。不同作物，不同品种低温耐受力也不同。

在天气类型上，低温的表现形式有大风低温型和降雨低温型。另外，低温的持续时间对冻害的影响也有不同的表现。

地形和下垫面物理性质对霜冻形成有不同的贡献，低洼处湿度大，冷空气堆积易发生霜冻；地面干燥平坦植被稀少，辐射降温显著，容易发生冻害。

图 3.6 中，白色区域是无霜期日数低于 20 天的区域。

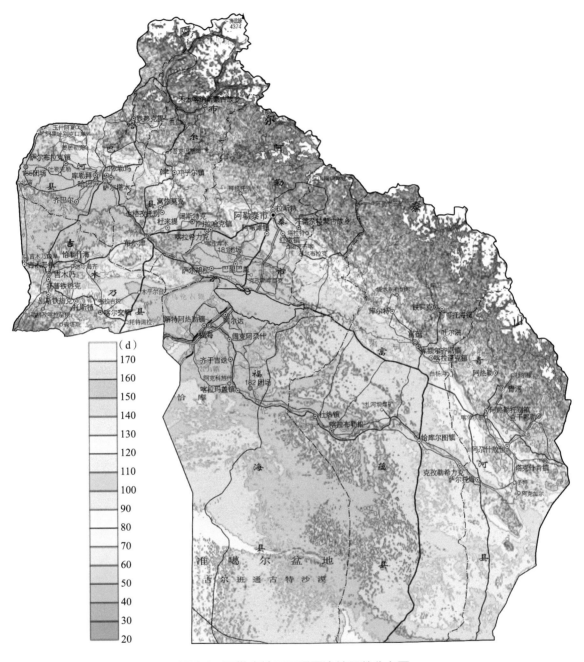

图 3.6　阿勒泰地区无重霜连续日数分布图

3.4.7.2　不同作物不同发育期的霜冻试验指标

阿勒泰地区属于温带偏冷的气候区，主要的农作物有玉米、小麦、大豆、油葵等。根据玉米、小麦作物三叶期的霜冻实验结果，以植株死亡率为等级标准：轻度 0 ～ 30%，中度 31% ～ 50%，重度 51% ～ 100%，以最低气温为气象指标（表 3.8）。

表 3.8　玉米、小麦冻害等级和气温指标

作物名称	玉 米			小 麦		
冻害等级	轻	中	重	轻	中	重
最低气温（℃）	−0.8	−1.0	−2.1	−2.8	−3.3	−7.0

根据霜冻调查及试验资料，霜冻对不同作物不同发育期的最低气温指标见表 3.9。

表 3.9　作物生育期的冻害气温指标

作物名称	生育期	受害最低气温（℃）	受害状况
玉米	苗期	−1 ～ −2	叶片死亡
	乳熟期	−2	大部分叶片死亡
大豆	苗期	−1	叶子普遍受伤，个别植株死亡
	结荚	−2	普遍死亡
花生	出苗	0	叶片开始受冻死亡
水稻	苗期	0.5	叶子普遍冻死，部分植株死亡
	乳熟	0	叶子普遍死亡，穗部死亡
高粱	苗期	−2	叶子普遍死亡，部分植株死亡
马铃薯	苗期	−1	叶子普遍受冻死亡
苹果	花蕾	−2 ～ −4	开始受冻
	花、幼果	−1	花、幼果冻死约 50%
黄瓜	苗期	1	叶片普遍受冻
番茄	苗期	1	开始受冻
	采收后期	0	大部分叶片死亡，部分果实冻死
辣椒	苗期	1	叶片普遍受冻，个别植株死亡
	结果期	1	叶片普遍受冻
西瓜、甜瓜	苗期	1	叶片普遍受冻，个别植株死亡
南瓜	苗期	1	幼苗普遍死亡

经济林木对霜冻也十分敏感，唐秀等（2015）对阿勒泰地区大果沙棘的霜冻调查研究，春季沙棘开花幼果期对霜冻比较敏感，最低气温 −4.0℃造成冻害。

3.4.8　霜冻的防御

（1）蔬菜、瓜类及玉米等喜温作物，在播种时间上避开终霜冻，有效利用天气预报，采取"霜前播种，霜后出苗"的措施，减轻霜冻危害。对于已经出苗作物，在霜冻来临之前，采用灌水、覆盖、烟雾等方式防霜。

（2）霜冻出现前应加紧抢收，即将要遭受霜冻危害的收获期作物提前收获。

（3）霜冻出现前不要从塑料大棚或温室中往外移栽菜苗、花卉等，做好塑料大棚和温室的保温覆盖。

（4）储备一定数量的农业生产资料，做好灾后重建的重播和补种工作。

3.5　大风灾害

阿勒泰地区是多风地区，大风日数多，风力强，持续时间长，对农牧业生产、交通运输和人民生活造成了极大危害，是主要灾害天气之一。阿勒泰地区是传统的农牧业地区，冷空气南下引起的寒潮、大风，强对流引起的飑线大风、雷雨大风常引发灾害，造成房屋倒塌、输电线路破坏。春季大风多，使得春播困难，种子、肥料被大风刮出地面，春季大风直接造成牧业转场的牲畜损失，农牧民的生命财产安全受到严重威胁。在全球变暖的大背景下，各种极端气候事件频繁发生，大风灾害的评估与防御有重大的现实意义。

3.5.1　大风日数年变化

　　1961—2017 年阿勒泰地区的大风日数呈现很明显的减少趋势，减少率为 3.23 ～ 10.04 d/10a，通过了信度 0.001 的显著性检验。减少最多的是西部的哈巴河县，减少最少的是东部的青河县。

　　阿勒泰地区各县市的年平均大风日数在 8.3 ～ 46.6 天，年平均日数最多的是西部的吉木乃县，最少的是东部的青河县。哈巴河县 1968 年出现大风 102 天，阿勒泰市和青河县曾经有很多年份没有出现过大风。见图 3.7，表 3.10。

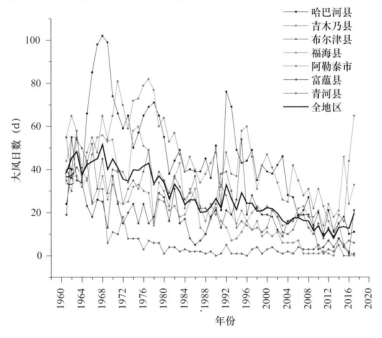

图 3.7　大风日数年变化曲线

表 3.10　阿勒泰地区大风日数年变化

	哈巴河县	吉木乃县	布尔津县	福海县	阿勒泰市	富蕴县	青河县
平均（d）	45.0	46.6	25.4	30.8	17.1	18.9	8.3
最多（d）	102	82	55	60	39	55	54
最少（d）	10	12	5	14	0	1	0
气候倾向率（d/10a）	−10.04	−7.21	−6.84	−5.98	−6.58	−3.23	−5.21
相关系数	−0.727	−0.68	−0.868	−0.708	−0.929	−0.502	−0.673

注：相关系数均通过信度 0.001 显著性检验。

　　各级的日最大风速 ≥10.0 m/s 日数，与年大风日数地域分布基本一致。西部的哈巴河县和吉木乃县出现日数最多，布尔津县和青河县日数最少。在≥15.0 m/s以上时，全地区每年出现日数很少，≥10.0 m/s和≥12.0 m/s日数占到每年≥10.0 m/s以上出现日数的90%，尤其是布尔津县和青河县，日最大风速≥15.0 m/s出现日数最少只有0.1天（表3.11）。

表3.11 阿勒泰地区各级日最大风速日数 单位：d

风速	哈巴河县	吉木乃县	布尔津县	福海县	阿勒泰市	富蕴县	青河县	合计
≥10.0 m/s	62.2	68.5	4.8	31.9	30.1	44.3	1.8	243.7
≥12.0 m/s	26.5	32.0	0.8	13.6	13.8	18.8	0.3	105.7
≥15.0 m/s	6.1	9.4	0.0	3.2	4.4	4.4	0.1	27.5
≥17.0 m/s	2.3	3.9	0.0	1.3	2.4	1.4	0.0	11.2

3.5.2 大风日数的月变化

阿勒泰地区的大风主要出现在春季的4—5月，为全年大风活动的高峰期，全地区出现29.2～31.5天，其中5月最多；而其他月份出现较少只有6.6～25天。其中哈巴河县主要出现在春季的4月和冬季的12月、1月，主要是由于冬半年受蒙古冷高压回流天气影响，北疆北部盛行偏东大风，使得哈巴河县冬季大风日数较多，出现多峰值月，但次数略低于春季（表3.12）。

表3.12 阿勒泰地区各月大风日数 单位：d

月份	哈巴河县	吉木乃县	布尔津县	福海县	阿勒泰市	富蕴县	青河县	合计
1	4.8	1.2	1.1	0.1	0.1	0.1	0.1	7.3
2	3.3	1.5	1.2	0.5	0.1	0.1	0.0	6.6
3	3.2	3.3	1.7	1.7	0.6	0.6	0.2	11.4
4	5.5	6.5	4.8	5.2	3.4	2.8	1.0	29.2
5	3.8	7.4	4.6	6.1	3.8	3.7	2.2	31.5
6	3.8	6.3	2.6	4.5	2.5	3.6	1.7	25.0
7	2.4	4.7	1.8	2.8	1.8	2.9	1.2	17.5
8	2.1	4.4	1.7	2.9	1.6	2.1	1.0	15.8
9	2.3	3.9	1.7	2.8	1.4	1.5	0.5	14.2
10	3.0	3.0	1.7	2.2	1.2	1.0	0.2	12.3
11	3.9	2.6	1.6	1.6	0.6	0.4	0.1	10.9
12	4.9	1.9	1.0	0.4	0.2	0.1	0.0	8.4

3.5.3 大风日数地域分布

阿勒泰地区地处85°31′57″～91°01′15″E，44°59′35″～49°10′45″N，地理上可大致分为三大区域：北部：西北—东南向分布的阿尔泰山，南坡为山地丘陵区。中部：额尔齐斯河、乌伦古河冲击平原区。西部：额尔齐斯河以南为萨吾尔山脉。乌伦古河以南为广大的戈壁平原。整个地势北高南低，西部阿尔泰山与萨吾尔山两山夹额尔齐斯河谷。阿勒泰地区除山区降水比较丰富外，大部分地区气候干燥少雨，属干旱和半干旱地区，常年受西风带天气系统的影响，冷锋过境常形成大风天气。西北部是冷空气经过西部河谷喇叭口地形，受狭管效应影响，风速增大，易形成强风带。冬季受蒙古高压影响，偏东气流经福海县向西部河谷输送，再次受到南、北两山夹持而加速，使得西部的哈巴河县、布尔津县和吉木乃县年出现大风日数最多，全年达到 45 ～ 46.6 天；而东南部平原区因地势开阔相应风力较弱，青河县城出现大风次数很少，年均只有 8.3 天。图 3.8 中白色区域是多年平均大风日数低于 1 次的区域。

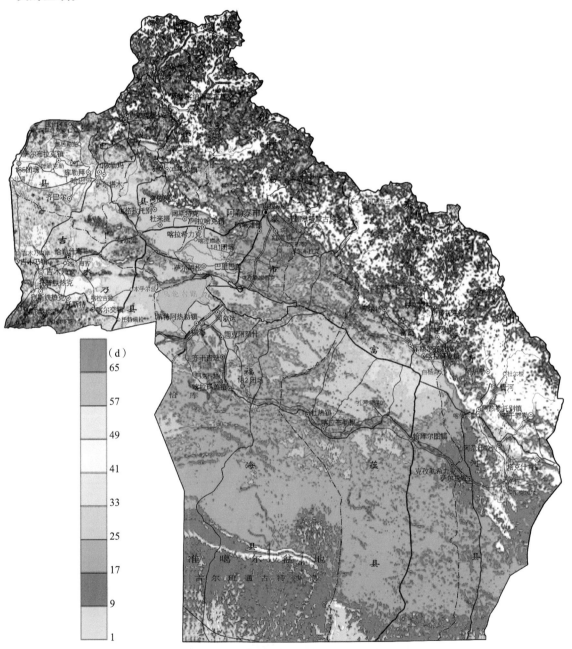

图 3.8　阿勒泰地区大风日数分布图

3.5.4 地方性大风"闹海风"

吉木乃县"闹海风"闻名遐迩：阿勒泰地区吉木乃县闹海煤矿至赛里亭一带，每年秋末至翌年3—4月，常刮强劲的地方性大风，当地群众称为"闹海风"。在冷空气入侵前，气温急升，晴天刮偏东大风，冷空气入侵时，转为偏西大风。年平均大风日数30天左右，风力一般5～6级，最大12级。冬季刮"闹海风"时，寒风刺骨，风雪交加，能见度极差，人和牲畜常因迷途被冻死伤。当地曾流传着民谣："闹海一刮风，天昏地又暗，雄鹰不展翅，牧人不扬鞭，人遇难回还，车遇卧路边。"

近年来研究发现，"闹海风"主要出现在冬末和春季，一次强冷空气入侵阿勒泰地区后，冷空气在其东部至贝加尔湖堆积，蒙古高压加强，与中亚地区逐渐发展的暖低压形成强的气压梯度差，造成冷空气回流，出现偏东大风。"闹海风"的形成受地形影响很大，闹海煤矿至赛里亭一带地形犹如一个喇叭口，受狭管效应影响，风速增大，形成强风带。

3.5.5 大风灾害

大风灾害主要有四个方面：

（1）影响农牧事活动：破坏农牧业生产的设施，严重时威胁人畜的生命。如：1998年4月18日阿勒泰地区普遍出现了大风，各县市的蔬菜大棚遭到不同程度的损坏，电线杆被吹倒数根，大片耕地已播春小麦，种子被吹走。全地区灾情严重，仅哈巴河一县的经济损失就达到1700万元。又如1966年3月，春季牲畜转场，途中遇到了"闹海风"天气，导致大批母畜、幼畜冻死、冻伤、走失，损失牲畜19万头（只）。

（2）引起土壤的风蚀沙化：土壤的蒸发量与风速成正比关系，多风天气不但使土壤水分消耗增大，旱情加重，大风还会吹走大量表土，造成风蚀。阿勒泰地区仅哈巴河县的土地沙化面积就达3.867万 hm^2。

（3）大风对牧业的危害还表现在破坏草场：沙尘附着在草叶的表面，使草质量变劣，特别是春季大风使草场蒸散加剧，土壤含水量下降，影响牧草的返青和生长。

（4）风能传播病虫害，还可传染病原菌，影响牲畜的皮、毛的品质。

3.5.6 减少大风灾害对策

3.5.6.1 预警响应

根据气象预报，做好短期预警：

（1）蓝色、黄色预警响应期间：住房城乡建设部门督促有关单位做好房屋建筑和市政工程施工现场临时建（构）筑物、室外宣传牌、棚架和施工围板等安全隐患排查工作，加固或者拆除易被风吹动的搭建物，转移危房人员；公安消防部门进行防火消防安全提示；有关单位停止露天大型群众性活动；旅游景区（点）暂停高空游乐项目。

（2）橙色预警响应期间：建筑施工单位暂停高空和户外作业；公安部门对高速公路通行车辆采取限速通行措施；旅游景区（点）停止接待并疏散游客；农业部门指导农户做好防范措施，压实地膜线，设施大棚覆盖草帘；林业部门指导果园做好网架设施加固。

（3）红色预警响应期间：公安部门封闭大风影响区域的高速公路；安全生产监督、经济与信息化、煤炭等部门督促危险物品生产企业视情况减产或者停产。

3.5.6.2 中长期预防措施

（1）重大、关键性的农牧业生产活动，应选择避风的时段和场所，阿勒泰地区的春季牧业转场一般在 3 月上中旬至 4 月中上旬，过风口时不仅要避开偏西大风的影响，最重要的要避开偏东大风的危害。还有阿勒泰的春小麦受大风的影响很大，播期应注意选择好时间。

（2）牲畜过冬的棚圈应注意加固防风设施。

（3）大力营造农田防风林带，加快退耕还林、还草的步伐，保护生态环境，落实建设良好生态环境的各项工作；选育、种植抗风不宜倒伏的作物品种。

3.6 暴 雨

暴雨灾害是气象灾害中危害性很强的灾种，对自然资源和生态环境造成严重破坏，对社会经济发展和人民生命财产造成巨大损失。暴雨最具有破坏性，暴雨出现时，常常伴随雷电、大风，加剧灾害损失。暴雨过后一片狼藉，河水暴涨、漫溢，淹没农田、村庄、道路、工厂，房屋倒塌，冲毁水利工程设施、桥梁，人员、牲畜、死亡等。

3.6.1 暴雨的定义和分类

阿勒泰地区面积 11.77 万 km^2，地域辽阔地形多样，有高山、平原、大河。阿勒泰地区虽属于内陆干旱区，但夏季常有突发性的暴雨和对流性暴雨。夏季偶有强对流，伴有强降雨、雷电大风，造成的灾害不容小觑。

我国气象部门规定：24 h 降水量，50 ～ 99.9 mm 为暴雨，100 ～ 249.9 mm 为大暴雨，250 mm 及以上为特大暴雨。暴雨具有强烈的地域特点，新疆属于内陆干旱区，暴雨概率小，标准低于国家标准。新疆 80% 的测站未出现 24 h 50 mm 以上降水，按照国家标准暴雨事件很少。实际上新疆时常出现历时短、强度大的短时暴雨，危害性也很强。为此制定新疆气象部门暴雨标准，见表 3.13。

表 3.13 新疆暴雨标准   单位：mm

	暴雨	大暴雨	特大暴雨
24 h	24.1 ～ 48.0	48.1 ～ 96.0	96.0 以上
12 h	20.1 ～ 40.0	40.1 ～ 80.0	80.0 以上

3.6.2 阿勒泰地区暴雨的气候特点

截至 2017 年，阿勒泰地区各县市建站以来达到暴雨标准的降水事件超过 10 次的县市有：阿勒泰市 14 次，富蕴县 18 次，青河县 16 次，其他县 5 ～ 7 次。值得注意的是，阿勒泰地区进入冷季，也偶尔有很强的降水天气出现，甚至达到暴雨的标准！哈巴河县 1994年 11 月 7 日 26 mm；阿勒泰市 1996 年 12 月 28 日 25.2 mm；富蕴县 2009 年 11 月 6 日

26.4 mm，2010 年 1 月 7 日 37.3 mm，2016 年 11 月 12 日 25.2 mm；青河县 1958 年 2 月 20 日 32.9 mm，2009 年 11 月 6 日 25.8 mm，2016 年 11 月 16 日 28 mm。冷季以降雪为主，这种情况不作为暴雨个例统计。

阿勒泰地区暴雨没有连续性，也就是说一次暴雨过程仅仅能够维持一天时间，通常不会延续到第二天。天气学意义上表示，阿勒泰地区暴雨通常都是超级风暴单体，属于中小尺度天气系统，生成于夏季冷锋活动区的中尺度天气系统背景中。造成阿勒泰地区暴雨的天气系统主要有两类：一是由低涡和与低涡相关的切变线有关；二是与高空低槽冷锋系统移动受阻有关。阿勒泰地区暴雨成灾范围不大，不足以超越县域范围。如 1992 年 6 月 4 日，富蕴县发生暴雨，降水量 41.9 mm，1 个小时内降雨量达到本次暴雨过程的 95% 以上，暴雨落区范围约 400 km^2。阿勒泰地区暴雨具有历时短、雨强大的特征，并且具有突发性、成灾快、人畜难以快速撤离的特点。

暴雨的季节性分布特征明显，阿勒泰地区各县市中，7 月是暴雨发生概率较大的时段。从地理区域上看，平原地区暴雨相对较少。福海县为百年八遇的概率，足以说明，暴雨的可能性很小。山区暴雨的概率较大。位于萨吾尔山山区的黑山头站平均每 2 年发生 1 次暴雨；位于阿尔泰高山地带的喀纳斯景区附近的贾登峪，记录到年均 1.6 次，高山植被发育良好，高大西伯利亚红松，树间松萝披挂绵长的生态环境，有利地证实了该地区降水丰沛。沿阿勒泰、富蕴、青河的阿尔泰山前山丘陵一线，是农区的暴雨易发区域。暴雨的季节分布和频率等指标统计情况见表 3.14 和表 3.15。

表 3.14　阿勒泰地区暴雨次数　　　　　　　　　　　　　　　　单位：次

	阿勒泰市	哈巴河县	吉木乃县	布尔津县	福海县	富蕴县	青河县	黑山头
5 月	0	0	2	1	0	1	1	1
6 月	4	3	0	2	1	5	2	2
7 月	6	2	2	2	3	7	4	9
8 月	1	1	0	0	1	0	3	5
9 月	2	0	1	0	0	2	3	0
10 月	0	0	1	0	0	0	0	0
合计	13	7	6	5	5	15	13	17

暴雨的降水量通常在 30 mm 左右，7 个县市常规气象观测资料中，日降水量最大值 54.0 mm，达到国家暴雨标准，足以说明，阿勒泰地区具有半干旱的气候特点，同时告诫人们，暴雨的危害潜在性，务必要提高预防的警惕性。

表 3.15　阿勒泰各地暴雨特征统计表　　　　　　　　　　　　　单位：mm

	阿勒泰市	哈巴河县	吉木乃县	布尔津县	福海县	富蕴县	青河县	阿克达拉	黑山头	181 团	182 团	贾登峪
平均（mm）	30.9	32.5	29.3	29.9	28.5	29.6	31.1	27.5	30.4	37.2	36.2	29.5
最大（mm）	41.2	54.0	35.0	34.0	33.2	41.9	49.5	27.5	29.5	39.4	52.2	34.9
日期	1993–7–27	1976–6–28	1969–9–1	1994–7–7	1973–8–14	1992–6–4	1977–9–14	2016–7–16	1971–7–23	1957–9–2	1961–8–16	2010–5–21
频率（次/a）	0.2031	0.1167	0.1053	0.0862	0.0833	0.2632	0.2167	0.0588	0.4857	0.1250	0.1429	1.6000

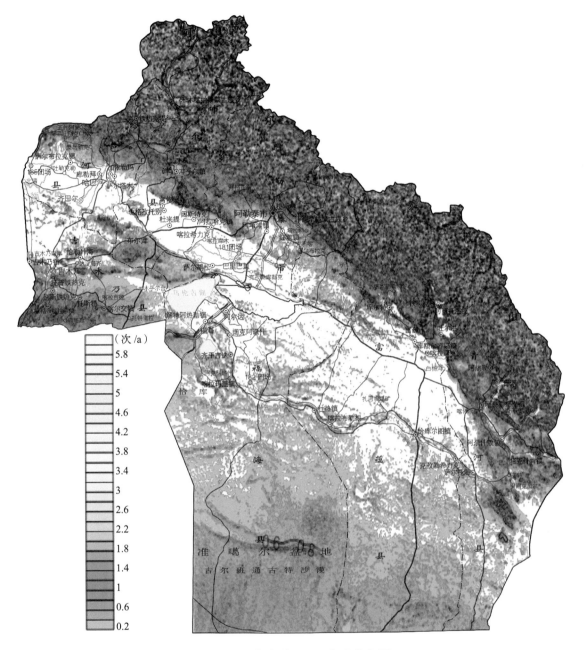

图 3.9　阿勒泰地区暴雨频率分布图

　　为更加容易理解暴雨的分布规律，抵御暴雨气象灾害，根据地理空间模型分析绘制阿勒泰地区暴雨精细化分布图，对平原、河谷、山区等复杂地形下暴雨分布情况进行了深入解析。阿勒泰地区暴雨的频率分布情况如图 3.9。图中白色区域是频次值低于 0.2 次 /a 的区域。额尔齐斯河与乌伦古河河谷地区以及中部广大戈壁平原地区是暴雨发生频率比较低的区域，达到每 10 年 2 ～ 4 次。沿阿尔泰山区和西北部萨吾尔山区边缘至中高山区，暴雨发生频率快速上升，等值线密集，梯度陡峭。喀纳斯景区至友谊峰一带暴雨频率较高，每年达到 3 ～ 4 次，是平原地区的 10 倍。富蕴县、青河县北部高山地区也有较高的发生率，每年有 3 次左右。南部边缘地区和东南部接

105

近奇台县、吉木萨尔县边缘地区，受天山北部的天气系统影响，暴雨频率有增加的倾向。

从暴雨灾情资料中分析，青河县北部山区是暴雨多发区，灾情频发。夏秋牧场是抓膘促壮的大好时机，牧民群众防灾意识薄弱，一场突发性暴雨，往往伴随大风、雷电、冰雹，剧烈降温，多灾并举，人畜猝不及防，伤害沉重。青河县 1992 年 7 月 4—8 日，夏牧场大风、雨、雪、雷电，气温骤降到 –15℃左右，冻死牲畜 24863 头（只），6 万头（只）牲畜冻伤患病，寒冷致牧民患病 582 名，重伤 96 人，1 人雷击身亡，1 人雷击成重伤。损坏毡房 63 顶，牧民住房 292 间，牲畜棚圈 420 座，泥沙淹草场 533.333 hm^2，收割的 2000 hm^2 苜蓿严重腐烂。损失 300 万元。

暴雨灾情一般重于其他灾情，洪水无情，在群众中造成的心理恐慌巨大，也无意识地放大了客观观察的感受。气象上有严格的降水量标准，坚持科学衡量评估发生的频率和损害程度，群众则对受害的情形印象深刻，没有严格标准，主观印象回忆到的损害次数往往偏多。灾害预防的意义远远高于灾后救灾。防患于未然，要积极主动做好预防工作，减轻灾害损失。

以每 10 年分段统计 3 个县市的暴雨阶段性变化特征，见图 3.10。其中 2011—2017 年不足 10 年。阿勒泰站 1954—1960 年有 2 次暴雨，在统计时段以外，未列入本图中。图 3.10 中显示，暴雨的年代际变化是明显的，1990 年前，暴雨的年代间发生率是相对稳定期，1991 年后，暴雨次数显著增加，特别是 2011 年后阿勒泰市、富蕴县暴雨发生次数直线上升。这种气候变化趋势与温度的变化趋势比较一致，与全国多数地区的暴雨平均日数变化规律比较一致，如图 3.11。暴雨的气候变化的新特点，务必引起高度重视。工程建设要适当提高洪涝防御标准，农田低洼区加宽行洪渠道，增加排涝设施。

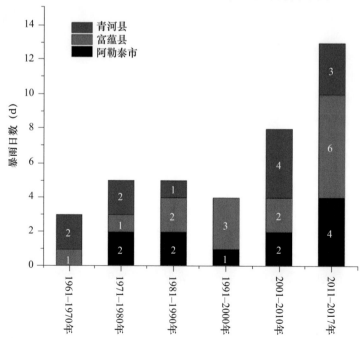

图 3.10　1961—2017 年三县市暴雨日数的年代际变化图

暴雨是一种极端的天气事件，虽然概率小，但是灾害危害严重。暴雨，我们经常关注的是发生频率、强度、影响范围和年际间的变化。气候变化是影响暴雨时空分布的重要因素。近年来全球气候变暖成为不争的事实，暴雨日数的统计特征也显示，自 20 世纪 80 年代以来有逐渐增加的趋势，阿勒泰地区也是如此。暴雨日数增加与气候变暖有深刻的物理背景，因此有着紧密的关系。温度升高，空气的饱和比湿增加，据计算，温度每升高 1℃，空气的水汽含量可增加 7%。降水量也成比例增加。另外，气候变暖使得地球表面的水分蒸发增加，加速水分循环，导致一些地区干旱加剧，一部分地区降水增加，暴雨日数增加。暴雨洪涝与干旱并存，加剧了气候变化的灾害事件。

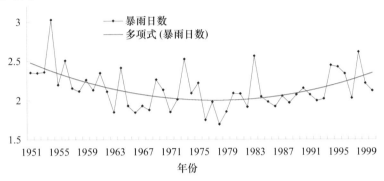

图 3.11　1951—2000 年全国平均暴雨日数变化曲线（丁一汇等，2009）

3.6.3　暴雨灾害的预防对策

阿勒泰地区是暴雨灾害的多发区，沿山一带频率高，强度大，并且近年来有加剧的趋势。暴雨造成的经济社会损失触目惊心，暴雨灾害记录的事例不胜枚举，参阅第三章 3.8 节的有关内容。亡羊补牢，汲取经验教训，积极做好暴雨灾害的预防工作非常必要。做好暴雨灾害的预防对策主要有以下几个方面：

（1）努力做好暴雨天气的预报预警工作，提高天气气候的预报预测水平。提高气象现代装备水平，加大监测网络覆盖，提高网络密度，改善测雨雷达和卫星遥感技术，从技术上突破预报预测障碍。

（2）加强暴雨极端天气气候事件的气象科学研究，掌握暴雨发生、发展、变化的物理规律。建立和完善以现代气象信息分析加工为主体的预报预警系统，提高处理能力和处理速度。不同地区加强天气联防，推动暴雨灾害科学考察、试验、理论研究向深度进军，理解暴雨形成的原因和致灾机理，对进一步提出灾害预防技术措施提供理论指导。

（3）及时做好暴雨灾害评估。根据暴雨极端事件发生的时间、地点、强度，结合当地的经济社会情况，及时准确地评价灾害的损失大小、人员伤亡情况、抗灾救灾能力、缺乏的人员和物资的数量、种类，道路交通条件等，为拟定抗灾救灾和紧急救援对策措施提供准确全面的数据依据，同时也为灾后重建、长远规划提供科学依据。

（4）加强暴雨灾害预防的工程建设。疏浚河道、修建控制性水利工程，提高防洪标准。根据暴雨山洪的分布特点，长远规划，精细施工，提高全流域的防洪抗灾标准。

（5）加强暴雨应急体系建设。打破部门壁垒，建立重大自然灾害的应急预防决策服务系统。政府、国土资源、环境、水利、通信、交通等部门横向联合协作，高效运转。加强灾害预防教育，拆除违法建筑，恢复林草、低洼无保障的地段，禁止开垦土地。对农牧民群众普遍进行防灾教育。在暴雨危险来临前，及时撤离低洼地段，避开高压铁塔、陡峭山坡，做好个人家庭的主动预防。

3.7 冰雹灾害

3.7.1 阿勒泰地区冰雹概述

冰雹是从发展强盛的积雨云中降落到地面的小冰丸或冰块，有球状、锥状和不规则形状等，其直径一般为 5 ～ 50 mm，大的可达 30 cm 以上。冰雹的降落常常砸毁大片农作物、果园、损坏建筑群，威胁人类安全，是一种严重的自然灾害，通常发生在夏、秋季节里。阿勒泰地区各县市都有不同程度的冰雹灾害发生。冰雹在阿勒泰地区的气象灾害中虽不是主要的气象灾害，但时间短、破坏力很大，往往给农牧业生产和财产造成严重的危害。2010 年以来新疆每年因冰雹灾损失平均 10.8 亿元人民币，最高达 12.5 亿元，最少也有 6.8 亿元。阿勒泰地区典型雹灾个例见表 3.16。因此，全面了解阿勒泰地区冰雹灾害的气候特征、分布特点并作出冰雹区划对防雹工作十分必要。

冰雹的产生与当地的地形、地貌有一定的关系。阿勒泰地域辽阔，地形复杂，且植被覆盖率低，因此在强烈的太阳辐射下，地面迅速升温，容易产生强对流天气，特别是盛夏季节常发生较强的热对流，午后形成冰雹天气。地形对冰雹的影响主要有：冲抬、热力等作用。阿勒泰地区复杂的地形对运动的气流起着冲抬的作用，使空气迅速上升，对形成冰雹起了促进作用。萨吾尔山脉、阿尔泰山脉和两山对峙向西开口的喇叭形河谷为多雹区。较强气流迎着山体移动时，产生强迫上升作用，这就更加有利于积云向雹云发展，在有利的天气系统配合下，可形成冰雹。冰雹的形成是一个复杂的过程，降雹持续的时间很短，一般仅有 1 ～ 10 分钟。冰雹的形成需要以下几个条件：一是需要强烈的对流天气背景，在强而厚的不稳定大气层结中，产生的上升气流越强，形成冰雹的可能性越大；二是必须要有充足的水汽，才能使冰雹体积不断增长。考察观测站点环境情况见表 3.17。

表 3.16 阿勒泰地区冰雹受灾情况

县	出现时间	受灾情况
布尔津	1971 年 7 月 10 日 21 时	县城周围突遭冰雹袭击，毁坏玉米 624 hm²，小麦 77 hm²，损失率各达 40%；毁坏瓜菜 13 hm²，其中，瓜类损失率达 100%，蔬菜损失率达 50%；毁坏苹果 2 hm²，损失率达 70%
吉木乃	1985 年 8 月 8 日	全县受灾面积 402 hm²（不含 186 团），损失粮食 128.5 t。其中别斯铁列克乡受灾面积 22 hm²，颗粒无收，损失粮食 44.5 t。托铺铁列克乡 2 村受灾损失粮食 42 t。恰其海乡 60 hm² 粮食绝收，损失 27 t。托斯特乡 133.333 hm² 受灾，损失粮食 10 t。同日，186 团沙尔梁和沙拉哈吉、四连菜地 33.3 hm² 粮油受灾。其中小麦 26.017 hm²，损失粮食 127.4 t，油菜 160 hm²，基本打光，颗粒无收

续表

县	出现时间	受 灾 情 况
吉木乃	1992 年 8 月 25 日 18 时	托普铁热克乡多伦拜村、阿合力加勒村、巴牧巴湖拉克村，托斯特乡的塔斯特一、二、三村及姜阿干村遭冰雹袭击，持续 60 多分钟，冰雹直径 10～20 mm，冰雹累积地面 10 cm 厚。造成 480 户 2640 人的 666.7 hm² 小麦绝收，损失合计 110 万元
青河	1999 年 7 月 26 日	查干郭勒乡、阿尕什敖包乡出现冰雹灾害，造成 671 人受灾，成灾 671 人，农作物受灾 200 hm²，成灾 120 hm²，绝收 80 hm²（小麦），损坏房屋 13 间，死亡小畜 56 只，经济损失 80 万元，农业损失 80 万元
哈巴河	1996 年 6 月 25 日 14 时	喀拉布拉克和姜居勒克两村遭受冰雹袭击，降雹时间持续 8 分钟，冰雹最大直径 8 mm，积雹厚度 15 cm。造成受灾户 97 户 494 人，成灾面积 183.267 hm²，其中小麦 113.333 hm²，玉米 13.333 hm²，豌豆 13.333 hm²，瓜菜 3.267 hm²，绝收小麦 46.667 hm²，玉米 13.333 hm²，豌豆 13.333 hm²，瓜菜 3.267 hm²；30 户农民住房房顶被冰雹损坏 4200 m²，打死羊 1 只；齐巴尔乡牧一队 1 户牧民家的毡房及财产被冲走。合计经济损失 101.5 万元
吉木乃	2004 年 7 月 1 日 17 时	冰雹持续时间达 10 分钟，最大直径 21 mm，局部地区厚度可达 70 mm，灾害造成吉木乃县和 186 团直接经济损失 1139.54 万元和 1019.97 万元
福海	2006 年 7 月 18 日	喀拉玛盖乡 1049.867 hm² 农作物受灾，绝收面积 774.733 hm²，其中食葵 263.867 hm²，籽瓜 313.6 hm²，玉米 38.067 hm²，奶花芸豆 1.8 hm²，蔬菜 5.733 hm²，直接经济损失 648 万元

表 3.17 冰雹站点环境情况

地点	地理环境	海拔高度	记录年份
森塔斯	高山南坡	1900 m	1958—1960
阿勒泰	沿山平原	735.3 m	1954—2010
青河	山区丘陵	1218.2 m	1958—2010
富蕴	沿山丘陵	823.6 m	1962—2010
吉木乃	山区丘陵	984.1 m	1961—2010
哈巴河	河谷峡口	532.6 m	1958—2010
布尔津	河谷峡口	473.9 m	1960—2010
福海	开阔平原	600.0 m	1958—2010

3.7.2 阿勒泰地区冰雹的分布特征

3.7.2.1 冰雹日数的空间分布特征

冰雹空间分布与地形关系密切，据统计全地区平均每年 7.6 次，各县市站冰雹日数年均 0.5～1.6 次，其中吉木乃县最多，年平均 1.6 次；福海县最少，多年平均 0.5 次。就地形而言，森塔斯属于高山站，冰雹最多，年平均 10.7 次；吉木乃、青河属于山区丘陵县，次多；福海属于平原地区县，最少。冰雹分布规律是北部多南部少，等值线与阿尔泰山脉西北—东南走向基本一致。西北部沿额尔齐斯河谷至萨吾尔山区冰雹日数逐渐增多。南部广大地区地势平坦，冰雹出现较少，分布情况见图 3.12。

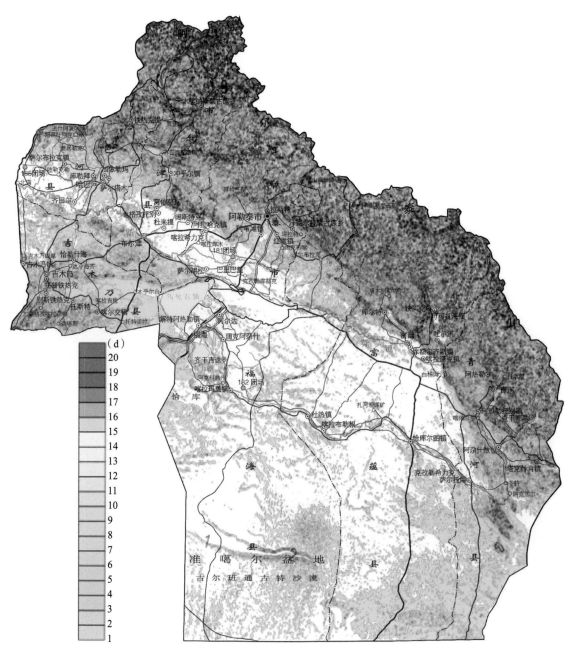

图 3.12　阿勒泰地区冰雹日数的空间分布

　　著名的阿尔泰山脉分布在阿勒泰地区在西北—东南方向，阿勒泰西北方向的额尔齐斯河南岸有萨吾尔山系，8 个常规测站分布在海拔 500 ～ 1900 m 的范围内。有利的地形态势是冰雹形成的基本条件。我们已经知道，冰雹是积云强烈对流的结果，冰雹形成的主要天气成因是强烈的上升运动，配合辐合气流和充足的水汽。因此，在阿勒泰的大坡度地形下，强迫抬升的上升运动作用更显著。冰雹日数随海拔的增高显著增加，研究指出，可以用公式 $y = 458.23 \ln(x) + 736.58$，概略描述阿勒泰地区不同海拔高度冰雹日数的分布特点，见图 3.13。

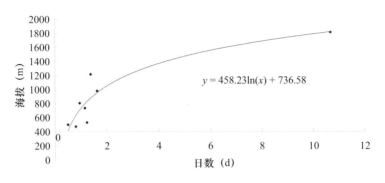

$$y = 458.23\ln(x) + 736.58$$

图 3.13　降雹日数与海拔高度关系

3.7.2.2　冰雹日数的季节和年际变化

冰雹的发生有明显的季节性特点，其中 5 月、7 月冰雹日数最多，高山区 8 月最多。一般 5—7 月逐月最多，7 月后逐月减少，冷季少见。富蕴县、吉木乃县秋季冰雹日数有再次增多的倾向。高山区 6—7 月集中度高，平原区域 4—10 月分布多，5—9 月占全年的 70% 以上（表 3.18）。

表 3.18　阿勒泰地区冰雹季节分布　　　　　　　　　　　　单位：d

	11 至翌年 2 月	3 月	4 月	5 月	6 月	7 月	8 月	9 月	10 月	合计	年平均
	冬季	春季			夏季			秋季			
森塔斯站	0	0	0	3	9	8	11	1	0	32	10.7
阿勒泰市	0	0	10	20	12	15	6	6	6	75	1.3
青河县	0	0	6	21	18	11	12	10	4	82	1.5
富蕴县	0	0	10	9	7	5	2	8	3	44	0.9
吉木乃县	1	0	7	17	11	21	4	16	3	80	1.6
哈巴河县	0	1	8	18	12	6	8	6	1	60	1.1
布尔津县	0	0	5	6	8	9	2	5	2	37	0.7
福海县	0	1	4	4	4	5	3	4	4	29	0.5

气候变化和地域的差异化，使得冰雹每年的发生次数不同。图 3.14、图 3.15、图 3.16 以阿勒泰地区 7 站 1962—2010 年数据分析冰雹年际变化，研究指出：1996 年是分水岭。1965—1996 年间发生频率相对较高，存在 3 ~ 5 年的震荡周期。降雹日数 21 世纪 00 年代较 20 世纪 80 年代减少 43% ~ 83%，山区减少的速度慢于平原地区。

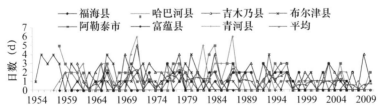

图 3.14　阿勒泰地区降雹日数年际变化

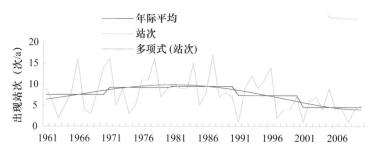

图 3.15　1961—2010 年阿勒泰站冰雹日数年际变化

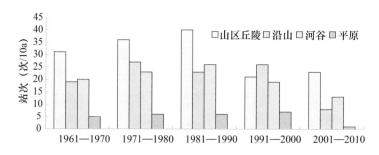

图 3.16　1961—2010 年阿勒泰各地形冰雹日数年代际变化

3.7.3　冰雹持续时间

冰雹持续时间与冰雹灾害程度关系密切，一般持续时间越长灾害越严重。以降雹持续时间 < 5 min、5 ~ 10 min、10 ~ 15 min、15 ~ 20 min、20 ~ 30 min、30 ~ 60 min、> 60 min 为分级标准，除森塔斯站外，一次降雹持续时间一般在 10 min 以内，最长的 > 60 min；其中降雹持续时间 < 5 min 的占 61.2%，5 ~ 10 min 的占 28.2%，10 ~ 15 min 的占 5.1%，15 ~ 20 min 的占 2.7%，20 ~ 30 min 的占 1.4%，30 ~ 60 min 的占 1.0%，> 60 min 的占 0.5%；10 min 以内的占总次数的 89.3%。森塔斯高山站，10 ~ 60 min 时段内都有分布，< 5 min 的占 22.0%、5 ~ 10 min 的占 31.0%、10 ~ 15 min 的占 14.0%、15 ~ 20 min 的占 11.0%、20 ~ 30 min 的占 14.0%、30 ~ 60 min 的占 8.0%。各县市冰雹持续时间见表 3.19。

表 3.19　不同持续时间的冰雹在冰雹总次数中所占比例　　　　　　　　　　　　　　单位：%

	森塔斯站	吉木乃县	阿勒泰市	富蕴县	青河县	布尔津县	哈巴河县	福海县
< 5 min	22	60	58	68	55	70	71	59
5 ~ 10 min	31	28	28	27	29	27	26	31
10 ~ 15 min	14	5	8	5	9	0	3	0
15 ~ 20 min	11	4	1	0	2	3	0	7
20 ~ 30 min	14	1	3	0	4	0	0	3
30 ~ 60 min	8	1	3	0	1	0	0	0
> 60 min	0	1	0	0	0	0	0	0
记录年份	1958—1960	1961—2010	1954—2010	1962—2010	1958—2010	1960—2010	1958—2010	1958—2010

3.7.4　冰雹源地和移动路径

暖季，当高空气流经过阿尔泰山脉和萨吾尔山脉时，容易激发冰雹云，因此，阿尔泰山脉南麓沿山一带和萨吾尔山脉北麓周边地区是阿勒泰地区的两个冰雹源地。中部的额尔齐斯河和乌伦古河流域的热低压，使雹云加强东移南下，形成以青河县为中心的第三个冰雹源地。

高空气流引导和地面气压场的分布特点，是冰雹移动的关键因素。阿勒泰位于新疆西北地区，处于高空西风带的上游，冷空气往往来自西北方向，同时受地面气压场的影响，冰雹移动路径主要有三条：一是西北路径或偏西路径，从西北方向沿河谷向东南方向移动；二是西南路径，从萨吾尔山北侧，沿西南部向东北方向移动；三是局地对流生成发展的冰雹云，主要受气压场影响，影响范围小，移动方向规律性不强，多是自西向东移动。

3.7.5　冰雹的风险区划

用阿勒泰 7 站 1971—2010 年的冰雹资料，以及阿勒泰周边地区的和布克赛尔、莫索弯、米泉、蔡家湖、阜康、吉木萨尔、奇台、北塔山等地区作为边界地区的信息参考，采用信息扩散分析方法进行计算，对冰雹灾害进行气候风险性区划。图 3.17 是年冰雹 ≥3 天概率风险分布。图中白色区域是低于风险值 0.05 的区域。阿勒泰地区冰雹风险最低的区域是平原地区的两河（乌伦古河、额尔齐斯河）流域，自布尔津县至萨吾尔山方向和向北方向，冰雹风险增加很快。北部沿山一带高于南部，自富蕴县、青河县一线向东至北塔山奇台方向，冰雹风险同样增加很快。

3.7.6　冰雹灾害的防御措施

阿勒泰地区降雹集中在农作物生长旺期，几乎每年都造成灾害，因而冰雹的防范很有必要。一般采取防雹措施后，雹灾减少 20% ～ 80% 不等。常采取的措施有：

（1）在多雹地带，种植牧草和树木，增加森林面积，改造局地小气候以降低冰雹灾害的危险，达到减少雹灾的目的。

（2）增种抗雹和恢复能力强的农作物。

（3）加强冰雹预测，对成熟的作物及时抢收；对小面积的种植区可搭架覆盖，减少损失。

（4）多雹灾地区降雹季节，农民下地要随身携带防雹工具，如竹篮、柳条筐等，以减少人身伤亡。

（5）人工防雹：根据人工降雨的原理，在冰雹形成初期时，人工消雹作业可促成微粒随雨降落，减轻灾害损失。

（6）从冰雹气候特点出发，接近山区的多雹灾区，减少作物种植面积。

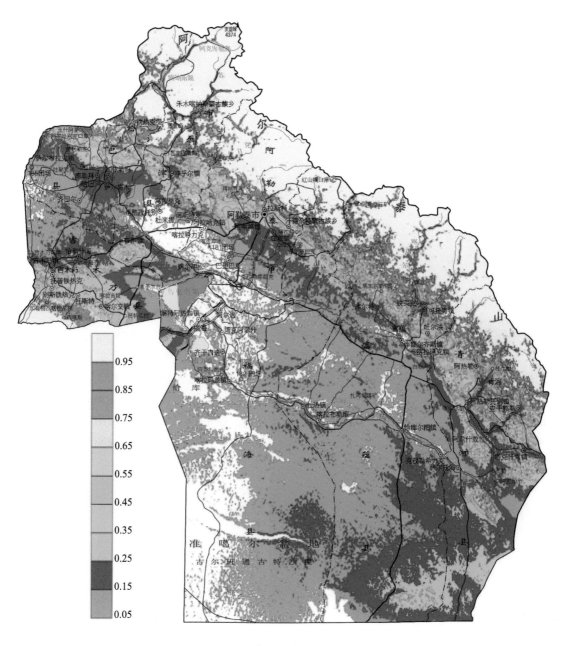

图 3.17　冰雹灾害风险性区划

3.8　阿勒泰地区气象灾害大事记

气候条件是自然环境的一部分，在长期的自然进化、适应过程中，形成一定形态的、稳定的生态环境。气候条件异常，往往导致生态环境的应急反应，轻者损伤，重者殒命。气候异常对生态环境的长期影响是十分复杂的，对人类社会、经济发展的影响也是全方位、多态性的。气候异常是对气候正常相对而言的，是指气候的变化偏离于多年的平均状况。气候异常的状态与生态、社会环境相互作用，导致气象灾害发生、发展。气象灾害是人类社会、生态环境与气候异常的被动性反映。

习近平总书记强调，人类对自然规律的认知没有止境，防灾减灾、抗灾救灾是人类生存发展的永恒课题。科学认识致灾规律，有效减轻灾害风险，实现人与自然和谐共处。中国将坚持以人民为中心的发展理念，坚持以防为主、防灾抗灾救灾相结合，全面提升综合防灾能力，为人民生命财产安全提供坚实保障。

记录、分类、分析气象灾害是灾害防御的基础性工作。其中重要的是对气象灾害历史档案资料的收集、整理、存档，这对于科学认识气象灾害规律，总结防灾、抗灾工作经验，提高防灾抗灾水平，减轻气象灾害影响，具有十分重要的意义。为此我们搜集有关资料，分类整理了 1984—2007 年的简版气象灾害大事，记录永志。

3.8.1　干旱

布尔津县，1989 年 3—4 月，干旱，1440 hm^2 春小麦不能出苗。

布尔津县，1990 年 4 月 5 日至 7 月 10 日，干旱，直接损失在 300 万元以上。

阿勒泰地区，1991 年，干旱，损失 875 万元。

吉木乃县，1991 年，干旱，损失 6.8 万元。

布尔津县，1991 年夏季，重干旱，1533.3 hm^2 作物受灾。

吉木乃县，1994 年，严重干旱，受灾 966.7 hm^2，233 333.3 hm^2 草场减产。

布尔津县，1994 年 5—6 月，气温增高，干热风，作物损失 300 万元，草场受害，损失 500 万元。

阿勒泰市，1995 年 6 月份以来，干旱、干热风，致灾农作物 434.7 hm^2，减产 196 万 kg。

吉木乃县，1995 年 4 月，旱灾，333.3 hm^2 小麦旱死。

阿勒泰市，1996 年夏季，干旱，农作物受灾 2666.7 hm^2，损失 1916 万元。

吉木乃县，1996 年 6—7 月，干旱少雨，农作物大面积减产，水泥厂因缺水停产。合计损失 280.3 万元。

哈巴河县，1996 年 6—7 月，干旱，2 乡 6 村作物受灾，损失 34 万元。

布尔津县，1996 年 6—7 月，干旱，窝依莫克 3 个村作物损失 107.5 万元；旱地损失 634 万元；水地损失 183 万元。合计损失 924.5 万元。

福海县，1996 年 6—7 月，干旱，1333.3 hm^2 作物受灾，损失 235 万元。

富蕴县，1996 年 6—7 月，干旱，2333.3 hm^2 作物受灾，损失 385.2 万元。

吉木乃县，1997 年，旱灾，造成口粮不足，全县缺粮 41 820 kg。

富蕴县，1997 年春夏季，旱灾，农作物受灾 2520 hm^2，损失 345 万元。

哈巴县库勒拜乡，2000 年 6 月 1 日至 7 月 9 日，农作物受灾 942 hm^2，损失 375 万元。

阿勒泰地区，2002 年 6 月 10 日至 7 月 31 日，干旱，阿勒泰市、布尔津县、哈巴河县、福海县农作物受灾 4678 hm^2，损失 1364 万元，

吉木乃县，2006 年夏，干旱，农作物受灾 3740 hm^2，损失 785 万元。

阿勒泰地区，2007 年 6 月，干旱严重，农作物受灾 18357.7 hm^2，损失 7003.31 万元。

福海县，2007 年 7 月，干旱，农作物灾 1687.5 hm^2，损失 227.709 万元。

阿勒泰市，2007 年 7 月，旱灾，农作物受灾 1571.2 hm^2。

富蕴县，2007 年 4—8 月，干旱，水库蓄水量减少 50%，仅次于 1974 年。农作物受灾 13 099 hm²，农业损失 3355.4 万元。

吉木乃县，2001 年 5 月底以来至 7 月中旬，干旱，干热风，降水量同期减少四分之三。干热风 50 天，6666.7 hm² 农田受旱，4000 hm² 农作物绝收。

3.8.2 寒潮、低温

阿勒泰市，1984 年 2 月 21—24 日，南部平原强寒潮。

阿勒泰市，1984 年 5 月 18—22 日，寒潮，雨雪后气温急剧下降，冻死牲畜 2 万余头（只）。

阿勒泰市，1984 年 4 月 23—24 日，强寒潮，6.3 万头牲畜死亡。

阿勒泰市，1984 年 12 月中—下旬，降雪、低温，冻死 7 人。

福海县，1984 年 4 月 24—25 日，强风、寒潮低温，死亡牲畜 6657 头，伤牲畜 4303 头。

布尔津县，1984 年 11 月 8—9 日、21—22 日，12 月 1—3 日，三次较强寒潮，防御措施得力，牲畜损失较小，2 人冻死：1 司机和 1 搭车人。

吉木乃县，1984 年 12 月 1 日，过程降温 26.6℃。

布尔津县，1985 年 1—4 月，寒潮 7 次入侵，死亡牲畜 18 万头。

吉木乃县，1985 年 4 月 17 日，降温 12.5℃，最低气温 –2.7℃。

吉木乃县，1985 年 10 月 12—13 日，降温 12.3℃，最低为 –8.8℃。气温低，建筑业无法正常施工。

布尔津县，1986 年 4 月 20—24 日，大风降温，最低气温 –5.3℃，死亡幼畜 3543 头（只），受冻害小麦 166.7 hm²。

福海县，1986 年 4 月 22—24 日，大风寒潮，死亡牲畜 1000 头，作物受灾面积：小麦 441.5 hm²，油菜 33.3 hm²，葵花 45.1 hm²，苜蓿 423.3 hm²。

布尔津县，1986 年 12 月 7 日，暴风雪降温，羊群吹散，1900 只受损，冻伤 4 人。

阿勒泰地区，1986 年 12 月 7—8 日，寒潮，死亡牲畜 3000 头（只）。

吉木乃县，1986 年 4 月 20 日，暴风雪，降温 18.4℃，最低气温 –9.4℃，损失牲畜 2480 只，小麦 666.67 hm² 无法出苗。

青河县，1987 年 11 月 16—24 日，寒潮，冻死牲畜 1500 头（只），冻伤 4.7 万头（只），致 560 匹马流产；冻死 3 人，冻伤 200 人，交通中断 7 天。

阿勒泰沿山一带，1987 年 11 月 22—23 日，大雪，过程降温 30℃，牧业生产损失较大。

吉木乃县，1987 年 11 月 22—26 日，暴风雪，最低 –35℃，转场中冻死羊 3100 只，冻伤 20000 只，冻伤 30 多人。

布尔津县，1987 年 11 月 23—25 日，降雪，大风，急降温，最低气温达 –35℃，畜群转场，冻死牲畜 2755 只，冻伤 9 人（其中，3 人重伤）。

福海县，1987 年 11 月 23—26 日，大风降温，损失牲畜 750 头；南戈壁 13 万牲畜受冻。

阿勒泰地区，1987 年 12 月底，寒潮，死亡牲畜 1 万头（只）。

青河县，1993 年 4 月 28 日，雪，降温，5 月 6—11 日又寒潮，冻死牲畜 1015 头（只）。

吉木乃县，1998 年 9 月 15—17 日，雨夹雪，大风，过程降温 12.2℃，造成 33.3 hm² 葵花不熟，40 hm² 玉米、133.3 hm² 菜地严重冻害。

吉木乃县，1999 年 12 月 31 日，强寒潮，雪，大风，县城积雪 30 cm，牧业生产损失大。

吉木乃县，2000 年 4 月 26—28 日，大风，降温 13.7℃，最低气温 –1.6℃，羊 5600 只冻伤，损失 28 万元；50 户牧民毡房损坏，损失 5 万元；400 hm² 麦田埂吹平，损失 2 万元；133.3 hm² 种子吹走，损失 20 万元；17 户农民房屋、院墙损坏，损失 3.4 万元。共损失 58.4 万元。

吉木乃县，2003 年 4 月 14—17 日，寒潮，大风，冻死牲畜 290 头，冻伤 1532 头，损毁暖圈 136 座、帐篷 106 座。

吉木乃县，2004 年 11 月 7 日，寒潮，大雪，大风。迷路走失牧民 5 名、羊 1200 只，9 日全部获救，无人畜伤亡。

阿勒泰地区，1987 年冬到翌年 2 月底，冬季低温，死亡牲畜 1 万余头。

青河县，1987 年 11 月 16—24 日，寒潮，冻死牲畜 1500 头（只），冻伤 4.7 万头（只），560 匹母马流产，冻伤 200 人，死 3 人，交通中断 7 天。

北屯农十师 183 团，1987 年 10 月 26 日，气温骤降，地里冬菜全部冻坏。

青河县，1993 年 3 月底至 4 月初，降雪，低温，沿山一带积雪 20～30 cm，最大厚度达 50～60 cm，最低气温 –20℃，产羔损失 5325 只。

青河县，1993 年 4 月 28 日，下雪，气温下降；5 月 6—11 日又寒潮，冻死牲畜 1015 头（只）。

富蕴县，1997 年，冻害，农作物受灾 1133.3 hm²，损失 211 万元。

青河县，2006 年 4 月 4—9 日，冻害，冻死牲畜 600 余头（只），受损牲畜棚圈 100 座，损失 100 万元。

吉木乃县，1986 年 12 月 7 日，大风，雪，寒潮，冻死 1 村民、1 工人。

哈巴河县，1993 年 2 月 3—6 日，大风，低温，损失羊 200 只。

3.8.3　雪灾（白灾、黑灾、暴风雪）

阿勒泰市，1984 年冬季，大雪，死亡牲畜 9.44 万头（只）。

吉木乃县，1984 年冬季，雪灾，畜牧业损失严重。

布尔津县，1984 年 11 月，大雪，降温，平原积雪 15～20 cm，河谷 40～60 cm，山区 130～150 cm，雪阻交通中断 6 天，冻死 2 人、伤 6 人。

阿勒泰地区，1986 年春季，暴风雪，死亡牲畜 3000 头。

吉木乃县，1986 年 4 月 6—8 日，暴风雪，死亡牲畜 2680 只，交通中断 3 天。

布尔津县，1986 年 4 月 6—8 日、20—24 日，大风、降温，死亡牲畜 4000 头（只），受灾小麦 666.7 hm²。

阿勒泰地区，1986 年 12 月 7—8 日，寒潮，死亡牲畜 3000 多头。

布尔津县，1986 年 12 月 7 日，中到大雪，大风，受冻牲畜 500 头，冻伤 7 人。

福海县，1986年12月7日，寒潮大雪，大致损失牲畜500头。

青河县，1987年冬季，雪灾。

布尔津县，1991年12月上中旬，阴雪，大风，交通中断，损失10万元。

青河县夏牧场，1992年7月4—10日，雷电，大风，雪，降温，牲畜死亡24863头（只），冻伤6万多头（只）。冻死1人，冻伤582人，严重冻伤96人，重伤1人，淤塞渠道6 km等，共计损失787万元。

布尔津禾木喀纳斯乡，1992年12月1—6日，大雪，雪深2～3 m，9600头牲畜受灾，缺粮和草料。

哈巴河县，1996年10月23日至11月5日，特大风雪灾，倒塌房屋、棚圈，冻死2人，牲畜3800头，损失681.5万元。

富蕴县，1996年10月下旬至11月上旬，雪灾，倒塌棚圈等，损失171.4万元。

吉木乃县，1996年10月27—29日，雨加雪迅速融化，倒塌住房32户，转场中，冻死、冻伤、母畜流产，损失300万元。

布尔津县，1996年10月27—29日，雨加雪迅速融化，受灾住房427间，倒塌棚圈21座，麦场腐烂等，损失138.07万元。

阿勒泰地区，1996年12月27日至1997年1月3日，大暴风雪，死亡牲畜4400头（只），雪压塌畜圈532个、住房1806间。冻死10人，冻伤9人，失踪30人。

福海县交尔特河大牛站附近，1997年1月3日，暴风雪，冻死2人，冻伤3人。死亡115头牲畜，丢失38头。

阿勒泰市，1996年12月27日至1997年1月，大雪，前山积雪80～100 cm，交通中断，冻伤2.6万头（只），大雪压塌畜圈42个、民房93间，损失1088.47万元。

吉木乃县，1996年12月至1997年1月，大雪，畜圈倒塌251间，死亡牲畜1540头（只）。

哈巴河县，1996年12月27日至1997年1月，大雪，雪灾，冻伤5人、牲畜2092头（只），倒塌房屋187间、棚圈156个，损失900万元。

福海县，1996年12月至1997年1月，大雪，牲畜死亡187头（只），冻伤270头（只），倒塌民房49间、棚圈29座，损失252万元。

富蕴县，1996年12月下旬至1997年1月，大雪，牲畜死亡650头（只），压塌棚圈84个、民房152间，被困牧民1.8万人、淘金者150人，损失348万元。

富蕴县沿山一带，1997年8月12日，大雪，受灾小麦666.7 hm²，损失365万元。

吉木乃县，1998年5月19—20日，雨转雪，大风，受灾玉米、地膜等直接损失40.54万元，间接损失127.2万元。

阿勒泰市夏牧场，1999年9月6—10日，雪灾，死亡骆驼75峰、马110匹、牛200头、羊3608只，损失172.74万元。

阿勒泰市，1999年12月31日至2000年1月5日，雪灾，死亡马75匹、牛217头、羊4680只、骆驼17峰，损失40万元。

阿勒泰地区，2000年1月1日，风雪灾害，受灾马、牛、羊，损失15万余元；倒塌塑料暖棚35座等，损失25万元。合计损失40万元。

阿勒泰市，2000年12月至2001年1月，风雪灾害，死亡牲畜2170头（只），冻伤30人（其中重度冻伤4人），倒塌住房4户、畜圈95座。

吉木乃县，2001 年 1 月 3—8 日，强寒潮暴风雪，损失 100 万元。

阿勒泰地区，2004 年 11 月至 2005 年 2 月，雪灾，低温，因灾伤病 38 人，倒塌房屋 212 间，死亡牲畜 854 头（只），损失 731 万元。

青河县，2006 年 1 月 1—2 日，强降雪，死亡牲畜 91 头，损失 10 万元。

阿勒泰市、富蕴县、青河县，2005 年 12 月 29 日至 2006 年 1 月 1 日，雪灾，伤病 5672 人，被困大小牲畜 61230 头（只）。

阿勒泰地区，2006 年 1 月 27 日至 1 月 28 日，雪灾，伤病 5672 人，倒塌民房 4691 间，损失 5237 万元。

阿勒泰地区，2006 年 1 月 1 日至 3 月 31 日，雪灾，64.4 万头瘦弱牲畜濒临死亡，损失 15237 万元。

富蕴，2006 年 4 月 8—11 日，雪灾，倒塌房屋 114 间，损坏房屋 9077 间，死亡羊 161 只，损失 162 万元。

阿勒泰地区，2006 年 4 月 7—10 日，雪灾，倒塌房屋 683 间，死亡牲畜 1223 头（只），损失 1278 万元。

3.8.4 霜冻

吉木乃县，1994 年 9 月 7 日，风雪，覆盖了托斯特乡、别斯铁热克乡的大片小麦和草场。沿山一带大面积霜冻，未成熟小麦损失惨重，使旱情严重减产的农业又雪上加霜。

哈巴河县，1995 年 4 月 17—18 日，大风，19 日霜冻，受灾农作物 1574 hm^2，减产 54.8%。

青河县沙尔托海村，1995 年 5 月 22—31 日，霜冻，玉米受灾 53.3 hm^2，损失 18.46 万元。

吉木乃县，1996 年 5 月 13 日，大风、雨中雪，并霜冻，118 hm^2 幼苗冻死，损失 32 万元。冻死牲畜 2689 头（只），损失 79.5 万元。共计 111.5 万元。

布尔津县，1996 年 5 月 13 日，大风，霜冻，玉米受灾 233.3 hm^2，重播玉米 40 hm^2，大豆受灾 86.7 hm^2。共计损失 41.8 万元。

哈巴河县，1997 年 5 月 6 日，霜冻，农作物受灾 746.3 hm^2，重播 200 hm^2。

吉木乃县，2000 年 4 月 26 日，大风，霜冻，冻伤羊 5600 只。400 hm^2 小麦田埂被吹平，吹走已播 133.3 hm^2 麦种，农业损失 25.4 万元。

3.8.5 暖季低温冷害

阿勒泰市，1993 年 8 月 28 日，低温冷害，切木尔切克乡和萨尔胡松乡在库尔特的两个村，因气温偏低开春晚，种植小麦 141.4 hm^2、豆类 80 hm^2 绝收，损失 387470 元。

阿勒泰市拉斯特、盐池等乡，1998 年 5 月 19—22 日，低温冷害，绝收 124 hm^2，损失 150 万元，其中，农业损失 134 万元。

吉木乃县，1998 年 5 月 19—22 日，低温冷害，农作物 356 hm^2 成灾 290 hm^2，绝收 190 hm^2，损失 175 万元，其中，农业损失 150 万元。

阿勒泰市拉斯特乡，2003 年 4 月 13 日以来，低温冷害，影响牲畜育幼和春播，15—

18 日，大棚、温室 20.7 hm² 受灾，损失 56 万元。

阿勒泰市沿山一带，2005 年 5 月 28—30 日，雨、雪，积雪 20 cm，损坏房屋 29 间，死亡大牲畜 31 头，损失 57 万元。

3.8.6 冰雹

福海县，1984 年 7 月 22 日，冰雹，大雨，县城附近的东风乡九队和灯塔乡四队、七队一线，小麦受灾 57.3 hm²，油料 2.3 hm²，蔬菜 2 hm²，九户民房倒塌。

福海县喀拉玛盖乡十一队，1984 年 7 月 26 日，冰雹，大雨，受灾 93.3 hm² 小麦、5.3 hm² 油葵、4.7 hm² 蔬菜。

吉木乃县，1985 年 8 月 8 日，冰雹，受灾 402 hm²，损失粮食 128 500 kg。

农十师 186 团，1985 年 8 月 8 日，冰雹，受灾小麦 173.3 hm²，损失粮食 127 400 kg，油菜 160 hm²，绝收。

福海县喀拉玛盖乡，1987 年 5 月 19 日，雹灾，砸死 1 只羊，房屋玻璃均砸坏。

北屯附近农十师团场，1989 年 7 月 4 日，冰雹，187 团、188 团，小麦倒伏，千粒重下降 5～8 g。

福海县，1989 年 7 月 4 日，降雹，受灾农田 8000 hm²，倒塌房屋 271 间，损失 310 万元。

福海县，1990 年 4 月 19—29 日，三次冰雹，园林受灾 227.3 hm²，农作物受灾 183.3 hm²，损失共计 51 万元。

布尔津县，1990 年 7 月 24 日、8 月 21 日，大雨、冰雹，积雹 3～5 cm 厚，形成洪水。

吉木乃县别斯铁列克乡以南至冬牧场，1990 年 7 月 24 日，冰雹、暴雨，受灾区域长 25 km，宽 10 km，损失 34.5 万元。

农十师 185 团，1992 年 7 月 20 日，冰雹，受灾农作物 360 hm²，其中 10 hm² 绝收。

阿勒泰市切木切克乡和萨尔胡松乡在库尔特沿山一带的两村，1992 年 8 月 6 日至 9 月 12 日，暴雨、冰雹，129.2 hm² 豌豆绝收，130.8 hm² 小麦减产 196 200 kg，28 户危房。

农十师 182 团 3 连，1992 年 8 月 8 日，冰雹，53.3 hm² 果园损失 66 万元。

吉木乃县，1992 年 8 月 25 日，冰雹，托普铁热克乡、托斯特乡，666.7 hm² 小麦绝收，损失合计 110 万元。

布尔津县，1993 年 7 月 4 日，冰雹，窝依莫克乡、也格孜托别乡、冲乎尔乡农作物受灾。

哈巴河县萨尔布拉克乡、库勒拜乡，2002 年 6 月 3 日，冰雹，损坏房屋 25 间，棚圈 47 座。

福海县，1993 年 7 月 4 日，冰雹，小麦受灾 100 hm²，甜菜损失 13.3 hm²。

青河县查干郭勒乡，1993 年 8 月 16 日，暴雨，冰雹，作物受灾 156.7 hm²，其中绝收 97.3 hm²，减产 563 400 kg。

阿勒泰市，1994 年 7 月 3 日，暴雨、冰雹、山洪，市区住房倒塌 150 间，冲毁桥 3 座、高压线路 2.4 km，停电 24 h，停水 12 h；农牧区民房倒塌 170 间，桥涵 25 座，公路 2.5 km，1000 hm² 绝收等。死亡大牲畜 26 头，死亡 4 人。总计损失 3826 万元。

吉木乃县哈尔交乡，1994 年 7 月 7 日，冰雹，受灾小麦 66.7 hm²，其中 38 hm² 小麦绝收。

布尔津县，1994 年 7 月 7 日午后，冰雹，农作物受灾 174.1 hm²，损失 11.22 万元；牧业损失牲畜 26 头（只）、棚圈房屋受损，损失 6.4 万元。

吉木乃县托普铁列克乡，1994 年 7 月 13 日，冰雹，33.3 hm² 小麦绝收。

阿勒泰市郊区办事处，1994 年 8 月 12 日，冰雹，受灾作物 26.7 hm²，损失 37.5 万元。

阿勒泰市，1994 年 8 月 28 日，大雨、冰雹，汗德尕特乡，小麦绝收 26.7 hm²，损失 23.3 万元；郊区办事处，10 hm² 蔬菜、6.7 hm² 小麦，损失 17 万元；市区倒塌民房 9 间，损失 6.45 万元。合计损失 46.75 万元。

哈巴河县铁热克提乡（现属喀纳斯景区），1995 年 8 月 13 日，冰雹，阿克布拉克村受灾作物绝收 7.9 hm²，共计损失 1.8 万元。

哈巴河县，1996 年 5 月 13 日，冰雹、雪，霜冻，受灾地膜玉米 57.3 hm²，损失 17 万元。

布尔津县冲乎尔乡，1996 年 6 月 24 日 16 时，大风，冰雹，布拉乃村受灾。

布尔津县窝依莫克乡地拉曼村，1996 年 6 月 25 日，大风，冰雹，76.1 hm² 小麦、6.7 hm² 草场受灾，损失 1.72 万元。

哈巴河县库勒拜乡，1996 年 6 月 25 日 14 时，冰雹、洪水，喀拉布拉克、姜居勒克村成灾 183.3 hm²，30 户房顶损坏，打死羊 1 只；齐巴尔乡牧一队，1 家毡房及财产冲走。合计损失 101.5 万元。

哈巴河县萨尔布拉克乡，1996 年 7 月 11 日中午，暴雨，冰雹，加郎阿什村，15.3 hm² 地膜玉米受灾，损失 5 万元。

阿勒泰市红墩乡，1996 年 8 月 6 日，暴雨，冰雹，小麦绝收 18.7 hm²，玉米、油料减产 30%。

福海县，1998 年 6 月 11—12 日，冰雹天气，农作物受灾 1040 hm²。

布尔津县冲乎尔乡，1998 年 6 月 20—24 日，冰雹，也格孜托别村，作物损失共计 66.3 万元。

福海县齐干吉迭乡，1999 年 6 月 10 日，冰雹，农作物受灾 187 hm²，损失 26 万元。

青河县查干郭勒乡、阿尕什敖包乡，1999 年 7 月 26—27 日，冰雹，农作物受灾 200 hm²，损坏房屋 13 间，死亡小畜 56 只，损失 80 万元。

吉木乃县托斯特乡，2000 年 7 月 2 日，冰雹，并有降暴雨，洪水，损失 45 万元。

吉木乃县托斯特乡及别斯铁列克乡沿山一带，2001 年 7 月 2 日，暴雨，冰雹。托斯特乡倒塌住房 25 间、围墙 562 m，冲走财物计 1.9 万元，共计 75.2 万元；别斯铁列克乡，受灾绝收 166.7 hm²，直接损失 130 万元。

阿勒泰地区，2001 年 7 月 3—5 日，大雨，冰雹，山洪，受灾绝收 2775 hm²。冲毁渠道数十千米、411.3 hm² 草场。

富蕴县杜热乡，2001 年 7 月 3—5 日，倒塌房屋 23 间，损失 3199 万元，其中，农业损失 2952 万元。

布尔津县，2002 年 6 月 26—27 日，冰雹，雷电，雷击死亡 2 人，伤病 1 人。农作物受灾 1000 hm²，绝收获 250 hm²，农业损失 9 万元；倒塌房屋 8 间，直接经损失 15 万元。

吉木乃县，2003 年 7 月 25 日，暴雨，冰雹，2 人受伤，受灾农作物 400 hm²，53 头

（只）成畜死亡。

吉木乃县，2004 年 7 月 1 日，冰雹和大风，损失 1139.54 万元。

吉木乃 186 团，2004 年 7 月 1 日，冰雹和大风，损失 1019.97 万元。

福海县，2004 年 7 月 9 日，冰雹，阔克阿尕什乡、解特阿热勒乡、一农场及地方渔场，农作物受灾 1981.3 hm²，绝收 477.2 hm²，损失 700.84 万元。

阿勒泰市拉斯特乡，2005 年 6 月 27 日，冰雹，40 hm² 农田受损，损失 34.5 万元。

福海县喀拉玛盖乡，2006 年 7 月 17 日，冰雹，农作物受灾 1049.9 hm²，绝收面积 774.7 hm²，损失 648 万元。

哈巴河县，2007 年 5 月 24 日，雷暴，冰雹，大风，231 间房屋的油毡被强风刮坏，损失 23.1 万元。

3.8.7 大风、沙尘暴

吉木乃县城区和托普铁热克乡，1984 年 8 月 13 日，大风，572 hm² 小麦严重掉粒，损失 25 万 kg。

哈巴河县，1985 年 3 月 22 日，大风降温，转场牲畜损失 95%。

布尔津县，1985 年 5 月 2—3 日、13—14 日，大风，533.3 hm² 小麦受损，其中，200 hm² 严重受损。

布尔津县，1986 年 4 月 20 日，大风，沙埋渠道 10 km，损失 1.4 万元，损害小麦幼苗，刮出种子 1266.7 hm²。

布尔津县，1986 年 7 月 7—24 日，5 次大风，833.3 hm² 早熟小麦脱粒，损失粮食 20 万 kg。

布尔津县，1989 年 3—4 月，大风，受灾农田 1066.7 hm²，其中 736.7 hm² 小麦籽种刮出地面，有 66.7 hm² 种子被风沙深埋或刮跑。

福海县，1989 年 7 月 28 日，大风，1000 hm² 农田受灾。

福海县，1989 年 8 月 29 日，大风，受灾作物 1000 hm²，其中，小麦 524.3 hm² 倒伏脱粒，庭院经济和少量建筑物被损坏。

福海县，1990 年 4 月 4—5 日，大风，刮散 10 多群羊和部分牛群，后很快找回。

布尔津县，1990 年 4 月 9 日，大风，66.7 hm² 农田表土吹起，种子暴露、沙土掩埋，影响出苗。10 万只羊羔受凉，部分引起痢疾。

布尔津县，1990 年 6 月 4 日，大风，损失 56 万多元。

布尔津县阔斯特克乡，1990 年 5 月 16 日，沙暴，强风，100 hm² 大豆受损，20 hm² 农作物枯死，损失 6 万元。

农十师 185 团，1990 年 5 月 14—16 日，大风，风沙打死油葵 67 hm²，又重播。

吉木乃县，1990 年 6 月 4—5 日，大风，大部分农田都有轻害，40 hm² 油葵被吹倒和沙埋重播。

农十师 183 团，1990 年 7 月 25 日，大风，1000 hm² 农作物受害，其中 200 hm² 小麦、266 hm² 油葵倒伏。

福海县，1992 年 6 月 5—8 日，3 天大风，农作物受灾 567.3 hm²，绝收 253.3 hm²，损失 31.68 万元。

布尔津县，1993 年 5 月 4—5 日，扬沙，大风，2666.7 hm² 小麦、666.7 hm² 豆类、166.7 hm² 油葵，叶片掉落、焦卷，损失 20 万元以上。

农十师 182 团，1993 年 5 月 8 日，大风，98 hm² 油菜、甜菜苗死亡，损失 16 万元。

吉木乃县，1995 年 4 月 4—5 日，风灾，180 hm² 小麦受灾。

布尔津县，1995 年 4 月 18—19 日，沙暴，强风，杜来提乡、阔斯特克乡、窝依莫克乡、也格孜托别乡，受害农作物 2189.1 hm²，损失 296.98 万元。

福海县，1995 年 4 月 19—20 日，大风，农作物受灾 600 hm²，损失 88.65 万元。

阿勒泰市，1995 年 5 月 18—19 日，大风，农作物 2189.1 hm² 受灾，合计损失 296.2 万元。

阿勒泰市，1996 年 4 月 22 日，大风，郊区办事处蔬菜棚受灾 20.1 hm²，损失 167.5 万元。

青河县，1996 年 4 月 22 日，大风，阿热勒乡、阿热勒托别乡、萨尔托海乡 33 户牧民毡房损坏，死亡母畜 8 只，冻死仔畜 231 个，损失 1.8 万元。

福海县，1996 年 4 月 22 日，大风，农作物成灾 697.3 hm²，损失 86.68 万元；倒塌房屋 1 栋，损失 5 万元；吹倒电线杆 10 根、高压输电线杆 2 根，一场九村停电 1 天。

富蕴县，1996 年 4 月 22 日，大风，270 顶毡房损坏，损失 30 万元；损坏地面接收器 1 部，价值 5 万元，损坏其他电讯设备 47 部；城郊大棚、蔬菜苗、树木损失 80 万元。

福海县，1996 年 5 月 13—14 日，大风，受灾小麦 308.2 hm²、地膜玉米 73.7 hm²、甜菜 696.7 hm²。

福海县，1996 年 7 月 15 日，大风，受灾农作物 346.7 hm²，损失 190 万元；5 hm² 甜菜种子田绝收，损失 4 万余元。

布尔津县，1996 年 8 月 29—30 日，大风，871.33 hm² 玉米普遍受灾，严重受灾 259 hm²。

阿勒泰市阿拉哈克乡，1996 年 5 月 13 日，大风，地膜玉米受灾 80 hm²，小麦受灾 66.7 hm²，损失 40 万元。

阿勒泰市，1996 年 8 月 29 日，风灾，玉米受灾 223.3 hm²，减产 271 万 kg，合计损失 287.26 万元。

福海县，1996 年 8 月 29 日，风灾，玉米受灾 798 hm²，绝收 333.6 hm²，合计损失 380 万元。

富蕴县，1996 年 8 月 29 日，风灾，玉米受灾 300 hm²，成灾 233.3 hm²，绝收 140 hm²，损失 148 万元。

福海县，1996 年 12 月 22—30 日，大风，暖棚损失 228 个，损失 5.7 万元。

哈巴河县，1997 年 5 月 6 日，大风，农作物受灾 334.5 hm²，损失 144.8 万元。

福海县，1997 年 5 月 6—12 日，大风，农作物受灾 1517.5 hm²，损失 58.97 万元。

福海县解特阿热勒乡，1997 年 4 月 5 日，大风，9.7 hm² 小麦、5.1 hm² 甜菜受灾，个别地方断电 2～3 天，损失 6000 元。

福海县，1997 年 5 月 8—9 日，大风，受灾作物 1477.5 hm²，成灾面积共 1190.1 hm²，其中小麦 555.133 hm²、甜菜 30 hm²、玉米 185.5 hm²。

福海县，1997 年 6 月 2—5 日，大风，4333.3 hm² 农作物严重受灾，绝收面积 766.7 hm²，其中，有沙尔布拉克旱田小麦 533.3 hm²。

福海县，1998 年 4 月 13 日，大风，受灾直播小麦 333.3 hm²、地膜小麦 14 hm²、甜菜 306.7 hm²、大棚 76 个。

福海县，1998 年 4 月 18—19 日，大风，受灾直播小麦 549.7 hm²、地膜小麦 22.5 hm²、甜菜 456.9 hm²、地膜甜菜 71.2 hm²、地膜大棚 96 个、油料 50 hm²，损失共 43333.3 hm²。

福海县，1999 年 5 月 18 日，大风，46.7 hm² 苜蓿受损。

福海县，1999 年 6 月 16 日，大风，30 hm² 甜菜受灾，直接损失 7.2 万元，间接损失 36 万元。

福海县，1999 年 8 月 7—8 日，大风，1020.6 hm² 受灾，损失 180 万元。

哈巴河县，1997 年 6 月 2—5 日，大风，农作物受灾 1036.7 hm²，绝收 343.3 hm²，损失 373.7 万元。

阿勒泰市阿拉哈克、巴里巴盖、哈拉希力克等乡，1997 年 5 月 7—8 日，大风，受灾地膜玉米 296 hm²、小麦 220 hm²、大豆 153.3 hm²，损失 547.45 万元。

福海县，1998 年 4 月 12 日，大风，2120 hm² 农作物籽粒刮出地面，纸筒甜菜大棚损毁 76 个，损失 54 万元。

福海县，1998 年 4 月 18 日，大风，3577.1 hm² 农作物受灾，损失 365 万元。

吉木乃县 1998 年 4 月 18 日，大风，666.7 hm² 小麦种子吹走，基础设施建设和毡房、住房、电力设施损失严重。

阿勒泰市，1998 年 4 月 16—18 日，大风，受灾农作物 148 hm²，受损房屋 874 间，损失 277.57 万元；死亡牲畜 2031 头，损失 523.8 万元；住房油毡毁坏 86 间，损失 17.2 万元。共计 758.57 万元。

哈巴河县，1998 年 4 月 18 日，大风，370.6 hm² 小麦种子刮走，333.3 hm² 蔬菜被毁；120 个毡房损坏，死亡大畜 337 头（只），220 m² 屋顶油毡刮跑，6 根电线杆被刮断。

布尔津县，1998 年 4 月 18 日，大风，倒塌住房、棚圈、围墙，刮断电线，损坏毡房，死亡大畜 1170 头，小畜 2414 只，死亡羊羔 3978 只；小麦绝收 66.7 hm²。共计损失 803.01 万元。

青河县，1998 年 4 月 18 日，大风，毡房、暖棚吹毁，损失 404.75 万元；校宿舍损失 20 万元；菜地、大棚损失 50 万元；刮断电线损失 20 万元；通信设施损失 13 万元；农家肥吹走、渠道沙土填满，损失 50 万元；一座吊桥损坏，80 t 饲草风卷走，损失 22.4 万元。共计损失 580.15 万元。

富蕴县，1998 年 4 月 18 日，大风，小雨，冰雹，屋顶油毡刮走，通信、电线线路破坏，损失 800 万元。

福海县解特阿热勒乡，1998 年 6 月 11—12 日，大风，农作物绝收 6800 hm²，损坏房屋 21 间，损失 187 万元。

阿勒泰市切木尔克齐乡，1998 年 7 月 14—15 日，大风，死亡 1 人，伤病 5 人，农作物绝收 433 hm²，损失 285 万元，其中农业 257 万元。

布尔津县，1998 年 8 月 9—10 日，大风，杜来来提等 4 乡，农作物受灾 2633 hm²，损失 100 万元。

吉木乃县恰勒什海乡，1999 年 5 月 19 日，大风，禾木尔扎村 120 hm² 农田损害，其中 26.7 hm² 油葵绝收。

青河县阿热勒托别乡，1999 年 8 月 5—6 日，大风，死亡 1 人，伤病 1 人，农作物受灾绝收 20 hm²，损坏房屋 38 间，损失 71 万元。

青河县，1999 年 8 月 7—8 日，大风，阿热勒托别等乡，农作物受灾 140 hm²，绝收 56 hm²，倒塌房屋 8 间，萨尔托海牧业一大队 5 座毡房损坏，23.3 hm² 草场被严重破坏，损失 72 万元。

福海县，1999 年 8 月 7 日，大风，农作物受灾绝收 11 905 hm²，损坏房屋 60 间，损失 2300 万元，其中农业损失 1800 元。

布尔津县，2000 年 4 月 26 日，大风降温，农作物受灾 2820 hm²，305 m 渠道被风沙填塞，死亡大小牲畜 2438 头（只），损坏暖棚 190 座、毡房 25 个，刮断电线 1200 m，共计损失 225.41 万元。

吉木乃县，2000 年 4 月 26—28 日，大风降温，霜冻，羊 5600 只冻伤，损失 28 万元；50 个毡房损坏，133.3 hm² 种子吹走，17 户院墙吹倒，损失 58.4 万元。

阿勒泰市，2000 年 4 月 27 日，大风，损失帐篷 167 个，毁坏住房 1863 间、暖圈 117 座，死亡小畜 561 头（只），大畜 92 头，农作物受灾绝收面积 494 hm²，损失 117.5 万元，其中农业损失 69.7 万元。

富蕴县，2000 年月 4 月 27 日，大风，损坏毡房 137 顶，3.3 hm² 大棚及蔬菜，刮坏地膜玉米 133.3 hm²、暖圈 3200 个，损失 106.18 万元。

青河县，2000 年 5 月 4—5 日，大风，倒塌房屋 226 间，大风引发火灾，烧毁暖圈 3 间，倒墙致死羊 20 只，暖圈、毡房受损，损失 32 万元。

富蕴县，2000 年 5 月 5—6 日，大风，农作物受灾 48 hm²，冻伤羊羔 86 只，倒塌房屋 124 间，损坏屋顶油毡 20 间，损失 139 万元，其中农业损失 14 万元。

阿勒泰市，2000 年 5 月 6 日，大风，小麦、玉米受灾 123.3 hm²，油葵 231.3 hm²，地膜、大棚、帐篷、住房受损等，死亡大畜 18 头，小畜 470 只，损失 165.5 万元，其中农业损失 46.5 万元。

阿勒泰市，2000 年 5 月 28—29 日，大雨，大风，农作物受灾 438 hm²，死亡小畜 18 头（只），损坏房屋 281 间，损失 246 万元，其中农业损失 46 万元。

阿勒泰市，2001 年 4 月 7—8 日，大风，道路积雪堵塞，阿拉哈克乡和汗德尕特乡 77 km；红墩乡 2 座蔬菜大棚受损，97 只牲畜冻死。

吉木乃县，2001 年 4 月 7—8 日，大风，对交通影响很大，损失较大。

青河县，2002 年 2 月 28 日至 3 月 1 日，大风，3182 座暖圈损失 25.46 万元；塑料蔬菜大棚 56 座，损失 28 万元；3 间油毡损失 5000 元。共计损失 54 万元。

福海县，2002 年 4 月 26—28 日，大风，农作物受灾绝收 857.2 hm²，大棚 29 座、毡房 150 座受损，死亡牲畜 17 头（只），损失 291.69 万元。

吉木乃县，2002 年 3 月 18—19 日，大风降温，损坏房屋 32 间，损失 54 万元；轻微冻伤 16 人，210 间油毡刮掉，倒院墙 180 m、电线杆 9 根。

福海县，2003 年 4 月 30 日，大风，地方渔场地膜玉米刮掉 1.3 hm²，损失 2000 元；阔克阿尕什乡，油葵 26.7 hm²，损失 28000 元，小麦 10 hm²，损失 16000 元；齐干吉迭乡，油葵 13.3 hm²，损失 3000 元；阿尔达乡，油葵、小麦、甜菜 40 hm²，损失 30000 元。共计损失 7.9 万元。

吉木乃县，2003 年 5 月 11—12 日，西北大风，1133.3 hm² 农田受灾，幼苗叶片被吹干，甚至整株死亡，地膜大部分被掀起，油葵 133.3 hm² 重播，损失 50 万元以上。

福海县，2005 年 7 月 4 日，暴雨，冰雹，哈拉玛盖乡阿和开勒什村，33.3 hm² 农作物损害，182 m² 的房屋被雨水浸泡，147 m 院墙倒塌，309 m² 的牛羊圈被淹，直接损失 10 万元。

福海县，2006 年 5 月 28—31 日，大风，受灾 6345 hm²，绝收 292 hm²，损失 119 万元。

哈巴河县齐巴尔乡，2006 年 5—7 月，风灾，哈拉塔勒村损失 20.5 万元。

福海县，2006 年 5 月 27 日，大风，农作物受灾 306.9 hm²，农作物绝收 190.8 hm²，损失 51.8 万元。

青河县，2006 年 6 月 1 日，大风，农作物受灾 20 hm²，绝收面积 5 hm²，毁坏耕地 3 hm²，倒塌房屋 10 间，损失 32 万元，其中农业损失 12 万元。

福海县，2006 年 7 月 17 日，大风，农作物受灾 1050 hm²，绝收 775 hm²，损失 649 万元，其中农业损失 417 万元。

哈巴河县齐巴尔乡，2006 年 8 月 2 日，风灾，农作物受灾 66 hm²，绝收 66 hm²，倒塌房屋 16 间，损失 20.5 万元。

哈巴河县，2007 年 5 月 28 日，强对流，大风，冰雹，大雨，倒塌房屋 1 户，损坏房屋 85 户，农作物及草场受灾 2824.3 hm²，死亡羊羔 20 只，损失 664.4 万元。

福海县喀拉玛盖乡，2007 年 5 月 6 日，沙尘暴，示范田区，26.7 hm² 辣椒、4 hm² 籽瓜受损，直接经济损失 15 万元。

青河县，2007 年 4 月 1 日，大风，畜牧业、交通、电力灾情严重，损失 23.5 万元。

3.8.8 洪灾（暴雨洪水、融雪洪水）

布尔津县，1984 年 5 月下旬至 6 月上旬，融雪洪水，冲毁耕地 3.6 hm²，房屋 238 间，冲走牲畜围栏 140 个，木料 30 m³，淹没农田 266.7 hm²、草场 290 hm²，损失数百万元。

阿勒泰市城区沿河一带，1984 年 6 月 1—3 日，阿尔泰山暴雨，克兰河出现最大洪峰，不少建筑物和民房被毁坏，260 hm² 的农田被淹，50 km 的渠道遭破坏。

阿尔泰山山区库尔木图河，1984 年 6 月，山洪，冲毁 706 矿区的部分房屋和设备。

福海县，1984 年 7 月 9—10 日，大雨，县城一民房倒塌，压死一小孩，1 人受伤，部分库房商品淋湿，损失 6.7 万元。种羊场 104.7 hm² 小麦受灾。

吉木乃县，1986 年 4 月 6—8 日，大降水，大风，降水量 16.5 mm，死亡牲畜 2680 头（只），交通阻塞 3 天。

富蕴县，1986 年 6 月 27—30 日，洪水，淹没农田 1533.3 hm²，冲坏渠道 9.2 km、涵洞 26 座，倒塌房屋 2500 间，冲走粮食 1 万 kg。

富蕴县，1986 年 7 月 11 日，洪水，1000 hm² 小麦受灾，损失房屋 230 间、围墙 660 m、圈棚 70 个、水渠 9268 m、水闸 26 个、粮食 1 万 kg，水泥厂停工。

青河县，1987 年 6 月 3 日，洪水，冲毁房屋 988 间、草场 1200 hm²、麦田 652 hm²、龙口 15 个、吊桥 1 座，冲走牲畜 140 头（只）。

农十师 185 团场，1988 年 4 月 23 日，边界的阿拉克别克河、别列孜则克河大洪水，冲毁了渠道、住房、水库和国防公路。

农十师 181 团，1988 年 7 月中旬，暴雨，17 日下午克木齐河上游山洪，两岸防洪堤多处决口，冲毁北干渠堤 7 处，桥涵 4 座，损失 6 万元。

布尔津县，1988 年夏，布尔津河、额尔齐斯河，两河交汇叠加洪水，冲毁住房 451 间、棚圈 342 处、麦田 2 hm²。冲断国防公路，交通中断 10 天，造成损失 143.73 万元。

布尔津县，1989 年 6 月 17 日，大雨，大风，沿山一带及冲乎尔等地雨势更猛，山洪，冲毁 3 户房屋，冲走牲畜 136 头（只），冲乎尔乡水渠被冲垮。淹没农田 26.7 hm²，损失 8 万余元。

阿勒泰市，1989 年 7 月 17 日，洪水，冲毁房屋 141 间，工地淤塞，造成重大损失。

阿勒泰市二牧场，1990 年 3 月 18 日，大雨，融雪洪水，致春、秋牧场 204 个接羔圈无法接羔。冲垮龙口渠道 9 个口子、2 座桥梁，冲毁 1.33 hm² 土地，2.7 hm² 草场被沙土覆盖，损失 6 万元。

布尔津河上游山区，1990 年 7 月 4 日，暴雨，山洪，布尔津河下游阔斯特克乡渠水决口，淹没农田 127.1 hm²，损失 10 万元。

阿勒泰市郊区，1990 年 7 月 4 日，暴雨，山洪，东山沟大片房屋倒塌，仓库进水，3 人遇难。

富蕴县，1990 年 7 月 8—11 日，降雨，洪水，农作物受灾，损失 6.35 万元。

富蕴县吐尔洪乡卡库尔图村，1990 年 7 月 24 日，暴雨，洪水，淹没作物 62.5 hm²，淹没苜蓿 26.4 hm²，损坏房屋 10 间、畜圈 6 个、部分防洪坝，损失 5.5 万元。

阿勒泰市阿苇滩乡克孜勒永克村，1991 年 4 月 1 日，融雪洪水，26 户遭水灾，24 间民房倒塌，2 km 水渠被堵塞，冲坏房屋 76 间、圈棚 72 个，损失 26.17 万元。

阿勒泰地区，1991 年 5 月中旬，春洪，作物受灾 13 933.3 hm²，其中 6000 hm² 旱地绝收，6118.7 hm² 春秋牧场、冬牧场受灾，部分水利设施冲毁。

富蕴县吐尔洪乡、铁买克乡，1991 年 6 月 13—14 日，暴雨，雷电，洪水，死亡牧民 3 人，其中 1 人被淹死，2 人被雷电击死；雷电击死 200 只羊；洪水冲走牲畜，冲毁作物草场等。共计损失 52 万元。

青河县，1992 年 5 月 22—23 日，山洪，拦河大坝受损，萨尔托海村冲垮渠堤 8 处，淹埋渠道 2300 m，受灾减产 41 800 kg，9 只小畜死亡。

富蕴县，1992 年 6 月 4 日上午，暴雨，洪水，冲毁棚圈 12 个，倒塌房屋 35 间，损坏民房 757 间，损失 700 万元。

吉木乃县，1992 年 6 月 7 日，暴雨，冲毁防渗渠 400 m，渡槽 1 座，闸门 2 座，防洪堤 500 m，桥 1 座，淹没农田 4 hm²，冲毁公路 400 m，损失 17 万元。

福海县，1992 年 6 月 8—14 日，夏牧场暴雨，洪水，齐干吉达乡、哈拉玛盖乡毡房受灾，损失 9775 元；县城，住房倒塌 48 间，损失 40 万元；淹没作物 333.3 hm²。哈拉玛盖乡，甜菜绝收 16.7 hm²，小麦绝收 24 hm²，倒塌房屋 42 间；齐干吉迭乡、阔克阿尕什乡、解特阿热勒乡部分农作物及民房受灾。共计损失 108 万元。

福海县，1992 年 7 月 4 日、8 月 5 日，大雨，洪水，房屋倒塌 147 间，冲毁棚圈 41 个，土块 34 万块。

青河县，1992 年 7 月 4—8 日，夏牧场，大风，雨，雪，雷电，气温骤降到 –15 ℃左右，冻死牲畜 24 863 头（只），6 万头（只）牲畜冻伤病，寒冷致患病牧民 582 名，重伤 96 人，1 人雷击身亡，1 人雷击成重伤；损坏毡房 63 顶，牧民住房 292 间，牲畜棚圈 420 座，泥沙淹草场 533.3 hm²，2000 hm² 收割的苜蓿严重腐烂。共计损失 300 万元。

青河县，1992 年 7 月 14 日，暴雨，洪水，拜兴村、霍斯阿热村，受灾农田

114.7 hm², 减产 12 899 kg, 拜兴渠道 6 处淤塞, 损失 17.7 万元。

哈巴河县, 1992 年 7 月 22 日, 暴雨, 洪水, 齐巴尔乡喀拉斯, 冲垮水渠 7 处, 农田绝收 6.3 hm², 损失 1.36 万元。

富蕴县库尔特乡, 1992 年 7 月 22 日, 暴雨, 洪水, 冲毁作物 16.9 hm², 大渠 118 m, 淤积水渠 1600 m, 冲毁土块 3.7 万块, 损失 4.67 万元。

富蕴县, 1992 年 7 月 24 日, 暴雨, 洪水, 吐尔洪乡恰库图地区, 冲毁大渠 2700 m、房屋 17 间、棚圈 37 座、围墙 180 m、土块 457000 块、房屋 150 m²、农作物 183.7 hm², 损失 42.2 万元。

福海县, 1992 年 8 月 24 日, 暴雨, 洪水, 倒塌房屋 51 间, 损失 121.4 万元。

富蕴县, 1992 年 9 月 1 日, 暴雨, 水灾, 冰雹, 30 户成危房; 45 t 小麦浸泡发芽, 200 hm² 小麦雹击, 53.2 万块土块损坏, 淤塞大渠 500 m, 冲毁 3 个涵洞, 2081kg 草料发霉; 库尔特乡萨尔巴斯村 6 户住房成危房, 10 t 小麦浸泡发芽, 4 hm² 蔬菜被淹, 冲毁涵洞三处, 冲毁道路、淤塞主干渠多处。共计损失 79.54 万元。

青河县阿热勒乡、阿热勒托别乡, 1993 年 4 月 6 日, 洪水, 13.3 hm² 耕地被淹, 100 hm² 草场受灾, 损失 23 万元。

阿勒泰市阿拉哈克乡, 1993 年 4 月 15 日, 洪灾, 冲毁公路 1500 m, 闸门 2 座, 淹没已播种小麦 80 hm², 2 户住房倒塌, 损失 50 万元。

富蕴县吐尔洪乡, 1993 年 4 月 15 日, 融雪洪水, 冲毁机井 7 口, 防渗渠 5039 m, 冲毁大渠桥 2 座, 冲垮卡尔干水库, 损失 21.23 万元; 倒塌 7 户民房、35 户棚圈, 冲毁桥梁 5 座、公路 1950 m、耕地 41.5 hm², 淹死大畜 13 头。

青河县阿热勒乡、托别乡, 1993 年 4 月 16 日, 洪水, 水库大坝决口 82 m, 冲毁溢流堰 50 余 m、一座防洪闸, 100 hm² 草场损失、淹没 133.3 hm² 耕地, 公路冲毁 10 m, 3 间房、22 间棚圈受损, 损失 23 万元。

青河县阿热勒托别乡, 1993 年 4 月 22 日, 洪灾, 冲毁草场 66.7 hm², 10 hm² 待播小麦被淹没, 10 hm² 已播小麦被冲毁, 29 km 渠道被淤塞, 300 m 水渠被冲毁, 1500 m 居民围墙倒塌, 18 间危房, 19 间畜圈棚被毁; 冲毁 8 个闸门、6 座涵桥, 化肥 12.8 t、粮种 2.8 t 被水浸泡。共计损失 91.28 万元。

布尔津县冲乎尔乡, 1993 年 5 月 22—23 日, 暴雨, 山洪, 淹没小麦 133.3 hm², 损失 20 万元。

哈巴河县, 1993 年 6 月 8 日, 山区降雨, 齐巴尔乡塔勒村, 46.7 hm² 农田受灾, 损失 1.35 万元, 打草场损失 8000 元; 另有 5 座水坝、1 座龙口被冲毁, 瘀塞水渠 450 m; 库勒拜乡喀拉芬流城 99.7 hm² 农田受灾, 冲毁 1 座桥、7 座水坝、1 座龙口, 损失 1.45 万元; 加依勒玛乡受灾小麦 7.3 hm², 草场 46.7 hm², 冲毁 1 座水坝。

布尔津县, 1993 年 6 月 9 日, 洪水, 冲毁小龙口 8 座、涵洞 7 座、闸门 15 座、渡槽 3 座、桥 2 座。冲毁渠道 49 km、防洪坝 23 km, 损失 115 万元; 淹没农田 400 hm², 草场 666.7 hm², 损失 70 万元; 倒塌房屋 310 间, 损失 310 万元; 圈棚 430 座, 258 万元; 715 户住房和 405 座圈棚成危房, 损失 958 万元; 5 所小学教学点被毁, 损失 50 万元; 牲畜损失 17.4 万元; 莫合烟厂全部被毁, 损失 190 万元; 乡镇公路损坏 150 m, 损失 1.1 万元。共计 2156.8 万元。

布尔津县, 1993 年 6 月 11—12 日, 山区暴雨, 融雪洪水, 冲毁水利工程、农田、农牧区，冲走、冲坏公路等，损失 6300 万元。

富蕴县，1993 年 6 月中旬，大雨，乌伦古河流域发生洪灾，倒塌房屋 30 间，农作物受灾：小麦绝收 270.1 hm²，冲毁苜蓿地 226.7 hm²、自然草场 90.5 hm²；冲毁渡槽 6 座、闸门 3 个、桥梁 5 座、堤坝 750 m、防渗渠 770 m、排碱渠 3 km、电杆 4 根、水泥 4 t 等。共计损失 151 万元。

吉木乃县，1993 年 6 月 22 日，暴雨融雪型洪水，冲毁防渠 500 多 m、渡槽 1 座，损失 50 万元。

富蕴县库尔特乡，1993 年 7 月 3—4 日，暴雨，山洪，一个小女孩淹死；倒塌住房 12 间，淹没草场 236.7 hm²，冲倒砖墙 810 m；冲走土块 13.1 万块、木材 98 m³；冲毁畜圈 2 个、渠 570 m、闸门 4 座、公路 2 处、耕地 56.4 hm²；淹死小畜 148 只。共计损失 284 万元。

阿勒泰市沿山一带，1993 年 7 月 4 日，降水，山洪，漫过市区主干道，损坏沿街房屋及各类设施，损失 500 万元以上。

阿勒泰市，1993 年 8 月 28 日，山洪，部分农作物被水冲走，死亡 1 人。

青河县，1993 年 7 月 12 日，洪水，31.1 hm² 农作物受灾，绝收 25.9 hm²，毁草场 158 000 hm²，损失 38.3 万元。

富蕴县，1993 年 7 月 16 日，洪灾，27.3 hm² 农作物受灾，损失 101 万元。

青河县查干郭勒乡，1993 年 7 月 15 日，洪水，倒塌 27 间，农田绝收 12.3 hm²，减产 72 万 kg，损失 13 万元。

富蕴县库尔特乡，1993 年 7 月 16 日，暴雨，洪水，受灾农田 27.3 hm²、苜蓿地 30 hm²、打草场 349 hm²，冲毁大龙口 1 处、小龙口 18 处、闸门 2 座、防渗渠 1252 m、支渠 8500 m、土块 17 万块，倒塌住房 5 间，喀拉苏公路冲毁 5 km，损失 101 万元。

福海县顶山，1993 年 7 月 18 日，大暴雨，损失 200 万元。

阿勒泰市，1993 年 7 月 27 日，大雨，206.7 hm² 小麦绝收，153.3 hm² 倒伏，冲毁菜地 10 hm²、油料 10 hm²，淹没草场 146.7 hm²，损失牲畜 73 头（只）；冲毁水渠 29 km、防洪大坝 10 km、大龙口 4 座、闸门 6 座、桥 2 座、桥涵 13 个、牧道桥 5 座、水泵 2 个；倒塌住房 112 间，冲坏沥青路 10 km；城区倒塌 42 间，冲走车辆 6 辆、防洪渠 750 m、沥青路面 2000 m²；毁坏桥梁 3 座、通信线路 1 km。共计损失 735 万元。

青河县查干郭勒乡加勒塔斯村，1993 年 8 月 16 日，暴雨，洪水，并伴有冰雹，倒塌院落 1 个、2 间校舍，冲走土块 6000 块，损失 2.6 万元。

阿勒泰市，1993 年 8 月 20 日，洪水，切木尔切克乡、沙尔胡松乡在库尔图的两个村，死亡 1 人，141.4 hm² 小麦、80 hm² 豆类绝收，损失 38.7 万元。

吉木乃镇，1993 年 8 月 20 日，洪水，冲毁干渠 9 km、支渠 7 km、自来水管道 1200 m、水泥管 17 根；受害小麦 34.7 hm²；粮食局、奶牛场砖墙倒塌，贮草被淹。共计损失 50.32 万元。

布尔津县，1994 年 5—7 月，多次暴雨，冲毁也拉曼到海流滩公路 7 km、4 座桥，交通阻断 1 年，35.3 hm² 作物淹没，损失数百万元。

青河县阿尕什敖包乡，1994 年 6 月 9 日，暴雨，危房 6 户，损失 1.2 万元；淹没麦田 5.3 hm²，草场 13.3 hm²、苜蓿 10 hm²，损失 2.4 万元；21 万块土块被淹，损失 1 万元；房屋损失 2000 元，围墙损失 500 m，1750 元；渠道 13 处冲断，总长 500 m，损失 2400 元。

合计损失 6.49 万元。

富蕴县，1994 年 6 月 11 日，大雨，雷电，洪水，73 户房屋进水，损失 39.9 万元；冲毁柏油路 980 m，损失 6.5 万元；冲毁林带 13.3 hm²，草场、麦地、菜地 3.1 hm²，损失 4.6 万元；可可托海镇 1 户居民房墙雷击，裂缝宽 12 cm，损失 8 万元；其他损失 16.5 万元。共计损失 75.5 万元。

富蕴县杜热乡柯孜勒加尔村，1994 年 6 月 27 日，山洪，1 户农民房屋被冲毁，损失 4 个棚圈、1 个草圈，损失 5.49 万元。

阿勒泰市红墩乡，1994 年 6 月 30 日，暴雨，山洪，受灾农作物 83.8 hm²、草场 63.5 hm²；倒塌民房 6 间；乌图布拉克，冲坏大桥 110 m、桥涵 2 处；乡建材厂 200 万块砖坯冲毁。合计损失 90 万元。

阿勒泰市，1994 年 7 月 3 日，两次暴雨，夹带冰雹，大风，阿苇滩乡、切木尔切克乡、汗德尕特乡、奶牛场、草原站及市政设施受灾；市区倒塌住房 150 间；克兰河护堤冲毁 2000 m，冲毁市区防洪渠 500 m、道路 1500 m、桥 3 座；市区菜地 6.7 hm²、苜蓿 100 hm²，驾训队教练车被冲毁 25 辆；冲垮电厂水渠 125 m、高压线路 2.4 km，停电 34 h，停水 12 h，邮电市话线路冲毁 5 km，中断各县市电话 30 h，电话微波塔太阳能电池被大风刮毁；农牧区倒塌房屋 170 间，进水 280 户，危房 130 户；冲垮主灌渠 450 m、桥涵 25 座、柏油路 5000 m、乡村道路 180 km；淹农田 1666.7 hm²，死亡大畜 26 头，死亡 4 人，其中妇女 2 人，儿童 2 人。阿勒泰市红山嘴公路冲毁 2.5 km、3 座桥涵。合计损失 3826 万元，其中城区 1515 万元，乡村 231 万元。

青河县阿热勒乡和阿热勒托别乡，1994 年 7 月 3 日，暴雨，雷电，引发山洪，阿热勒乡 4 个村受淹农田 826.7 hm²，损失 29.16 万元；水渠淤平，损失 1.54 万元；冲毁龙口 1 座，损失 5072 元；水渡槽 1 座，损失 784 元；水淹草场 80 hm²，损失 8000 元。合计损失 41.8 万元。阿热勒托别乡 3 个村受淹农田 1.33 hm²，损失 7380 元；雷击死亡牲畜 10 只，损失 2800 元；冲淹苜蓿 0.4 hm²，损失 3000 元。合计损失 11.18 万元。两乡总计损失 52.98 万元。

富蕴县，1994 年 7 月 3 日，暴雨，山洪，冲毁龙口 5 处、干渠 1500 m、防渗渠 7083 m、草场 560 hm²、小麦 109.5 hm²、苜蓿 92.7 hm²、蔬菜 13.3 hm²；冲跨桥梁 2 座、公路 3070 m，致危民房 9485 m²，倒塌围墙 2650 m；冲倒变压器 1 台，冲走木材 87 m³；大小畜 24 只。合计损失 200 万元。其中库尔特乡灾情最严重，损失 130 万元。

阿勒泰市，1994 年 7 月 19 日，洪灾，受灾 3666.7 hm²，绝收 517.67 hm²，倒塌民房 167 间、棚圈 45 间，受灾草场 266.67 hm²；冲毁渠道 654 m、道路 24.4 m、桥 2 座、涵洞 3 个，损失 68 万元。总计损失 2265.4 万元。

阿勒泰市，1994 年 8 月 28 日，暴雨，冰雹，山洪，市区及汗德尕特乡，多处渠道被堵，冲毁一批市政设施，民房遭严重破坏，损失 149.33 万元。

阿勒泰市，1995 年 7 月 7—10 日，洪水，红墩乡，汗德尕特乡小麦绝收 20.7 hm²，油葵绝收 10 hm²，草场被毁 90 hm²，损失 25.4 万元。

布尔津县冲乎尔乡，1995 年 7 月 10—11 日，暴雨，山洪，受灾作物 106.7 hm²，绝收 13.3 hm²，冲毁草场 26.7 hm²、水渠 7 km、水闸 3 个、渡槽 1 个，损失 44.3 万元。

青河县查干郭勒，1995 年 7 月 13—14 日，洪水，冲毁防洪坝 4 座、渠道 4 km、农田 20 hm²，东风水库严重淤积；7 月 14 日青河上游齐夏地区，洪水将 3 个自然村 20 hm²

草场、20 hm² 农田和 2 km 渠道被淤埋，部分居民住房和牲畜棚圈被冲毁。共计损失 182 万元。其中农田草场 48.908 万元、水利工程 21.42 万元、牧业设施 0.5 万元、公路桥梁 11 万。

富蕴县杜热乡大坝村及喀依库木村，1995 年 7 月 14 日，暴雨，冰雹，山洪，致危民房 4 家，损失 6.6 万元；倒塌棚圈 26 个，损失 4.16 万元；冲毁小麦 33.3 hm²，损失 6.6 万元；冲毁玉米 12 hm²，损失 3.24 万元；5.3 hm² 苜蓿绝收，损失 2400 元；冲走土块 17 万块，损失 1.19 万元；冲毁防渗 500 m、闸门 2 座、扬水站 1 个、150 m 水渠泥沙填满，损失 4.54 万元；冲毁公路 30 m、桥梁 1 座。共计损失 29.13 万元。

富蕴县库热特村和卡勒巴盖村，1995 年 7 月 17 日，暴雨雷电，水淹作物、牧草、房屋、棚圈，损坏公路、渠道等，1 人被雷电击死。共计损失 38.28 元。

青河县，1995 年 7 月 17 日，暴雨，洪水，阿热勒托别乡乔喀托别克村和沙尔托海乡沙尔哈仁村，9.3 hm² 小麦被洪水冲毁，损失 2.94 万元；冲毁水闸 1 座，损失 8600 元；冲毁抽水机 1 台，损失 3600 元；一牧民毡房和家产被冲走，损失 1.12 万元；雷击死亡大畜 6 头，损失 1.2 万元。共计损失 6.48 万元。

阿勒泰市，1995 年 7 月 19 日，洪灾，受灾作物 3666.67 hm²，绝收 517.67 hm²，倒塌民房 167 间、棚圈 45 座，受灾草场 266.7 hm²，冲毁渠道 65 km、道路 24 km、桥 2 座、涵洞 6 个，损失 2265.4 万元。

阿勒泰地区二牧场，1995 年 7 月 19 日，两次暴雨，洪水，造成草场 30.7 hm² 被淹，铁丝围栏冲坏 250 m，哈拉苏、克孜里加倒伏小麦 7.3 hm²，冲淤渠道 3.2 km。

吉木乃县恰勒什海乡喀尔克牧村，1995 年 7 月 29 日，暴雨，50 户农民受灾，草场被泥沙埋没 33.3 hm²。

吉木乃县托普铁热克乡，1995 年 8 月 3 日，暴雨，冰雹，沙尔塔木村，姜吉尔特降雹，倒伏小麦 166.7 hm²、油料 333.3 hm²，损失 6 万元。

吉木乃县托克普铁热克乡拉斯特村，1995 年 8 月 4 日，暴雨，洪水，冲毁引水大渠 12 km、5 座闸门以及其他一些水利设施，损失 1.5 万元。

阿勒泰市阿拉哈克乡，1995 年 7 月 30 日，洪水，冲毁草场 533.3 hm²，损坏闸门 4 个，损失 14 万元。

阿勒泰市，1996 年 6 月 12—13 日，沿山一带暴雨，山洪，郊区办事处受灾作物、草场和渡槽 1 个，损失 31.4 万元；阿苇滩切木尔切克乡冲毁小麦 20 hm²，水利设施、淤塞灌溉渠 2000 m，损失 15.3 万元。共计损失 46.7 万元。

富蕴县铁买克乡喀拉萨尔村，1996 年 6 月 23 日，暴雨，山洪，冲毁农田 1.3 hm²，全部绝收，冲毁渠道 2 km，损失 12.91 万元。

阿勒泰市郊区诺改特村、克兰村，1996 年 6 月 23 日，暴雨，山洪，受灾作物、损坏房屋、冲毁水渠、桥梁、道路等，合计损失 104.1 万元。

青河县，1996 年 6 月 23—24 日，暴雨，山洪，拦水坝塌陷 2000 m²，直接损失 10 万元；阿热勒乡托斯特牧业村，达勒特牧场损失毡房、地毯，死亡 1 峰骆驼、两头牛、11 只羊，淹没渠道、冲毁龙口等，损失 11.77 万元；查干郭勒乡蒙其克村冲毁住房、棚圈、草场等，损失 12.05 万元。合计损失 33.82 万元。

吉木乃县，1996 年 7 月 3 日，暴雨，托斯特乡与喀尔交乡交界处的黄泥沟山洪，冲坏柏油路 80 m、接羔点围墙，淹死 7 头牛、1 匹马、1 峰骆驼、8 只羊，损失 2.53 万元。

吉木乃县，1996年7月21日，暴雨，山洪，5户房屋倒塌，恰勒什海乡水淹库存粮、油、化肥5 t、水泥，毁坏柴油机、钢磨等，损失28.5万元；冲毁棚圈、围墙、水渠、公路，受灾小麦153.3 hm² 等，折合53.515万元；托普铁烈克乡喀拉苏村受灾小麦20 hm²，损失12.0582万元。合计损失292.26万元。

富蕴县，1996年7月以来，暴雨，山洪，冲毁渠道、水泥、预制板、沙石料，冲毁农田、住房、库房内的60 t玉米等，损失50万元。

布尔津县禾木喀纳斯乡，1996年9月15—25日，暴雨，农作物损失，合计73.9万元。

布尔津县冲乎尔乡喀拉克木尔村，1997年3月23日，融雪型洪水，1200 hm² 农田受灾，10 km 防渗渠、8座水利工程建筑损坏，房屋倒塌68间，损失36万元。

富蕴县库尔特乡达弱吾拉孜村，1997年3月，融雪型洪水，倒塌房屋等，损失1.6万元。

哈巴河沙尔布拉克乡，1997年3月28日，洪水，400 hm² 土地进水，166.7 hm² 秋翻地被毁。

哈巴河县萨尔布拉克乡、萨尔塔木乡，1997年4—5月，洪水，房屋倒塌，冲毁桥梁、防渗渠、渡槽1座、20 hm² 冬麦及56.7 hm² 苜蓿等，损失200万元。

阿勒泰市红墩乡，1997年5月2日，融雪洪水，93.3 hm² 耕田水毁，其中小麦73.3 hm²，绝收66.7 hm²；玉米20 hm²，绝收10 hm²，损失105.5万元。

富蕴县，1997年7月12—15日，大雨，山洪，农作物受灾67.1 hm²，住房倒塌2间、围墙860 m、道路4200 m、防渗渠13 km、决口10余处、桥涵3座，损失195.72万元。

青河县，1997年7月15日，暴雨，山洪，房屋倒塌6间、棚圈54座，冲走木材60 m³，死亡牲畜81头（只）、家禽300只，淹没农田、草场380 hm²，冲毁大渠29 km、龙口17座、农桥9座、渡槽5个、塘坝6座等，合计损失500万元。

哈巴河县，1997年8月5日，前山暴雨，洪水，受灾作物333.3 hm²、苜蓿66.7 hm²，冲毁防渗渠180余 m、防护堤坝1处，损失70万元。

青河县阿热勒乡，1997年8月6日，暴雨，山洪，两个村受灾，小麦绝收2 hm²，受灾草场12.3 hm²，填塞渠道5000 m，冲毁桥梁1座等，损失15.8万元。

青河县阿热勒乡、萨尔托海乡，1998年5月30—31日，洪灾，农作物受灾290 hm²，成灾250 hm²，倒塌房屋15间，其中民房10间，损坏5间，损失58万元。

富蕴县吐尔洪、喀拉通克乡，，1998年5月30—31日，大雨，洪水，死亡1人，农作物受灾190 hm²，倒塌房屋10间，死亡大畜40头，损失35万元。

青河县，萨尔托海乡、阿热勒乡，1998年7月13—14日，大雨，洪灾，农作物受灾30 hm²，损失38万元。

吉木乃县，1998年7月17日，大降水，山洪，冲毁县城道路、民房、干渠、麦田及水利设施，损失1000万元。

富蕴县，1998年7月29日，暴雨，洪水，城镇居民住房倒塌42间，冲毁涵洞3座、水渠1300 m、道路1700 m、林带13.3 hm²、蔬菜地23.3 hm²，损失400万元；小麦、玉米倒伏，减产20万 kg；冲断防渗渠1 km，淹没草场86.7 hm² 等。合计损失90万元以上。

阿勒泰市巴里巴盖、克木齐乡，1999年6月29—30日，洪灾，农作物受灾120 hm²，倒塌房屋6间，死亡大畜64头，损失44万元，其中农业损失32万元。

青河县萨尔托海乡，1999 年 7 月 8—9 日，洪水，农作物受灾 163 hm² 等，损失 36 万元，其中农业损失 16 万元。

富蕴县，喀拉通克、吐尔洪等乡，1999 年 7 月 9—10 日，大降水，冰雹，洪水，死亡 1 人，死亡牲畜牛 21 头、骆驼 4 峰、羊 57 只、马 14 匹；农作物受灾 18 hm²，冲毁龙口 3 处、渠道 7 处 500 m、桥 4 座、牧道 1200 m，合计损失 196 万元，其中农业损失 108 万元。

青河县阿热勒托别乡，1999 年 7 月 17—18 日，降雨、冰雹和山洪，农作物受灾绝收 166 hm²，损坏房屋 2 间，防渗渠损坏 200 m，冲毁桥梁 3 座、龙口 3 座、水渠 500 m 等，损失 99 万元，其中农业损失 94 万元。

吉木乃县托普铁热克乡，1999 年 8 月 27 日，洪灾，20 hm² 农作物绝收，倒塌房屋 30 间，损失 36 万元，其中农业损失 15 万元。

阿勒泰市，2000 年 5 月 22 日，降雨，洪水，红墩乡作物受灾 83.5 hm²，毁坏耕地 84.8 hm²，损失 10.83 万元；阿苇滩乡，冲毁 1150 m 防洪坝、1120 m 支渠，毁坏耕地 154 hm²、草场 56.7 hm²，冲毁房屋 3 间、畜圈 4 座，损失 35 万元，其中农业损失 23 万元。

阿勒泰市阿苇滩镇克孜勒乌村，2000 年 5 月 24 日，洪水，受灾 45.3 hm² 小麦、20 hm² 玉米、16.7 hm² 油葵，冲毁房屋 3 间、畜圈 2 座，损失 17.8 万元。

阿勒泰市，2000 年 6 月 24—25 日，冰雹，暴雨，洪水，农作物绝收 196 hm²，毁坏耕地 45 hm²，倒塌民房 2 间，冲毁栏河坝 160 m、防渗渠 920 m、桥涵 7 座、鱼塘 0.7 hm²，水库决口，损失 167 万元，其中农业损失 76 万元。

富蕴县，2000 年 7 月 3—4 日，暴雨，雷电，山洪，死亡 1 人，农作物受灾 346 hm²，绝收 160 hm²，淤塞渠道 3 km，冲毁防渗渠 20 m，倒塌房屋 1 间，雷击死亡牲畜 81 头（只），其中大畜 8 头，小畜 73 只，损失 132 万元，其中农业损失 124 万元。

阿勒泰地区，2001 年 5 月 10—12 日，混合型洪水，淹没河谷地带 80% 草场、50% 牧民房屋，其中切木尔切克乡、红墩乡、切尔克齐乡、阿苇滩镇、北屯镇灾情严重，145.3 hm² 耕地被淹没，冲毁 49 座房屋和牲畜圈舍，死亡 1 名牧民。哈巴河县河谷一带 10 多个村、5000 余人、10 万头（只）牲畜面临洪水威胁。

吉木乃县拉斯特乡，2001 年 7 月 2 日，冰雹，暴雨，山洪，致无家可归 20 人，倒塌民房 19 间等，损失 63 万元。

吉木乃县，2002 年 6 月 3 日，暴雨，冰雹，山洪，农作物绝收 2064 hm²，倒塌房屋 80 间，死亡大畜 275 头，冲毁干渠 515 m、毡房 1 座、院墙 580 m；恰勒什海乡，冲走水泥、麦子、面粉、煤等；冲走羊 228 只，倒塌羊圈 15 座；102.9 hm² 小麦、油葵、胡麻绝收。共计损失 722 万元，其中农业损失 345 万元。

福海县，2000 年 7 月 3 日，暴雨，洪水，农作物受灾 526.7 hm²，房屋倒塌 24 间，部分渠道冲毁。

布尔津县，2001 年 7 月 3—5 日，降水，山洪，受灾农作物绝收 1367 hm²，冲毁渠道 10 km，牧道 10 km，333.3 hm² 草场被泥沙淹没，损失 1420 万元。

阿勒泰市，2001 年 7 月 3—5 日，暴雨，冰雹，受灾农作物绝收 540 hm²，淹没草场 14.7 hm²，冲毁水坝、河堤、涵洞、闸门、桥等，冲毁公路 2000 m、房屋 4 间，损失 1080 万元，其中农业损失 970 万元。

吉木乃县托斯特乡，2001 年 7 月 23—24 日，暴雨，山洪，毁坏耕地 100 hm^2、草场 100 hm^2、牧道 20 km、接羔圈 8 个，倒塌房屋 32 间，冲走草料 300 m^3，损失 40.4 万元。

富蕴县喀拉通克乡，2001 年 7 月 23—24 日，暴雨，山洪，冲毁农作物 20 hm^2、桥梁 3 座、防渗渠 100 m，淤塞渠道 5 km，倒塌畜圈 6 个，损失 24.96 万元。

哈巴河县，2001 年 7 月 28 日至 8 月 2 日，降雨，洪水，受灾农作物绝收 125 hm^2，倒塌房屋 315 间等，损失 281.25 万元，其中农业损失 110.52 万元。

阿勒泰市，2001 年 8 月 3 日，降雨，山洪，死亡 1 人，受灾农作物 480 hm^2，倒塌房屋 236 间，淹没草场 80 hm^2、棚圈 67 座、涵洞 5 座，损失 769 万元，其中农业损失 127 万元。

福海县，2001 年 8 月 2 日，降水，洪水，农作物受灾，绝收 93.3 hm^2，倒塌房屋 96 间、民房 72 间等，损失 293.8 万元，其中农业损失 192 万元。

吉木乃县，2001 年 8 月 2 日，降雨，洪水，农作物受灾 1500 hm^2，倒塌房屋 167 间，冲垮塘坝 3 座、水渠 730 m，40 hm^2 草场受损，损失 410 万元。

吉木乃县，2001 年 8 月 5 日，强降水，洪水，毁坏草场 273.3 hm^2，倒塌房屋 137 间，死亡大畜 37 头、小畜 333 只，损失 407 万元。

阿勒泰地区，2002 年 5 月 22—24 日，阿勒泰市、哈巴河县，受灾农作物绝收 113 hm^2，损坏房屋 5 间，损失 1582 万元，其中农业损失 902 万元。

吉木乃县，2002 年 6 月 3 日，暴雨，冰雹，农作物绝收 2064 hm^2，倒塌房屋 80 间，死亡大畜 275 头，损失 722 万元，其中农业损失 345 万元。

哈巴河县萨尔布拉克乡、库勒拜乡，2002 年 6 月 3 日，损坏房屋 25 间、棚圈 47 座。

富蕴县杜热乡，2002 年 6 月 18 日，降雨，洪水，冲毁干渠、桥涵，淤塞渠道，淹没草场、苜蓿地；冲毁棚圈，损失 1.25 万元。共计损失 16.05 万元。

布尔津县，2002 年 6 月 26—27 日，暴雨，山洪，死亡 2 人，伤病 1 人，农作物受灾绝收小麦 166.7 hm^2、玉米 66.7 hm^2、大豆 16.7 hm^2，倒塌房屋 8 间等，损失 15 万元，其中农业损失 9 万元。

吉木乃县，2002 年 7 月 4 日，暴雨，水利设施严重破坏，倒塌畜圈 25 座，损失 100 万元。

吉木乃县托普铁垫克乡，2002 年 7 月 23—24 日，降雨，洪水，伤病 15 人，4856 人饮水困难，农作物受灾绝收 817 hm^2，毁坏耕地 533 hm^2，倒塌房屋 2963 间，死亡大畜 3760 头，冲毁树木、草场等，损失 8300 万元，其中农业损失 1048 万元。

青河县，2003 年 5 月 11—12 日，暴雨，倒塌畜圈 50 座、围墙 175 m，受灾农田 10 hm^2，损失 32 万元。

青河县，2003 年 6 月 5—6 日，大雨，洪水，农作物受灾绝收 66.7 hm^2，冲毁坝、大棚若干，倒塌畜圈、围墙若干，冲毁牧桥 3 座、渠道 60 m，耕地、草场若干，损失 80 万元。

青河县，2003 年 6 月 7—8 日，暴雨，受灾住宅、大棚、水渠小渠等若干，142.4 hm^2 农田、0.5 hm^2 草场被毁，雷击死亡牲畜 137 头、淹死 6 头，冲毁桥梁 1 座，道路、林地若干，损失 247 万元。

青河县，2003 年 7 月 22—23 日，暴雨，山洪，冲毁渡槽 20 m、草场 56.7 hm^2、农田 22 hm^2，冲走牲畜 3 头，损失 54 万元。

阿勒泰市汗德尕特乡，2003 年 7 月 24 日，暴雨，冲走羊 32 只。

青河县萨尔托海乡，2003 年 7 月 24 日，暴雨，冲毁小渠 65 m、草场 13.3 hm^2、毡房 2 座、住宅 1 间，损失 41 万元。

吉木乃县，2003 年 6 月 5 日，暴雨，融雪型洪水，损失 50 万元。

吉木乃县，2003 年 7 月 10 日，暴雨，融雪型洪水，86.7 hm^2 油葵、小麦绝收，损失 16 万元。

吉木乃县，2003 年 7 月 24 日，暴雨，山洪，造成巨大损失。

吉木乃县，2003 年 8 月 8 日，暴雨，冰雹，损失 362.8 万元。

阿勒泰市区，2003 年 8 月 19—20 日，暴雨，冰雹，洪水，解放南路全线冲毁，一座桥涵坍塌，另一座桥栏杆冲坏 8 m，损失 100 万元；农区：冲毁菜地、温棚、草场等，损失 5.5 万元。合计损失 105.5 万元。

青河县，2003 年 8 月 29—30 日，暴雨，冰雹，洪水，冲毁小渠 130 m、草场 15 hm^2、路基 50 m、涵洞 3 个、农田 34.7 hm^2、畜棚 6 座，停电 1 h，损失 270 万元。

布尔津县，2004 年 4 月 3 日，融雪型洪水，3 个乡的干渠、桥梁、渡槽、农牧民群众房屋、畜圈等损毁，损失 145 万元。

哈巴河县，2004 年 4 月 3 日，融雪型洪水，5 个乡的干渠、桥梁、渡槽、农牧民群众房屋、畜圈等损毁倒塌。

哈巴河县，2004 年 6 月 1 日，暴雨，4 人死亡，农田成灾 3333.3 hm^2，草场成灾 10000 hm^2，损失 1564 万元，其中农业损失 889 万元。

阿勒泰市切木尔切克河流域，2004 年 7 月 6 日，暴雨，受灾农田 128 hm^2、草场 526.7 hm^2、林地 4 hm^2，冲毁道路 10 km、牧道 130 km、渠道 20 km、牧道桥 5 座、河堤 15 km、滚水坝 3 座、渡槽 1 座、桥梁 5 座、民房 6 间、暖棚 4 间，毁坏耕地面积 68 hm^2，损失 1855 万元。

阿勒泰市，2004 年 7 月 9 日，大雨，洪水，农作物受灾绝收 93 hm^2，毁坏耕地 87 hm^2，倒塌房屋 38 间，死亡大牲畜 104 头，损失 700 万元，其中农业损失 461 万元。

阿勒泰市，2004 年 8 月 7 日，暴雨，冰雹，市区交通堵塞，冲毁民房 39 间、毡房 12 座、龙口 17 座、桥梁 4 座、滚水坝 1 座，死亡牛 36 头、羊 135 只，农作物受灾绝收 108 hm^2 等，损失 1015 万元，其中农业损失 250 万元。

布尔津县，2005 年 6 月 1—2 日，大雨，淹没路段 50 m，界桥护坡受损，损失 1100 万元。

阿勒泰市，2005 年 6 月 1 日，暴雨，冰雹，损坏房屋 308 间，市政设施严重损失，民房倒塌 21 户。拉斯特乡，冲毁防洪坝 1000 m，淹没农作物 66.7 hm^2；红墩镇、阿苇滩镇，冲毁干渠 18 km，淹没农作物 43.3 hm^2；冲走牲畜 60 余头（只）。合计损失 800 万元。

阿勒泰市，2005 年 6 月 22 日，暴雨，山洪，农作物受灾绝收 70 hm^2，损失 510 万元。

阿勒泰市，2005 年 8 月 7—8 日，暴雨，农作物受灾绝收 390 hm^2，毁坏耕地 300 hm^2，倒塌民房 22 间，死亡大牲畜 47 头，损失 1205 万元。

吉木乃县，2006 年 3 月，融雪型洪水，倒塌房屋 58 间，损失 37 万元。

阿勒泰市，2006 年 5 月 27—28 日，融雪型洪水，冲毁桥梁 1 座、防洪坝 200 余米，萨尔哈木斯大桥开裂，损失 80 万元。

阿勒泰市，2006 年 6 月 7 日，洪涝，受灾农作物 10 hm^2，倒塌房屋 12 间，损失 31

万元。

阿勒泰市，2006 年 6 月 20 日，暴雨，冰雹，农作物受灾 866.6 hm² 等，损失 490 万元。

富蕴县，2006 年 6 月 29 日，洪涝，受灾人口 1520 人，损坏房间 96 间，损失 160 万元，其中农业损失 83 万元。

阿勒泰市，2006 年 7 月 4—5 日，暴雨，山洪，死亡 5 人、牲畜 393 头（只），受灾农作物 196.67 hm²、草场 986.93 hm²，冲毁房屋 10 座（其中 5 座毡房），损坏房屋、其他建筑设施等，损失 1042.41 万元。

吉木乃县，2007 年 7 月 1 日，暴雨，冲毁县城干渠 1050 m，淤平支渠 800 m，倒塌房屋 14 间，坍塌 3 眼大口井，淹没农田 32 hm²、菜地 0.7 hm²，损失 67 万元。

布尔津县冲乎尔乡，2007 年 7 月 15—18 日，暴雨，山洪，209.3 hm² 农作物绝收，损失 270 万元；受灾草场 482 hm²，损失 125 万元；倒塌房屋 55 间、棚圈 25 间，损失 585 万元；冲毁桥 2 座、涵洞 1 座、斗闸 35 座、干渠 600 m、斗渠 8500 m，损失 264 万元；死亡牛 15 头、羊 16 只等，损失 50 万元；冲毁公路 130 m、乡村公路 1.2 km，损失 530 万元；供电设施损失 4 万元。合计损失 1828 万元。

吉木乃县喀尔交乡，2007 年 7 月 15—18 日，大雨，洪水，229.5 hm² 农作物受灾，3 间住房和 1 座棚圈成危房等，损失 30.13 万元；冲毁牧道 6 km、塘坝 1 座，300 m 围墙倒塌，损失 21 万元。合计损失 51.13 万元。

富蕴县，2007 年 7 月 15—18 日，暴雨，农作物受灾 512.2 hm²，绝收 76 hm²，损坏房屋 346 间，损失 515.5 万元，其中农业损失 381 万元。

青河县，2007 年 7 月 15—18 日，大雨，洪水，受灾农作物 130.7 hm²，冲毁草场 300 hm²、苜蓿 33.3 hm²，冲毁龙口 4 座、闸门 4 座，毁坏水渠 42 km、桥洞 1 座，淹死小畜 85 只、家禽 630 只，冲走毡房 11 座、围栏 5 km，毁坏住房 53 座、冲走摩托车 6 辆等，损失 186.5 万元

青河县，2007 年 7 月 25 日，洪灾，损失 42 万元。

吉木乃县，2007 年 7 月 25—28 日，洪灾，冲毁干渠 3 km、输水管道 1 处、防洪渠护坡 10 处等，损失 65 万元；围栏损失 8 万元；冲毁公路桥 1 座，损失 30 万元；倒塌房屋 12 间，损失 15 万元；133.3 hm² 作物受灾，损失 20 万元。合计损失 138 万元。

3.8.9　雪崩

布尔津县冲乎尔乡，1991 年 3 月 30 日，吉力卓塔地区，发生长 300 m、宽 50 m 的雪崩，1 人遇害身亡。

福海县交尔特河大牛站附近，1996 年 12 月 31 日，雪崩及暴风雪冻死 3 人，失踪 4 人。

阿勒泰市，1996 年 12 月 27 日至 1997 年 1 月，降大雪，前山积雪 80～100 cm，深山 150 cm 以上，交通中断。推山雪雪崩，死亡牲畜 735 头（只），死亡 1 人。

哈巴河县，1996 年 12 月 27 日至 1997 年 1 月，大雪，雪灾，雪崩造成 1 人死亡，1 人失踪。

3.8.10　道路结冰

吉木乃县，1987 年 12 月 22 日，冻雨，降雨量为 2.0 mm，地面气温低，下雨路面结冰，因持续时间较短，未造成灾害。

3.8.11　雷击

富蕴县吐尔洪乡、铁买克乡一带，1991 年 6 月 13—14 日，暴雨，雷电，洪水，雷电击死 2 人、羊 200 只。

青河县阿热勒乡肯莫依纳克村，1994 年 7 月 1 日，雷电，1 人雷击死亡。

青河县，1995 年 7 月 13 日以来，查干郭勒乡中根布拦查地、阿热勒乡布鲁克齐夏多尔根村、阿热勒托别乡齐什嘎吐别克村，雷电，暴雨，洪水，雷击死亡 3 人，击毁电话机 44 部、电视机 10 台。

布尔津县，2002 年 6 月 26—27 日，冰雹，雷电，雷击死亡 2 人。

青河县，2007 年 5 月 23 日，雷击，损失 3.385 万元。

富蕴县吐尔洪乡乌亚拜村夏牧场，2007 年 8 月 28 日，暴雨，雷电，雷击死羊 245 只，损失 9.6 万元。

青河县夏牧场，1992 年 7 月 4—10 日，雷电，雷击死亡 1 人。

富蕴县杜热乡，2001 年 7 月 3—5 日，大雨，雷电，雷击死亡 1 人、牲畜 81 头（只）。

哈巴河县，2004 年 6 月 1 日，暴雨，雷电，雷击死亡 1 人。

吉木乃县，2007 年 7 月 1 日，暴雨，雷电，雷击致死牛 1 头。

3.8.12　火灾（草原、森林火灾）

吉木乃县，1996 年 8 月 27 日，哈萨克斯坦境内玛依卡布齐盖山北坡深处约 10 km 处起火，8 级左右的西北大风，火借风势越过界河，烧毁吉木乃县 8 km² 的草场、1 户村民住房、17 只山羊、40 多只鸡、4 户牲畜棚圈及饲草。军民 1300 多人的奋力扑救，大火扑灭。

哈巴河县齐巴尔乡阿勒哈别克村，1999 年 8 月 7—9 日，火灾，造成 7 人受灾，烧毁房屋 2 间，以及房内其他用品，损失 2.3 万元。

阿勒泰市，2003 年 4 月 27 日至 5 月 6 日，苟苟苏一带发生特大火灾，同时有大风，117 间房屋烧毁，烧死大小牲畜 27 头（只），烧毁农机具 11 台、车 10 辆，42 户家里物品全部烧毁。

布尔津县，2007 年 4 月 16 日，离县城 10 余 km 的哈台村，林地过火面积 6.7 hm²，烧毁草场 6.7 hm²。

3.8.13　病虫害

阿勒泰地区，1990 年，蝗虫，蝗区面积 44.13 万 hm²，密度为 15 只 / m²，危害面积 18.33 万 hm²。

哈巴河县，1991 年 6 月，麦蚜虫，普遍发生蚜虫危害面积 8000 hm²，其中，严重危害面积 440 hm²，占小麦总播面积的 44%。植保站进行 2 种农药、6 种配方的防治，麦蚜得到有效控制。

哈巴河县萨尔布拉克乡加郎阿什村，1992 年 4 月 29 日，雪腐病，冬小麦雪腐病 100 hm²，73.3 hm² 小麦绝收，26.7 hm² 麦苗腐烂三分之二强。重灾。

青河县，1992 年，负泥虫，小麦负泥虫，受灾 5000 hm²（占麦田面积的 89%），其中严重受灾 1666.7 hm²。

布尔津县，1994 年，病虫害，986.7 hm² 农田受病虫害，减产 127.9 万 kg，损失 136.63 万元；苜蓿受灾 288.7 hm²，损失 25.98 万元；草场受灾 1466.7 hm²，损失 51.75 万元。

青河县恰哈胡勒乡，1995 年 4—5 月，草原草蜱，受灾牲畜 76000 头（只），成灾 45000 头（只），其中死亡大畜（马）105 匹、羊 355 只，损失 21.7 万元。

青河县，1996 年 7 月，小麦全蚀病，干旱缺水，无水灌溉引发病虫，小麦受灾 2400 hm²，减产 88.9 万 kg，损失 133.3 万元。

哈巴河县萨尔布拉克乡喀拉翁格尔村，1996 年 7 月，严重病虫害，小麦受灾 40 hm²，成灾面积 4 hm²，减产 90 t，损失 13.9 万元。

哈巴河县，1997 年，蝗虫，密度为 20 只 / m²，40000 hm² 草场受灾，较严重的 13 333.3 hm²。

富蕴县，1997 年春夏季，蝗虫、鼠害及病害，造成农作物和草场受灾 15 200 hm²，损失 340 万元。

布尔津县，1998 年 6 月 10 日，蝗虫，密度为每 1000～2000 只 /m²。16 666.7 hm² 农田受害，其中 20%～30% 的草场和农作物绝收，损失 565 万元。

布尔津县沿山一带，1998 年夏季，蝗虫，叶虫，夏牧场灾情严重，蝗虫密度为 200～300 个 /m²，受灾为 683 333.3 hm²，其中蝗虫灾害 553 333.3 hm²、叶虫灾害 130 000 hm²，蝗虫危害严重的 133 333.3 hm²，其中粮食作物 200 hm²，损失 1992 万元。

阿勒泰地区，1999 年 5 月，蝗虫密度为 2000～3500 只 / m²，农作物受灾 9108 hm²，绝收 3986 hm²，损失 850 万元。

阿勒泰地区，1999 年 5 月 20 日至 6 月 15 日，意大利蝗虫，地老虎平均 2000～3500 只 / m²，农作物受灾 9108 hm²，绝收 3986 hm²。地老虎使 400 hm² 农作物受灾，损失 850 万元，其中农业损失 550 万元。

吉木乃县，1999 年 6 月，树木腐烂病，进入 6 月以来，恰勒什海乡喀孜哈英林区、托普铁列克乡林区、喀尔交乡林区发生大面积"腐烂病"，疾病树木干枯死亡，受灾达 133.3 hm²，年初栽植的 70 hm² 林带全部死亡，损失 20 万元。

吉木乃县，2000 年 5 月 23 日，蝗虫，虫口平均密度为 4000 只 / m²，受灾 86 666.7 hm²，中哈边境一线严重，重灾面积约 30 000 hm²，科克齐木、克孜哈巴克一带，其密度为 8000 只 / m²，多为意大利蝗虫。

哈巴河县，2000 年 5 月以来，蝗虫，受灾 60 000 hm²，农田成灾 3333.3 hm²，草场成灾 10 000 hm²，损失 1564 万元，其中农业损失 889 万元。

吉木乃县，2003 年 8 月，病虫害，农作物受灾 35 600 hm²，绝收 16 666.7 hm²，该县投入人力 1473 人次，投入资金 78.3 万元，防治效果明显。

吉木乃县北沙窝地区，2004 年 5 月 21 日，蝗虫，蝗虫卵开始孵化，最高虫害密度达到 2000 只 /㎡，截至 6 月 28 日，蝗虫发生面积 20 000 hm²，严重灾害面积 14 666.6 hm²，使用药雾车 3 辆，背负式喷雾器 27 台，各型车 10 辆，消耗灭蝗药品 20.67 t。

吉木乃县，2005 年 6 月 8—16 日，土蝗虫，平均虫口密度为 15 头 / 株，最高虫口密度为 40 ～ 50 头 /㎡，受害面积 3333.3 hm²，严重为害面积 2000 hm²。

吉木乃县，2006 年 5 月 10 日，蝗虫，平均蝗虫卵密度为 64.4 个 /㎡，最高密度为 90 个 /㎡，有卵面积 4000 hm²，同时成活率达 88% ～ 97%，发生面积 7333.3 hm²。

富蕴县，2006 年 7 月 18 日，病虫害，吐尔洪乡、库尔特乡、可可托海镇，农作物受灾 1934.3 hm²，绝收 156 hm²，损失 76.27 万元。

福海县，2007 年 8 月底，哈密瓜细菌性叶斑病，致 3459.5 hm² 哈密瓜，只有三成收获，778.9 hm² 哈密瓜绝收。

阿勒泰市，1992 年 8 月 6 日至 9 月 12 日，病虫害受灾 70 hm²。

阿勒泰市，2007 年 8 月底至 9 月中旬，细菌性叶斑病，巴里巴盖、二牧场阿克土木斯分厂，230.87 hm² 哈密瓜只有三成收获。

阿勒泰地区额尔齐斯河谷和前山一带，2007 年 5 月，意大利蝗和叶甲虫，意大利蝗发生总面积 33 333.3 hm²，严重发生面积 8000 hm²，其中高密度核心区 5333.3 hm²，虫蝻平均密度为 500 ～ 2000 头 /㎡，最高密度为 20000 头 /㎡、叶甲虫，5 月是前山一带沙蒿金叶甲 1 ～ 2 龄期，发生密度平均为 200 ～ 500 头 /㎡，最高为 2000 头 /㎡，发生面积 333.3 hm²，已造成严重危害的约 133.3 hm²。

吉木乃县，2007 年 6 月 18 日，树窦娥虫，2000 hm² 树林出现虫害，严重地段每棵树 2000 只，平均每棵树 200 只，喷洒农药，共计 90 万元。

3.8.14　山体滑坡、泥石流

阿勒泰市骆驼峰，2005 年 4 月 15 日，发生山体滑坡，致倒塌房屋 1 间，损坏房屋 2 间，损失 5 万元。

阿勒泰市拉斯特乡，2003 年 7 月 24 日，暴雨，泥石流，33.3 hm² 草场受灾，冲毁龙口 2 座、渠道 50 m、拦河坝 40 m，淹没菜地 1.6 hm²。

布尔津县，2005 年 6 月 1—2 日，大雨，喀纳斯公路滑坡堵塞路段 35 m，淹没路段 50 m，界桥护坡受损，损失 1100 万元。

--- 第 4 章 ---

阿勒泰地区主要农作物与气候

4.1 阿勒泰地区农业种植区的基本地理与气候

4.1.1 阿勒泰地区区域地理简况

阿勒泰地区以阿尔泰山得名，位于新疆维吾尔自治区最北部，境域东西宽 402 km，南北长 464 km，周边与蒙古人民共和国、俄罗斯联邦共和国、哈萨克斯坦共和国接壤，边境线长 1175 km，新疆境内与塔城地区的和布克赛尔蒙古自治县、昌吉回族自治州的阜康市、吉木萨尔县、奇台县相邻。面积广大，占新疆总面积的 7%。阿尔泰山整体上呈西北–东南走向，亘于哈、俄、蒙边境，阿勒泰地区处于阿尔泰山中段南麓，山脉走势西高东低；在本区西部萨吾尔山东段北坡，以山脊与塔城地区的和布克赛尔蒙古自治县交界。南部有准噶尔盆地内的古尔班通古特沙漠，西部有库木托拜沙漠。区内有大于 1000 km^2 乌伦古河的尾闾湖——乌伦古湖，和大于 300 km^2 的可可苏湿地。境内河流主要有乌伦古河和额尔齐斯河，自东向西贯穿全域。支流多发源于阿尔泰山，一般南北走向，呈梳状分布，交汇于干流后向西流动。额尔齐斯河的主要支流有克兰河、阿拉哈克河、布尔津河、哈巴河、别列孜河等。乌伦古河支流有大青河、小青河和查干郭勒河等。

阿勒泰地区南北跨越近 5 个纬度，境内有高山、冰川、丘陵、戈壁、沙漠、绿洲、大河、湖泊等，地形地貌复杂多样。特殊的地理位置，复杂的地形地貌，使得生态类型丰富，分布着多样的农业小气候区，水资源丰富，质量优异，为农作物的生长提供了十分有利的自然条件。

阿勒泰地区辖 1 市 6 县：阿勒泰市、布尔津县、哈巴河县、吉木乃县、福海县、富蕴县、青河县，另有新疆生产建设兵团第十师 10 个团场在本行政区内。有耕地面积 255 800 hm^2。

4.1.2 光热资源

绿色植物吸收光的能量，同化二氧化碳和水，制造有机物并释放氧气，这个过程称为光合作用。光合作用产生的有机物质主要是糖类，在细胞内部再经过一系列复杂的生物、化学过程，将一部分转化生成蛋白质、脂肪等营养物质，并将能量贮藏在其中。光合作用的过程，可用下列方程式来表示：

$$6CO_2 + 6H_2O \xrightarrow[\text{绿色植物}]{\text{光能}} C_6H_{12}O_6 + 6O_2$$

人类的全部食物和某些有机物工业原料，都是直接或间接地来自于植物的光合作用。光合作用是地球上生命存在、繁荣和发展的根本源泉。农作物是人类根据生活、生产需要，从自然界纷繁复杂的植物中选择出来的一些植物，并进行驯化干预，使之成为具有稳定优良性状的特殊植物品种。

阿勒泰地区的光资源特征：阿勒泰地区处于北半球，并且纬度较高，与太阳的高度角较小。到达地面的光大约从 300 nm 的紫外光到 2600 nm 的红外光，并且无极强光照射，光质优异，利于植物生长。日照时间长，在 4—9 月份主要农作物生长季节，累计日照时数 1800 h 以上，日照最长时数 15 h 以上，鲜有作物日烧病害发生，且云量少，利于农作物的干物质积累。所产农产品籽粒饱满、外观靓丽。例如，当地所出产的奶花芸豆以其百粒重高、花色鲜艳为全国首屈一指，一直是当地出口创汇的传统特色农产品；黑河 5 号大豆品种，从原产地黑龙江省黑河地区引到本地，百粒重从 20 g 提高到 25 g 以上，增加了 25% 以上，并且含油率也有较大提高，外观更加光亮。

4.1.3 热量资源

阿勒泰地区总体来说热量资源相对较差，但在 4—9 月份主要农作物生长季节，太阳到达地面的辐射能并不低，达到 3900 MJ/ ㎡ 以上。地面接受太阳辐射能多少，直接影响着植物的种类及其分布，也影响一个地域农作物的种类、品种的布局和产量的高低。受阿勒泰地区地理位置所限，远离赤道，接受太阳的辐射相对较少，冬季漫长，并且极端气温很低，加之地域辽阔、地形复杂，所以，不能简单地用年平均气温评价整个地区的热量资源优劣，并指导农业生产。比如，福海县和吉木乃县的年平均气温为 4.7℃ 和 4.6℃，极为接近，但是福海县大部分地区中晚熟玉米能够正常成熟，而吉木乃县只有很少的地方可以种植早熟玉米，大部分地区只能种植小麦；再如布尔津县的年平均气温 5.0℃，是县城代表站的值，不是所在区域全部实际地点的温度值。因此，该县南部温暖，平原地区可种植中熟玉米，而北部山区冷凉，禾木乡仅仅只能种植大麦。阿勒泰地区总体热量资源分布为南高北低，平原高山区低，同时不同的地形、地貌所形成的小气候，对积温的影响也不容忽视。一般而言在纬度较高的地区，夏半年南坡上中午前后太阳光投射角比水平面要大，以午时为例，在一定坡度范围内，南坡每增加 1°，坡地上投射角也相应增加 1°，这时南坡上获得的太阳辐射能也增多，受阿尔泰山坡地形影响，这种现象在阿勒泰地区表现得非常明显。例如，阿勒泰市的切木尔切克镇 5 队，处于阿尔泰山前倾斜平原，与相邻的南部平原地区 181 团 1 营比较，同时播种同一个玉米品种，同样的耕作水平，5 队的玉米要比 1 营的玉米早熟 5 天以上，并且产量也高；红墩镇的阳坡地与之海拔较低而且平展的 640 台地相比，种植同一种作物，就具有早熟、高产的优势；再如，青河县的阿苇戈壁（阿格达拉镇），位于北高南低的倾斜平原上，虽然海拔在 1000 m 左右，但仍是马铃薯、向日葵的优质高产区。

阿勒泰地区的热量资源不及其他地区，但昼夜温差大，最大昼夜温差达到 15℃ 以上，在 4 中旬到 9 月中旬的主要农作物生长季节，与其他地区相比并不处于劣势，有利于农作物的干物质积累，属于一年一熟春播高产农作区。随着全球气候变暖，近 30 年来阿勒泰地区 ≥10℃ 的积温已提高了 200℃·d 以上。布尔津县、哈巴河县 ≥10℃ 的积温已逼近 3000℃·d，为农作物种类、品种的多样性选择和提高单位面积产量提供了可靠的热量条件。

阿勒泰地区昼夜温差大，是本地区气候资源的又一特点。在农作物生长的季节里，白天由于有较长时间的日照和较高的气温，有利于农作物的同化作用，能够将更多的太阳辐射能转化为化学能并储存起来，而晚上由于其气温较低，不利于农作物的异化作用。昼夜温差大有利于农作物干物质的积累，容易创造高产，对于非光呼吸作物来说更容易实现高产。阿勒泰地区曾经出现过小面积春小麦亩产 800 kg 以上的超高产纪录。玉米、向日葵、甜菜都有单个品种的超高产纪录。

4.1.4　水资源

水是绿色植物光合作用的原料之一和重要参与者。水和二氧化碳通过绿色植物的光合作用合成有机物，在阳光的照射下水分通过植物的气孔散发到空气中，这种作用称之为蒸腾。以蒸腾作用为动力，把溶解有大量矿物质的土壤水分，通过根部输送到植物各个器官，蒸腾作用还能避免和减轻强光对植物叶面的"灼伤"作用。水的另一个作用是用于植物的棵间蒸发，对于植物在最适宜的环境中生长是至关重要的，也是不可替代的。植物的蒸腾和棵间蒸发作用合称为蒸散，蒸散耗水占到植物（作物）需水量的 99.9% 以上。农作物缺水干旱就不能正常生长发育，严重干旱时会造成减产甚至绝收。

阿勒泰地区是离海洋最远的区域，据称最远中心位于阿勒泰市阿拉哈克镇东戈壁的戈宝红麻基地。大陆性气候是本区的最基本特征。降水主要成因是阿尔泰山、萨吾尔山对来自于大西洋、北冰洋水汽的拦截作用。南部平原年降水量在 200 mm 左右，北部山区在 600 mm 以上，以降雪为主，积雪厚度可达 2 m 以上。海拔 3000 m 以上的高山为永久冻土带。山区径流汇集成河流是本区工业、农业生产和人民生活的基本水源，地表水多年平均径流量大于 123 亿 m³，目前已经开发利用 28 亿 m³。随着近年来一大批大型水利工程的建成，逐渐解决了当地工程性缺水问题，农业灌溉用水保证率可以达到 90% 以上，并且水质优良，达到国家标准Ⅱ以上，是生产绿色农产品的重要自然资源保障。

4.1.5　空气

随着全球工业化步伐的加快，空气污染问题已经成为全人类面临的重大威胁之一。空气中的污染物不但直接影响着人类的身体健康，也影响着农作物的产量和品质。二氧化硫和二氧化氮通过破坏农作物的细胞膜，抑制农作物的光合作用和呼吸作用，以至于导致其发育不良，最终造成单产降低；空气中的粉尘会在农作物叶片表面形成薄膜，能够影响其光照水平，进而降低光合作用的速率；空气中的有毒有害粉尘，通过降水进入土壤被农作物吸收利用后，会降低其品质，这些农产品最终会端上人们的餐桌，影响人们的生活质量和身体健康。根据环保部门监测数据，阿勒泰地区是全国空气质量最优异的地区之一。

从表 4.1 不难看出，在 4—9 月的农作物生长季节里，阿勒泰地区的空气污染物微粒浓度远低于年度平均值，更远低于内地的广大地区。优异的空气质量为阿勒泰地区生产绿色、有机农产品提供了极为有利的条件。

表 4.1　2017 年阿勒泰地区空气污染物均值监测统计　　　单位：μg/m³

	可吸入颗粒物	细颗粒物	二氧化硫	二氧化氮
	PM$_{10}$	PM$_{2.5}$	SO$_2$	NO$_2$
年平均值	26	14	13	19
4 月	21	10	6	6
5 月	35	10	5	8
6 月	21	8	3	11
7 月	19	8	5	10
8 月	20	8	4	12
9 月	22	8	3	13
月平均值	19.5	7.3	4.3	10

注：PM$_{2.5}$：0 ～ 50 优；51 ～ 100 良；101 ～ 150 轻度污染；151 ～ 200 中度污染；201 ～ 300 重度污染；＞ 300 严重污染。

4.1.6　无霜期

无霜期是各类农作物生长发育的重要气候资源指标。阿勒泰地区宜农区无霜期在 130 ～ 160 天，无霜期相对较短，但对于能够短暂承受一定低温的作物，轻霜冻过后仍然可以恢复生长（例如：甜菜和向日葵）。因地制宜正确选择农作物种类、品种以及最佳的播种时间，是提高农作物单产、增加经济效益的科学途径。

4.1.7　空气干燥度

空气干燥度是一个地区多年平均的蒸发量与降水量的比值。阿勒泰地区南部沙漠年蒸发量在 2000 mm 以上，降水量只有 20 mm 左右，干燥度达到 100 以上。北部山区蒸发量和降水量大致相当，干燥度在 1 上下，但受积温条件所限，为非宜农区。大部分农区的干燥度在 8 ～ 20 附近。

干燥的空气利于通风透光，增加农作物种植密度，提高叶面积指数，能够充分发挥农作物的高产潜力。例如：向日葵品种 S606，生产商推荐种植密度为 5500 株 / 亩 *，但在阿勒泰地区的实际种植密度均在 7500 株 / 亩左右，密度增加了 1/3，单产也提高了 30%，最高亩产达到 300 kg 以上。

空气干燥易产生干热风等自然灾害，给农作物造成不同程度减产的同时，由于蒸发快对农作物的叶面施肥、喷雾防除有害生物等也带来了一些不利。

阿勒泰地区纬度较高，热量资源尚好，光、气、水资源优异且丰富。沙漠、湖泊、湿地对周边的温、湿度影响明显。山峰和谷地环境所形成的小气候，差异很大，合理开发利

---

* 1 亩 =1/15 hm²。

用农业气候资源，对于提高农作物生产潜力，走绿色、高效、特色、可持续发展的道路，增加农牧民收入，提振农村经济，稳边固防有着极其重大的战略意义。

4.1.8　土壤

土壤是能够供植物生长具有肥力的疏松的地壳表层。土壤肥力是指土壤具有充足、全面和持续供给植物生长的水、肥、气、热的能力，同时还有协调它们之间的矛盾和抗拒恶劣自然条件影响的能力。形成土壤的基本要素是岩石、气候、生物和时间。从岩石演化为能够供植物生长的土壤，需要几万年、几十万年，甚至更长的时间。阿勒泰地区气候严酷，主要是严寒和干旱，生物多样性不丰富，不活跃，累积量小，土壤多以棕钙土、淡棕钙土为主，土层薄，质地差，自然肥力低，要实现农作物的高产就需要进行土壤改良，投入较多的人工、肥力。

4.2　主要农作物对气象条件的要求和区划

研究农作物的生理特点及对环境的要求，对于确立当地的耕作制度、育种方向、制定栽培规程、指导农业生产、提高农作物的单产和效益有着十分重要的意义。

4.2.1　小麦对气候条件的要求和区划

小麦是主要的粮食作物，也是重要的轻工原料之一。小麦在我国的粮食地位仅次于水稻，是新疆的第一大粮食作物，也是新疆人民的主粮，年最大种植面积 120 万 hm^2，阿勒泰地区达 46 666.7 hm^2，是阿勒泰人民的主粮。小麦是禾本科小麦属植物，人类栽培小麦已有数千年的历史。喜凉、长日照是小麦的基本生理特性。

4.2.1.1　春化阶段

小麦种子萌动后，需要一定的持续低温条件，这个时期即称为春化阶段。如果这个低温阶段得不到满足，麦苗将停止在分蘖状态，不能抽穗结实。不同小麦品种完成春化阶段要求的温度条件和持续时间不同。

（1）冬性品种：这类品种春化温度范围小，适宜温度是 0～5℃，以 3℃为最有效，低于 0℃时春化速度降低，至 –4℃时停止进行；高于 5℃时春化速度减慢，超过 10℃时春化停止。在生产实践中，误将冬小麦种子当春小麦使用的事故偶有发生，春化条件不能满足，给农牧民造成重大损失。小麦春化所经历的时间一般在 30 天以上。在温度较高的地区，自然条件下春播不能抽穗。

（2）半（弱）冬性品种：此类品种在 0～7℃条件下，经历 15～30 天即可通过春化阶段。未经春化处理的种子春播不能抽穗，或者抽穗延迟且不整齐。

（3）春性品种：此类品种春化温度范围大，北方春播品种在 5～20℃条件下，都可进行春化，且时间短，经历 5～10 天就可通过，春播或夏播均能正常抽穗，所以，阿勒泰的春小麦育种材料到海南岛去加代，一般都不需要低温处理，均能正常抽穗。

小麦发芽的下限温度为 1 ～ 2℃，最适宜的发芽温度为 15 ～ 20℃。小麦一生中适宜生长的温度为 5 ～ 25℃，所需≥0℃有效积温在 2000 ℃·d 左右。

4.2.1.2　光照

光照阶段也叫光周期反应时期，是小麦一生中对日照长短反应最敏感的时期。小麦通过春化阶段后，需要一定时间的长日照和较高的温度才能抽穗结实，不同类型的小麦对日照时间的要求也不尽相同。反应迟钝型，通过较短的光照时间也能抽穗结实，而反应敏感型的则需要连续 30 ～ 40 天，每天 12 h 日照下才能正常抽穗结实，如一般冬性品种和高纬度地区的春性品种。在引种时，如果北方的冬性品种被引到南方种植，由于所处的温度较高，日照时间较短，春化光照阶段发育迟缓，常表现晚熟，甚至缺乏春化阶段所需要的低温和充分的光照时间，不能抽穗或者虽能够抽穗而不能结实。相反，南方的品种引到北方种植，由于温度较低易提前通过春化，且日照时间变长，会提前成熟，产量变低。同纬度引种成功的可能性较高，阿勒泰地区所处的纬度较高，所以在引种时要有预见性和针对性。

4.2.1.3　水分

在田间条件下，麦粒吸收水分达自身干重的 45% ～ 50% 时，就能够顺利发芽。麦粒吸水发芽与温度、土壤水分和胚乳的性质有关。温度低吸水慢，温度高吸水快。当土壤水分为田间持水量的 70% ～ 80% 时发芽最快，低于 50% 时发芽困难，必须灌溉。在实际生产中，小麦一生所需的灌溉定额，参考值为 350 m^3/ 亩左右。常有"斤水斤粮"的说法。

4.2.1.4　空气

小麦在生长过程中，需要有充足的氧气。在发芽时已吸水膨胀的麦粒呼吸作用旺盛，酶的活动加强，贮藏物质转化和能量释放快。在缺氧的条件下，麦粒进行无氧呼吸，甚至产生酒精中毒而死亡。不合理的过度灌溉，小麦根部长期处于缺氧状态，易产生渍害，影响其正常生长。土壤过于黏重，透气差，植株生长发育不良，不易获得高产。

4.2.1.5　春小麦种植适宜区区划

2012 年阿勒泰地区春小麦播种面积 24 693.9 hm^2，总播种面积 189 881.5 hm^2，占比例 13%，是除油料葵花、籽瓜作物之外第三大主要作物。

阿勒泰地区曾经有过小面积的冬小麦种植，由于气候寒冷，农区积雪不稳定，而且厚度不足以保证冬小麦安全过冬，逐渐放弃。目前麦类主要种植春小麦、燕麦和大麦。阿勒泰地区是灌溉区，适宜春小麦生产的气候条件是：生长季节凉爽，降水中等，干热风少。生产实践告诉我们，吉木乃县大部、青河县沿山丘陵地区气候凉爽，是小麦高产种植区。

春小麦生长期内，各个生长阶段对气候环境要求不同。发芽、出苗生长期，0 ～ 3℃发芽，高于 5℃可以出苗。实践证明，阿勒泰地区春小麦适宜开春后抢墒早播，争取幼穗分化期和灌浆期有适宜的温度条件；根系生长期，田间持水量以 60% ～ 70% 为宜，最适宜温度 15 ～ 20℃；分蘖生长期，田间持水量以 70% ～ 80% 为宜，最适宜温度 13 ～ 18℃；幼穗分化生长期，短光照可延长小穗小花的分化，适宜温度 5 ～ 10℃，若该时段延长，有利于形成大穗，提高品质、产量；水分临界期，田间持水量以 70% 为宜，水分不足将缩短穗分化期,导致穗小粒少,结实率低;开花授粉期,空气湿度 70% ~ 80% 为宜,最适宜温度 18 ~ 20℃,高于 30℃或者低于 10℃都不利;籽粒形成与灌浆期,水分以 75% 为宜,适宜温度 20 ~ 22℃,高于 25℃或者低于 12℃都不适宜,这个时期,需要光线充足,促进籽粒饱满。

热量指标的作用非常明显,地貌上的植被随积温变化有显著的阶梯型。对阿勒泰地区,随海拔高度升高,积温变化呈阶梯下降趋势。从阿尔泰山最高峰——友谊峰 4374 m 的高海拔区,到山前平原海拔 500 m 左右的低地,以 ≥0℃积温为标准划分植物的物候带:低于 200℃·d 是冰川积雪地带;200 ~ 1000℃·d 是高山草甸地带;1000 ~ 2000℃·d 是森林草原地带;2000 ~ 2800℃·d 是春小麦、油菜喜凉作物种植区;2800 ~ 3200℃·d 是春小麦、早熟玉米种植区;高于 3200℃·d 是中熟型玉米、早熟水稻的种植区。

春小麦的种植地理界限主要受气候条件——积温的分布影响,低于一定的积温,不能完成生长发育,没有一定的籽粒产量和品质,没有农业生产意义。同时农业上也要求 80% 的保证率,避免剧烈的产量波动。

目前普遍采用的主流春小麦品种如下:

早熟型:新春 6 号,新春 39 号,新春 48 号,生育期 95 天;

中熟型:新春 43 号,生育期 105 天;

晚熟型:新春 29 号,生育期 115 天。

对于小麦作物来说,阿勒泰地区的热量条件不佳,农区越冬积雪不足,维持时间不够长,因此不能大面积种植冬小麦,但局部区域有极少量的种植,大面积上主要种植春小麦。阿勒泰地区是人工灌溉型农业,一般认为水分条件能够满足春小麦的生长需要。通过对阿勒泰地区春小麦种植的各类气候条件的综合分析后认为,在热量条件和无霜期基本条件满足的情况下,影响春小麦品质、产量的关键因素是:春小麦的灌浆期温度适宜,而且适宜温度的维持时间足够长,尤其不能有高温逼熟和干热风的危害。为此,王建刚设计、提炼出了一个能够综合反映这些影响因素的关键指标,简单说就是:日平均气温稳定通过 5℃与稳定通过 15℃之间的积温,存在一个合理区间,对应阿勒泰地区春小麦的优质、高产区。实践证明,在符合这个指标值的区域内种植春小麦最有利。除此以外,在其他地区由于过高或者过低的指标,都不利于保持春小麦的高品质、高产量的生物学特性。为叙述方便,以下简称 5 ~ 15℃积温指标。

以 5 ~ 15℃积温为核心指标,结合其他气候因素,综合叠加,采用先进的地理分析系统,对春小麦生产气候适宜区区划。区划结果见图 4.1。

春小麦农业气候区划,在农业灌溉区,为简化区划过程,不考虑降水量条件的影响。区划区域分为三类:适宜区、次适宜区、不适宜区(表 4.2)。

(1)适宜区。小麦适宜生长发育期长,夏季凉爽。指标:5 ~ 15℃界限期内,积温 1150 ~ 1300℃·d,无霜期 120 ~ 140 天;≥0℃积温 2600 ~ 3100℃·d。

(2)次适宜区。指标:5 ~ 15℃界限期内,积温 800 ~ 1150℃·d,无霜期 140 ~ 165 天;≥0℃积温 3100 ~ 3600℃·d。

(3)不适宜区。指标:5 ~ 15℃界限期内,积温 < 800℃·d 或者 > 1150℃·d,无霜期 < 120 或者 > 165 天;≥0℃积温 < 2600℃·d 或者 > 3600℃·d。

表 4.2　春小麦农业气候区划因子指标

	5 ~ 15℃间积温（℃·d）	无霜期（天）	0℃积温（℃·d）	目标值
适宜区	1150 ~ 1300	120 ~ 140	2600 ~ 3100	2
次适宜区	800 ~ 1150	140 ~ 165	3100 ~ 3600	1
不适宜区	< 800，> 1300	< 120，> 165	< 2600，> 3600	0

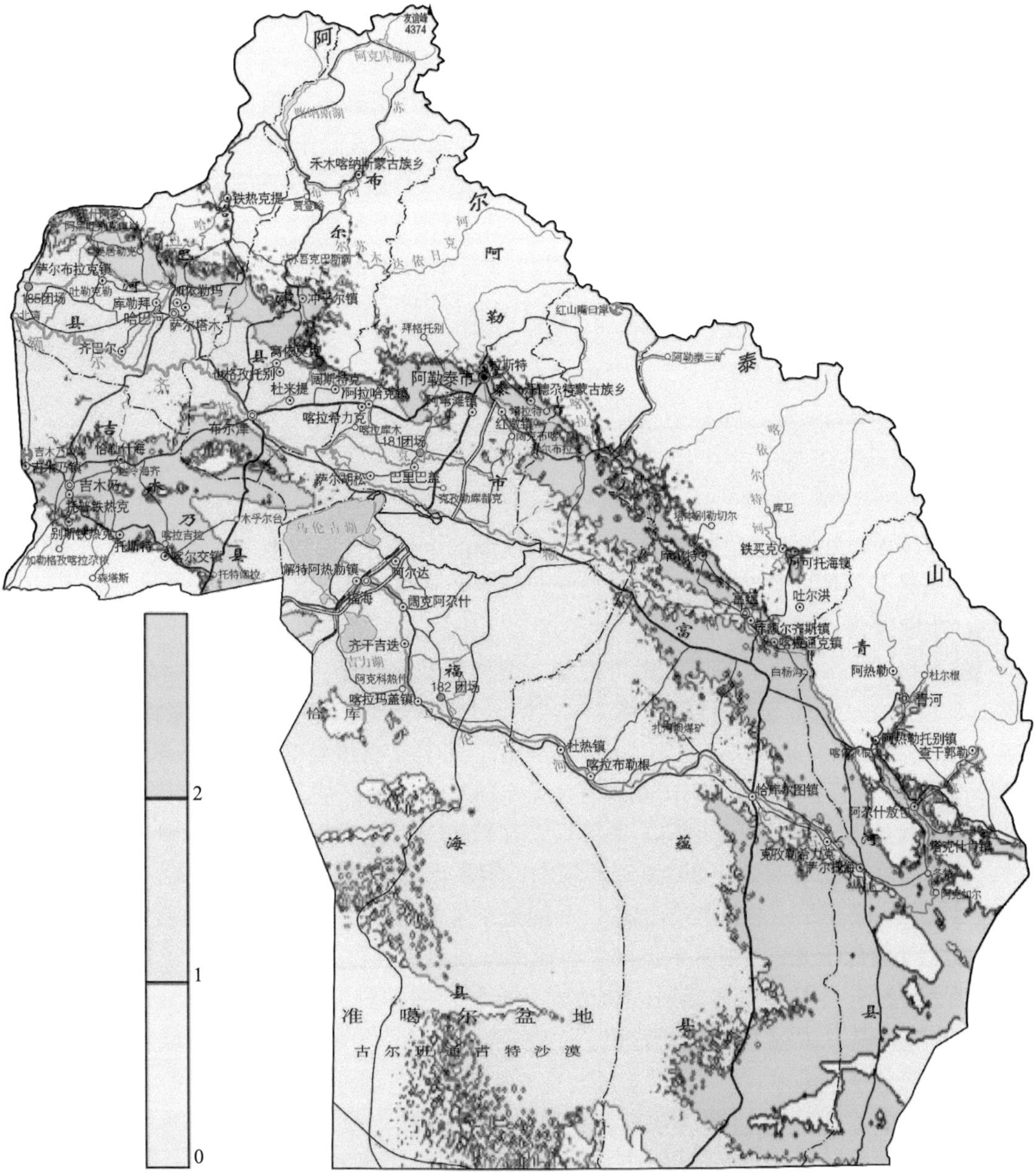

图 4.1　春小麦种植区域气候区划

图 4.1 中，绿色为不适宜区，棕色为次适宜区，蓝色为适宜区。

注意到，在 5 ~ 15℃间积温的高值区有一个界限适合优质春小麦种植，超过这个界限值反而不能种植了。这是因为，这个界限值 1300 ℃·d 以上区域对应的是整个生育期温度不足，甚至日平均气温没有超过 15℃的时段，因此反而不易种植春小麦。

高海拔春小麦种植区：青河县北部乡都有种植。富蕴县北部的可可托海、吐尔洪。阿勒泰四矿、三矿、二矿一线以南地区是分界线。布尔津县北部的冲乎尔、塔尔郎附近。哈巴河县库勒拜乡姜居列克村、萨尔布拉克乡的加朗尕什村等。

阿勒泰地区低山带春小麦高产区：主要分布在阿尔泰山南坡和萨吾尔山北坡，海拔 900～1300 m，该区域气候温凉，无干热风威胁，灌浆持续期长，适宜春小麦生长发育，适合种植早熟和中熟品种，易获得高产，但蛋白质含量会略有降低。

山前平原区，海拔 600～900 m 区域，也比较适合春小麦生产，但产量和品质略差于前者。

两河之间平原区，海拔 600 m 以下区域，春小麦也有较多种植，不如上述两个区域的产量和品质好。该区域主要是玉米、豆类、水稻、瓜类等喜温作物种植区。

海拔 1300 m 以上区域，热量条件往往不足，不适宜春小麦的生长，或者风险很大，不能保证获得良好的收成。

阿勒泰地区春小麦农事活动期：一般地，3 月中旬至下旬，由南向北逐步进入适播期。4 月下旬前后出苗，5 月下旬至 6 月上旬拔节，6 月中旬至 7 月上旬抽穗扬花，8 月上旬前后进入收割期。

4.2.2 玉米对气候条件的要求

4.2.2.1 温度

原产于南美洲热带高山地区的玉米，在长期的生长发育过程中，形成了喜温好光的特性。玉米整个生长过程都要求较高的温度和较强的光照条件，其中温度是影响玉米生育期长短的决定因素。

玉米种子在 6～8℃条件下即可发芽，但发芽速度较慢，10～12℃时发芽较快。生产上常以 5～10 cm 土层温度，稳定在 10～12℃作为适时早播的温度指标。玉米在 25～30℃高温下发芽过快，易形成细弱高脚苗，不利于育成壮苗。春播玉米在 10～12℃条件下播种，播后 12～15 天出苗；在 15～18℃时播种，播后 8～10 天出苗；在 20℃以上播种只要 5～6 天就可出苗。播种后若在较长时间处于 8℃以下环境中，容易发生烂种；苗期若在较长时间处于 8℃以下环境中，容易出现返祖分蘖，或者出现多片叶卷曲缠绕在一起像"牛尾"一样的畸形植株，不能正常生长现象；在大喇叭口幼穗分化期，若遇连续数天气温低于 8℃，则常会出现"香蕉穗"或雌雄同位的畸形穗，严重影响产量。苗期若遇到 –2～–3℃的短暂低温，幼苗就会冻伤，–4℃时可能就会冻死。一般植株长到 6～8 叶展，温度达到 18℃时开始拔节，18～22℃是拔节期生长茎叶的适宜温度。在较高温度下拔节伸长迅速。

玉米抽雄，气温 24～26℃最适宜，气温高于 32℃、空气湿度低于 30% 时，会使花粉失水干枯，花丝枯萎，导致授粉不良，造成缺粒减产。抽雄散粉时若遇气温低于 20℃，花药开裂不正常，会影响正常散粉。

玉米籽粒形成和灌浆期间，气温为 22～24℃最适宜，若气温低于 16℃或高于 25℃，则酶的活性受影响，光合作用和运输受阻，籽粒灌浆不良；若遇高温逼熟，则百粒重明显下降，减产严重。

在阿勒泰地区，早熟玉米品种需≥10℃的积温为 2300～2500℃·d，中熟玉米品种需

≥10℃的积温为 2500～2800℃·d，晚熟玉米品种需≥10℃的积温为 2800～3000℃·d 及以上。

4.2.2.2 光照

玉米是具有高光效的 C_4 作物，光热条件充足，则丰产性大。它属于短日照作物但不敏感。在每天 8～12 h 的日照条件下，植株生长快，可提前抽雄开花，而在较长日照 18 h 状况下，也能开花结实。在引种时，从低纬度引向高纬度，玉米的生育期会延长。例如，由新疆农垦科学院选育的玉米品种——新玉 15 号，在石河子地区生育期为 100 天，但引到阿勒泰需要 110 天左右才能成熟，所以，在引种时也要考虑玉米对光照的反应。

玉米对光的需求较高，其光饱和点为 5 万～9 万 lx，补偿点 1500 lx 左右，比小麦、水稻等作物高，只有光照充足才利于产量形成，在生产上，只有合理密植才能充分发挥自然资源和品种的最大优势，实现高产高效的理想目标。

4.2.2.3 水分

玉米是需水量较大的作物，俗话说"玉米是个大肚汉，能吃能喝又能干"。玉米对水分需求随着生育进程的变化而不同。全生育期的需水规律大体是，苗期植株幼小，苗小叶少，以地下根生长为主，表现耐旱，生产上进行蹲苗促壮；拔节后植株生长迅速，株高叶多，需水量逐渐增大；在抽雄前 10 天至抽雄后 20 天这一个月内，消耗水量很多，对水分需求很敏感，是水分的临界期，若缺水会造成"卡脖子旱"，减产损失严重；灌浆乳熟期后消耗水量逐渐减少。阿勒泰地区玉米全生育期需水量大约在每亩 450 m^3 左右。

4.2.2.4 玉米种植适宜区区划

玉米原产于南美洲热带高山地区，在长期的系统生长发育过程中，形成了喜温好光的特性，温度是影响玉米生育期长短的决定因素。玉米籽粒形成和灌浆期间日均气温为 22～24℃最适宜，若气温低于 16℃或高于 25℃则酶的活性受影响，光合作用和运输受阻，籽粒灌浆不良；若遇高温逼熟则百粒重明显下降，减产严重。

在阿勒泰地区，早熟玉米品种需≥10℃的积温为 2300～2500℃·d，中熟玉米品种需≥10℃的积温为 2500～2800℃·d，晚熟玉米品种需≥10℃的积温为 2800～3000℃·d 及以上。海拔 1000 m 以上区域，热量条件往往不足，不适宜玉米的生长，或者风险很大，不能保证获得良好的收成。春玉米生育期一般 90～150 天。目前阿勒泰地区种植的主流春玉米品种有：

早熟型：新玉 29、31 号，kx2030，生育期 90～100 天；

中熟型：丰垦 139，kws9384，新玉 15 号，生育期 115 天；

晚熟型：登海 3672，郑单 958，生育期 125 天。

阿勒泰地区玉米气候区划指标见表 4.3。

表 4.3　玉米气候区划指标

	≥10℃间积温（℃·d）	7 月气温（℃）	＞35℃日数（日）	目标值
适宜区	2800.1～3000	22.1～25	＜2	2
次适宜区	2300～2800	17～22	2～5	1
不适宜区	＜2300	＜17	＞5	0

　　依据阿勒泰地区玉米种植的实际调查和玉米生物学特性，以相应的农业气候指标叠加进行区划，见图 4.2。玉米气候区划用三种颜色描述。色标值 0～1 区间的蓝灰色是不适宜种植区，个别地区局部虽然可以种植，但是成熟的风险很大，如果种植饲料用的青贮玉米，是可以适量种植的。青河县北部山区的乡村，可以适量种植极早熟玉米作为青贮饲料；南部的萨尔托海、克孜勒希力克可以种植早熟型玉米，但是，有些年份热量条件不佳时，也存在风险。吉木乃县和富蕴县北部山区的铁买克、吐尔洪乡与青河县的北部山区情况类似，也是热量条件不足，不适合种植常规玉米，但是可以适量种植青贮饲料玉米。色标值 1～2 区间的铁锈色是玉米的次适宜种植区，适合种植早熟型玉米，个

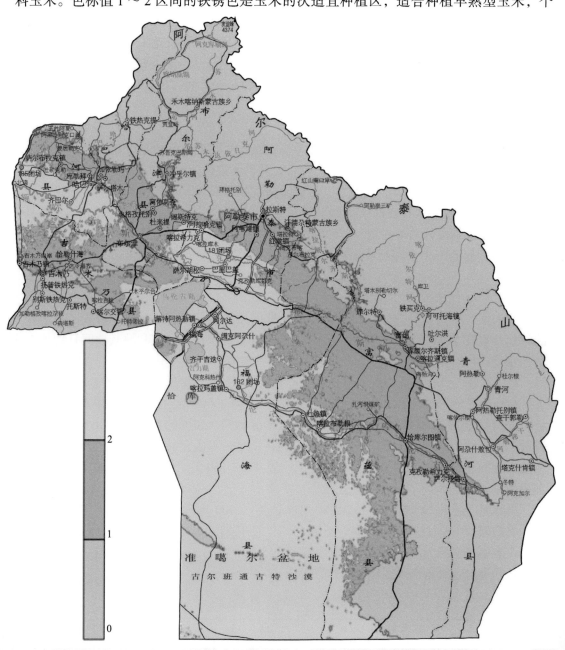

图 4.2　玉米气候区划

别年份热量条件不足时有不能成熟的风险。色标值 2 以上区间的绿色，在区划图中的区域表示适宜种植玉米，主要分布在乌伦古河流域及以南的广大地区，北阿铁路两侧区域和额尔齐斯河下游哈巴河县的西部区域也是热量条件较好的区域，适合种植玉米。图中的有关区域信息，已经标识明确，不再解读。

4.2.3　向日葵对气候条件的要求

4.2.3.1　温度

向日葵原产于美洲热带地区，是喜温作物，但又较耐低温。不同类型的品种对温度的要求有所不同。在阿勒泰地区一般油用型的早熟品种需 ≥5 ℃的有效积温 2300 ～ 2500 ℃·d，中熟品种需 ≥5 ℃的有效积温 2500 ～ 2800 ℃·d，晚熟品种需 ≥5 ℃的有效积温 2500 ～ 2800 ℃·d 以上，嗑食型（又称食葵）向日葵所需积温要高于油用型（又称油葵）。

向日葵种子在地温达到 2 ～ 4 ℃时开始吸水萌动，8 ～ 10 ℃即能完全满足正常发芽出苗的需要。向日葵在苗期对低温有较强的忍耐能力，常能经受住短暂 –2 ～ –6 ℃的低温，但现蕾后若遇较长时间的 ≤5 ℃的低温，通常处于休眠状态的腋芽开始活动，温度回升后容易出现分枝现象。向日葵开花期最适宜温度为 20 ～ 25 ℃；开花至成熟的最适宜温度为 20 ～ 30 ℃。在超过 37 ℃高温、强日照的干旱情况下，苗期叶片易发生"灼伤"现象，开花期会影响其授粉，造成花盘呈环状空壳现象。

4.2.3.2　光照

向日葵是喜光作物，其幼苗、叶片花盘都有强烈的向日性，头部向着太阳转，这种现象称为向性运动，在苗期和蕾期尤为明显。

向日葵属于短日照作物，但一般品种对日照反应不敏感，特别是早熟品种，只有在长日照的高纬度地区才有较明显的光周期反应。

4.2.3.3　水分

向日葵是抗旱力较强的作物，一是它具有强大的根系，入土深度最深可达 2 m 以上，根分布广，又有气生根，能够充分吸收土壤水分；二是向日葵植株高大，叶密而大，消耗水分较多；三是茎上密生的白色茸毛可降低茎表面温度，减少水分蒸发，且茎中的海绵状物质能贮存水分，便于调节体内水分；四是叶面上有蜡质层，可减少水分散失。向日葵既能吸收大量水分，又有节水特性，故能承受较大程度的土壤和大气干旱。但不同生育期对水分的要求不同，种子发芽需要种子干重量的 56% 左右。出苗至现蕾是抗旱力最强的阶段，需水量占全生育期需水量的 19%，因为这一段时间主要是根系生长，地上发育缓慢，故可适当蹲苗，使植株健壮。如果在蕾期因蹲苗过度、严重受旱，就会使其生长发育受到损害，以后即使保证充足的水肥供应，也不能使其恢复正常的生长发育，表现为植株矮小，通常株高在 1 m 左右，花盘直径只有 10 cm 左右，产量受损极其严重。现蕾至开花期，需水量占全生育期的 43%，是需水量最多的时期，也是花盘发育、子实形成的关键时期。这时应及时灌溉，避免受旱，对促进植株的正常生长发育、提高产量和含油率有着决定性的作用。开花至成熟需水量较少，约占 38% 左右，但水分对产量和含油率的影响也十分明显。向日葵整个生育期需水量大约在 300 m³ 左右。

4.2.3.4 油葵种植适宜区区划

阿勒泰地区主要种植油用向日葵，其次是食用向日葵。阿勒泰地区气候适宜，农业耕作措施得当，向日葵产量高、品质好。油用向日葵含油率一般在 40% 以上，有的高达 50% 以上，油品好，含有丰富的亚油酸。亚油酸具有良好的食用功效，长期食用，可降低血胆固醇及血脂，防治动脉粥样硬化、高血脂。向日葵耐旱、耐盐碱、耐瘠薄。

气候条件是生长的限制性因素。向日葵原产于美洲热带地区，是喜温作物。≥5℃的有效积温 2300～2500℃·d，中熟品种需≥5℃的有效积温 2500～2800℃·d，晚熟熟品种需≥5℃的有效积温 2500～2800℃·d 以上，嗑食型所需积温要高于油用型。海拔 1000 m 以上区域，热量条件往往不足，不适宜油葵的生长，或者风险很大，不能保证获得良好的收成。

向日葵开花期，最适宜温度为 20～25℃；开花至成熟期，最适宜温度为 20～30℃。在超过 37℃高温、强日照的干旱情况下，苗期叶片易发生"灼伤"现象，开花期会影响其授粉，造成花盘呈环状空壳现象。

食葵和油葵两种向日葵对热量条件的要求总体上一致，都是要求有较好的热量条件。两者略有差异，食葵植株个体高大，光合作用旺盛，对热量条件要求略高。但是食葵种植面积小，范围不大，不做单独区划，可以参考油葵种植区的气候区划结论。

目前阿勒泰地区种植的主流油葵品种有：

早熟型：新葵 10 号，生育期 100 天；

中熟型：s606，西域朝阳，生育期 110 天；

晚熟型：kws303122–44，生育期 120 天。

依据油葵对气候条件和农业生产实践调查，综合提炼区划指标，见表 4.4。

表 4.4　油葵种植气候区划指标

	≥5℃间积温（℃·d）	＞35℃日数（d）	目标值
适宜区	2900.1～3500	＜5	2
次适宜区	2400～2900	5～10	1
不适宜区	＜2400，＞3500	＞10	0

油葵气候区划结果见图 4.3。黄绿色区域是不适宜种植区，这些区域分为两种类型：一是靠近山区和海拔 1000 m 以上的区域，热量条件不足，不能保证油葵对热量的需要，包括临近萨吾尔山区的吉木乃县，沿阿尔泰山前冲积坡地，青河县绝大部分区域不适宜种植油葵；二是福海县、富蕴县南戈壁与昌吉州接壤的部分区域，高温环境也不适合种植油葵，虽然这里目前不具备农业开发条件。红色区域是次适宜种植区，热量条件基本能够满足，大多数年份有保证，但是，热量条件不佳的年份存在一定的风险。福海县、富蕴县的南戈壁的部分红色区域是因温度过高而存在种植风险。湖蓝色区域是适宜区，主要分布于乌伦古河流域和哈巴河县的广大区域。福海县、哈巴河县以及北屯市附近及富蕴县南部的杜热乡、哈勒布勒根乡都是油葵的适宜种植区。

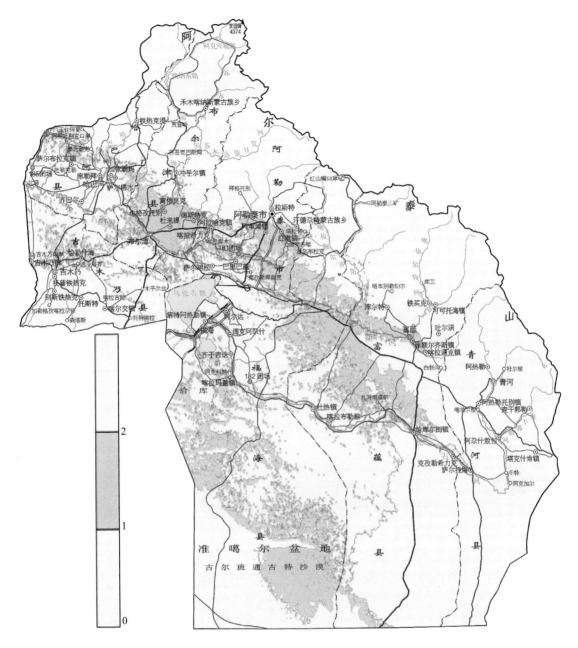

图 4.3　油葵气候区划

4.2.4　籽瓜对气候条件的要求

籽瓜，又称打瓜，是葫芦科西瓜属，普通西瓜种的栽培变种，因瓜瓤内籽多，为人们喜欢嗑食的休闲食品，故称之为籽瓜。籽瓜按种皮颜色可分为红片、黑片和白片；按大小分，可分为大、中、小片。籽瓜从 20 世纪 90 年代初开始在阿勒泰地区种植，截至目前阿勒泰地区每年大约种植 33 333.3 hm^2，是当地的主要农作物之一，也是阿勒泰重要的特色经济作物。

4.2.4.1 温度

籽瓜是喜温又耐热的作物，低温对全生育期生长发育均不利，秧苗遇霜即死亡。气温在5℃时，地上部停止生长，10℃时生长缓慢，最适宜的生长温度为25～28℃，根系生长的最适宜温度也为25～28℃。营养生长需要的温度较低，下限温度为10℃；生殖生长需要较高的温度，下限温度为18℃。日平均温度在15℃以下，形成果实扁圆、皮厚、空心多。籽瓜喜欢大陆性气候，在一定范围内昼夜温差越大，茎、叶、果实生长越好。

发芽温度。最适宜温度为28～30℃。13～15℃开始发芽，15℃以下和40℃以上对发芽不利。裸地播种，地下10 cm处须温度在13℃以上。籽瓜播种后如连续遭遇8℃以下的低温，易发生因冷害引起的"烂种"现象，因此，适期播种对于籽瓜种植来说是一个非常重要的技术环节。

开花温度。气温为20℃时，雌花瓣开始松动，以25℃为最好。

果实膨大至成熟的温度。最适宜温度为30℃左右。

4.2.4.2 光照

籽瓜要求长日照和较强的光照。增加光照时间和光强可促进侧蔓生长，但对主蔓影响不大。在较高温度和连续长日照条件下，其总叶面积增加，主要是叶片数增加，而不是叶片大小的增加。

籽瓜的光饱和点为80 000 lx，补偿点为4000 lx，对光的强度反应敏感。在晴天、光照强的条件下，植株表现株型紧凑、蔓粗、叶片大且厚实，叶色深绿；若连续阴天，光照不足，其表现则相反，机械组织也不发达，易发病，在结果期若同时因养分不足而化瓜，籽粒也不饱满。

4.2.4.3 水分

籽瓜根深，且分布广，叶子缺刻深（掌状深裂），茎叶长满茸毛、刚毛和蜡粉，瓜皮被覆很厚的蜡质，瓜瓤本身就是一个大水库，全身都表现出耐旱的生态型。然而，经过人工栽培驯化，它结果多，果实变大产量提高，生长量明显变大，所以需水量也相应增大，表现出喜水而又省水的特性。籽瓜一般幼苗期要求田间持水量为65%，甩蔓期为75%左右，结果期要求田间持水量为80%。

籽瓜对水分的要求有两个敏感期。一是雌花现蕾后，此期若水分不足则子房发育不良、偏小，授粉受精不良、坐果率低。二是果实膨大期，此期若遇高温干旱，容易出现"僵瓜"、畸形瓜。

4.2.4.4 空气湿度

籽瓜在苗期、甩蔓期，适宜空气湿度为50%～60%；结果期为50%左右。

籽瓜的根好气性强，过于黏重透气性差的土壤不适合种植籽瓜。大水漫灌、水淹渍害容易使籽瓜根系因缺氧而窒息死亡。

4.2.4.5 籽瓜种植适宜区区划

阿勒泰地区广大农区，日照丰富，实践证明，日照时数对籽瓜生产都能较好地满足需要，籽瓜种植区的区划中，忽略日照时数因素。籽瓜具有耐热喜温的生物学特性，籽瓜一般在海拔 850 m 以下地区栽培。经试验对比，挑选高温热量气候指标，反复比较对比分区，与农业生产实践情况结合，最终选择≥15℃积温指标为主，以 7 月平均气温为辅，对籽瓜种植优劣区域分布进行气候区划，区划结果见图 4.4，指标见表 4.5。

图 4.4　籽瓜种植区域气候区划

表 4.5　籽瓜气候区划指标

	≥10℃积温（℃·d）	≥15℃积温（℃·d）	7月温度（℃）	目标值
适宜区	2700～3500	2300～3300	22.5～27	2
次适宜区	2500～2700	2100～2300	20.5～22.5	1
不适宜区	< 2500	< 2100	< 20.5	0

图 4.4 中色标值 2 以上为蓝色，在图 4.4 中的蓝色区域是适宜种植区，主要分布于福海县乌伦古河中下游地区，北部延伸到农十师 181 团场附近。另外，哈巴河县西部齐巴尔乡热量资源条件较好，适合种植籽瓜。图中色标值 1～2 为土棕色，是籽瓜种植的次适宜区，富蕴县南部两个乡，杜热和哈拉布勒根包括在内，哈巴河县的库勒拜乡、萨尔塔木乡、萨尔布拉克乡以及农十师 185 团场，也包括在内。在次适宜区域热量条件略差，但基本能够保证籽瓜的正常生长。图中色标值 0～1 为淡黄绿色的区域是不适宜种植区，该区域内种植风险很大。

4.2.5　奶花芸豆对气候条件的要求

奶花芸豆属豆科蝶型花亚科，菜豆属植物，学名 Phaseolus vulgaris L.，商品名 Light speckled kidney beans，原生于南美洲海拔 2000 m 以上的冷凉山区，起初仅作为观赏植物栽培，后经人工驯化形成了食用栽培种。在我国云、贵、川及东北、河北、新疆等地有较大面积种植。20 世纪 90 年代，阿勒泰地区农业工作者刘家德等人，通过外贸部门从日本引进奶花芸豆种子，在阿勒泰市、哈巴河县试种，并取得成功。通过多年的种植和人工选育，已成为具有极其鲜明特性的地方品种"阿山芸豆"。阿山芸豆形状为不十分规则的椭圆形，以皮薄、色泽亮丽、百粒重高而著称于世。一直是本地出口创汇的优势特色农产品。阿勒泰奶花芸豆株高一般在 60～70 cm，上部主茎不明显，有 3～5 个分枝，上部茎有轻微的缠绕性。成熟时茎呈半直立状。荚果形状类似于四季菜豆，但绿荚上有红色斑点。成熟时荚皮灰白色，籽粒近椭圆形。种皮乳白、光亮，其上有鲜艳的红色斑点或斑纹，奶花芸豆由此而得名。

据测定，阿山芸豆蛋白质含量在 22% 以上，脂肪含量在 1.9% 以下，维生素 B_1 含量达 5.86 µg/g，维生素 B_2 含量达 2.20 µg/g，维生素 C 含量达 0.28 mg/g。另外，还含有钙、磷、铁等微量元素，营养十分丰富；阿山芸豆秸秆（含茎秆、荚皮、叶）的养分仅略低于牧草之王——苜蓿，其中粗蛋白含量 10.66%，粗脂肪含量 1.75%，粗纤维含量 23.85%，总含糖量 7.67%，是发展农区畜牧业的优质饲草；其根部附着生长有丰富的固氮菌，是重要的养地作物。

由于阿勒泰奶花芸豆产量高品质好，百粒重 60 g 以上，最高的可以达到 80 g 以上，因此具有优良的商品性，一直是阿勒泰地区传统的出口创汇地方特色农产品。"芸豆兴县"，曾一度上升为哈巴河县域经济发展战略。2017 年当地的奶花芸豆产品价格已飙升达到 9 元 / kg 以上，经济效益、社会效益、生态效益极其显著。

4.2.5.1　温度

奶花芸豆为喜温作物，种子吸水后在 8℃的恒温条件下，经过 30 天时间才仅仅开始"露白";在10℃的恒温条件下,能够开始发芽,但发芽速度非常缓慢。在日平均气温12～13℃稳定通过3天时,是奶花芸豆早播的起始时间。奶花芸豆出苗后,≥10℃的积温达到500℃·d左右时花芽开始分化,随后茎基部第一朵花开始出现,但籽粒少,往往只有1～2粒。随着气温的升高,营养生长和生殖生长开始进入快速共进阶段。奶花芸豆一生中,早熟品种需要≥10℃积温2300℃·d左右,晚熟品种需要≥10℃积温2500℃·d左右。奶花芸豆生长的适宜温度为12～34℃,最适宜温度为15～30℃,如果所需的温度不能满足,则其生育时期就会延长,结荚减少,产量降低。例如,将阿勒泰奶花芸豆引种到山西省岢岚县山区(海拔1300 m以上,7月平均温度20℃以下,无霜期110天)种植,会出现了疯长现象,开花期大大推迟,几乎没有产量。奶花芸豆不耐极端高温,在花荚期若气温连续3天超过35℃,即会出现严重的落花落荚现象,如连续出现超过37℃的高温,则花、荚会脱落殆尽。

4.2.5.2　光照

奶花芸豆是短日照作物,但在较长日照条件下也能开花结实,仅有少数品种对光的反应比较大。例如,新疆奇台的农家奶花芸豆品种引到阿勒泰种植后,生育期明显延长,并有蔓生的趋向。奶花芸豆的性器官对光照极其敏感,花包初放时为乳白色,受精后在光照情况下逐渐变为粉红色、红色,最后凋萎时则变成紫红色;嫩荚为绿色,光照下,在鼓粒期绿荚表面上,逐渐着生紫红色的斑纹,成熟后期又变为白色;刚收获后的奶花芸豆的种子,乳白色种皮上分布着鲜红色的斑点或斑纹,非常亮丽,给人以赏心悦目的感觉,但在通过一段光照后,种皮的光亮度慢慢褪去,渐渐变成黄色→褐紫色→褐色,商品性大大降低,但发芽率不会降低,乃至数年后发芽率依然很高。

4.2.5.3　水分

奶花芸豆种子在适宜的温度、空气环境中,吸水达自身重量100%时开始发芽。花荚期为奶花芸豆需水临界期。"豆子开花捞鱼摸虾",这种说法也符合奶花芸豆的需水规律,在这一阶段如果缺水干旱,就会影响其正常的生长,严重时会极大地影响其产量和籽粒的商品性。奶花芸豆一生中需水量大约在250～300 m^3。

4.2.5.4　奶花芸豆对空气的要求

奶花芸豆是好气性作物,其生长发育离不开优异的空气。全生育期需要最适宜的空气湿度为50%～60%。植株密度过大,冠层郁蔽不利于通风透光,会影响到其正常的生长发育。

奶花芸豆的根着生丰富的根瘤菌,能够把空气中的氮素固定在体内。土壤中保持充足的空气,根瘤菌才能具有最大的固氮活性,把更多的氮固定在体内,供生长发育所必需,从而减少人工肥料的投入,减少生产成本。

另外,特定的小气候环境,有利于奶花芸豆生长发育的特殊需求,对单产的提高和品质的改善有重要的作用。

4.2.5.5　奶花芸豆种植适宜区气候区划

早熟品种需要≥10℃积温2300℃·d左右,晚熟品种需要≥10℃积温2500℃·d左右。

奶花芸豆生长的适宜温度为 12 ～ 34℃，最适宜温度为 15 ～ 30℃，如果所需的温度不能满足，则其生育时期就会延长，结荚减少，产量降低。阿勒泰市、哈巴河县种植奶花芸豆品质好产量高。如果 7 月平均温度 20℃以下，无霜期 110 天，奶花芸豆不能获得成熟。奶花芸豆不耐极端高温，在花荚期若气温连续 3 天超过 35℃，即会出现严重的落花落荚现象，如连续出现超过 37℃的高温，则花、荚会脱落殆尽。阿勒泰地区的奶花芸豆，在栽培实践中发现，既喜温热气候环境，又忌讳高热干燥，海拔 900 m 以下的区域，温湿环境对奶花芸豆的生长有利。哈巴河县萨尔塔木、库勒拜乡等地出产的奶花芸豆，籽粒大、饱满，颜色鲜艳，品质好，富蕴县南部的杜热乡和哈拉布勒根乡及阿勒泰市的红墩乡出产的奶花芸豆品质好、产量高。

目前阿勒泰地区种植的主流奶花芸豆品种有：

早熟型：阿芸 1 号，100 天；

中熟型：阿勒泰芸豆（农家品种），生育期 105 天；

晚熟型：阿芸 2 号、3 号，生育期 110 天。

按照奶花芸豆在当地的丰产特性提取有关气候因素，分析提出阿勒泰地区奶花芸豆气候适应性指标，见表 4.6。

表 4.6　阿勒泰地区奶花芸豆区划指标

	≥10℃积温（℃·d）	7 月温度（℃）	≥15℃积温（℃·d）	无轻霜期（d）	目标值
适宜区	2600 ～ 3500	> 22	1900 ～ 2300	> 120	2
次适宜区	2400 ～ 2600	21 ～ 22	2300 ～ 2700	110 ～ 120	1
不适宜区	< 2400，> 3500	< 21	< 1900，> 2700	< 110	0

奶花芸豆种植区域气候区划图见图 4.5。色标值 2 表示的黄色区域是阿勒泰地区奶花芸豆适宜种植区，对应的优势指标是 > 15℃积温范围 1900 ～ 2300℃·d，这片区域主要覆盖了乌伦古河中游、额尔齐斯河中游，以及两河的中上游河谷地区，另外，哈巴河县境内沿萨尔塔木、库勒拜、萨尔布拉克一线，都是奶花芸豆的优势产区。色标值 1 ～ 2 标识的湖绿色区域是次适宜种植区，主要是因为温度过高，对奶花芸豆生长造成一定的影响，对奶花芸豆生产具有潜在的危险性。色标值 0 ～ 1 标识的淡紫色区域是不适宜种植区，主要是热量条件不佳，对奶花芸豆生产造成直接影响，风险性较高，一般不建议在该区域种植奶花芸豆。

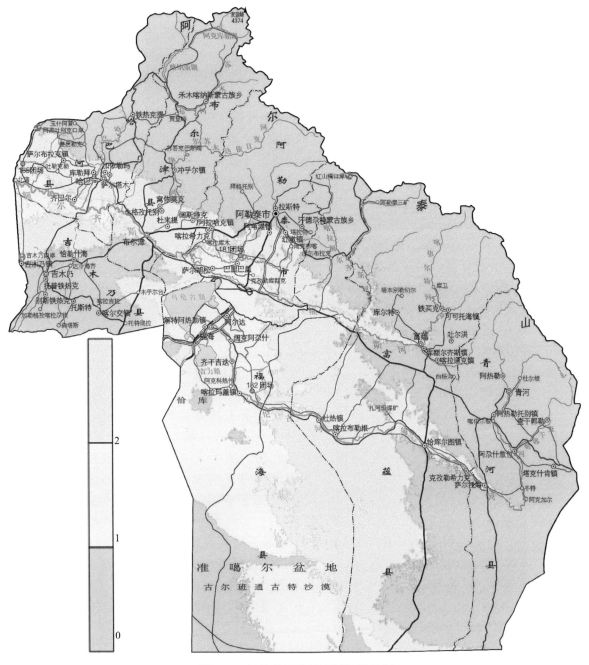

图 4.5　奶花芸豆种植区域气候区划

4.3　阿勒泰地区农业发展历程

4.3.1　阿勒泰农业的发端与现状

　　在人们心目中，在久远的历史长河中，游牧业是阿勒泰唯一的产业，"风吹草低见牛羊"，逐水草而居是当地人生活的真实写照。其实在很早的时候阿勒泰已经就有农业了。据史料记载，战国末期至两汉匈奴奴隶制国家强盛时期，数十万奴隶中有汉人奴隶 10 万以上,他们为匈奴贵族耕种,称耕奴。据历史记载,阿勒泰地区农业发端于西辽时期(公元 1124—1211 年),辽国西迁掳掠大批汉人始终不辍农耕。当时在今乌伦古河流域的居民中,有很多汉人从事农业生产,种植大麦、小麦、黍谷等。蒙古宪宗九年(公元 1259 年),常德在其《西史记》记述,他从布尔根河河谷到乌伦古河沿河西北行"近五百里*多汉民,有麦、黍、谷,约千余里乞则里八寺(即布伦托海),河西游为海,多鱼,可食。有碾石,亦以水激之"。这证明元朝时期,现在的青河县二台附近,以及经富蕴县的杜热到福海县的布伦托海一带的种植业,已经具有相当的规模了。

清同治七年(公元 1869 年),陕西一批难民为躲避战乱,辗转来到承化(阿勒泰旧称)东南郊,现红墩镇定居,后沿袭称"十姓四十八家"。他们修挖灌渠,开垦土地数百亩,开办水磨坊,也把关内精耕细作的农业技术和加工技术传播到了阿勒泰。在漫长的封建社会压榨下,苛捐杂税多如牛毛,从事农耕的人们民不聊生,加之战乱不断,"民皆无安土观念,难期实力经营,致土地既垦复荒者有之,渠道已修旋废者有之,每岁产粮无多,常资远道接济。"可见,那时候的生产力是多么落后,农民劳作一年连自己的肚子都填不饱,颠沛流离,难以安居乐业,故农业生产发展十分缓慢。

民国九年(1920 年),阿山垦务局招募垦民,清丈发放荒地。民国二十五年(公元 1936 年),成立"阿山土地委员会"以解决土地所有权等纠纷。当局重申:"无论何族皆有权耕种国家的土地,政府定有明令,凡生地经开荒耕种三年后即归开荒人自有,及应由县政府注册、纳粮。"这一举措大大提高了农民垦荒种地的积极性。截至新中国成立前夕,全地区共有耕地 9426.7 hm²,粮食平均单产 58.6 kg/亩。

新中国成立后,先进的社会制度极大地推动了社会生产力的发展。在"以农业为基础,以工业为主导"的方针指导下,国家大力扶持发展农业,作为少、边、穷的阿勒泰地区得到了国家更多优惠政策和财力支持。先后成立了互助组、初级社、高级社、人民公社,有组织、有计划地大力发展农业。通过兴修水利、引进(选育)新品种,政府发放各种涉农补贴,购置新农机,建立健全农作物种子生产经营管理体系、建立农业技术试验推广体系,实施种子工程,中低产改造、变产工程,农田扶持和倡导科学种田等措施,开创了阿勒泰地区农业的新纪元。

1949 年,全地区仅有耕地 0.94 万 hm²,作物以春小麦为主,只有少量的土黄玉米,塔尔米、油菜等生育期短的喜凉早熟作物。粮食、油料总产 6988 t,平均每公倾产量为 743.4 kg。其分布多在距水源近、引水灌溉便利的地段。1965 年,耕地面积增加到 14.2 万 hm²,其中"闯田"有 0.67 万 hm²,总面积增加了 14 倍,粮油总产达 59 217 t,平均每公顷产量为 417 kg,较 1949 年每公顷单产降低了 44%,可见当时是垦荒无序、耕作粗放,生产技术十分落后。1980 年,耕地灌溉面积增加到 15.7 万 hm²,建成了稳产、高产田 1.3 万 hm²,到 1983 年改变了阿勒泰地区吃外调粮的历史。1984 年,耕地面积调整到 10.4 万 hm²(不含生产建设兵团),总播面积 7.98 万 hm²,粮食作物 5.9 万 hm²,其中春小麦 5.7 万 hm²,粮食总产 98 816 t,折合每公顷单产 1674.8 kg。

自新中国成立初期到 2017 年,阿勒泰地区的耕地面积从 9426.7 hm² 增加到 25.58 万 hm²(不含兵团),增加了 27 倍;小麦单产从 58.6 kg/亩提高到 333 kg/亩,提高了 5.7 倍。多年来,不但实现了粮食自给有余,籽粒玉米还远销到中原、四川等

---

* 1 里 =500 m。

地。阿勒泰特色经济作物向日葵、籽瓜已成为我国的主产区之一，产品远销到韩国、东南亚各地。其中，向日葵面积占到新疆的 1/2、全国的 1/20。奶花芸豆更是受到外商青睐的特色农产品之一，远销到中东、欧洲等地。农业已是阿勒泰地区名副其实的主导产业，2017 年阿勒泰全地区农牧民人均收入达到了 12 985 元。阿勒泰地区 2017年农作物实际种植面积与产量统计见表 4.7。

4.3.2　农业耕作

阿勒泰地区的农业气候资源特点决定了一年一熟的种植模式。从阿勒泰地区土地利用示意图可以粗略了解到主要农业种植区的分布，见图 4.6。北部山谷、山间小盆地，青河、吉木乃两县大部地区无霜期短、积温较差，适宜种植喜凉作物（春小麦、马铃薯等）、

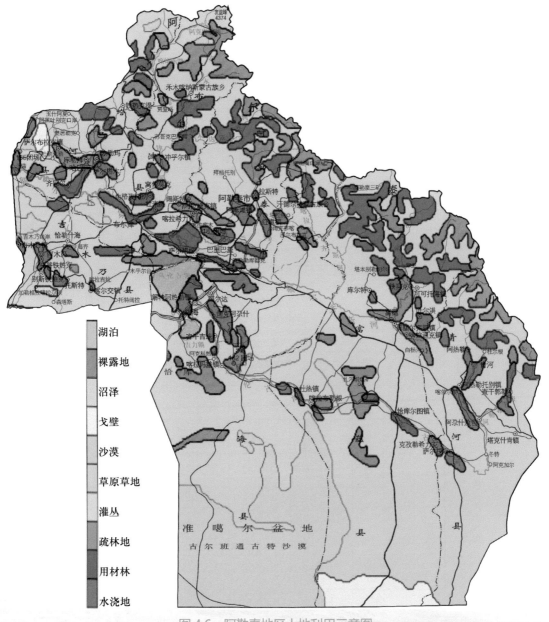

图 4.6　阿勒泰地区土地利用示意图

表4.7 2017年农作物实际种植面积与产量

	阿勒泰市			布尔津县			哈巴河县			吉木乃县			福海县			富蕴县			青河县			合计		
	面积(万亩)	总产(t)	单产(kg/亩)	面积(万亩)	总产(t)	单产(kg/亩)	面积(万亩)	总产(t)	单产(kg/亩)	面积(万亩)	总产(t)	单产(kg/亩)	面积(万亩)	总产(t)	单产(kg/亩)	面积(万亩)	总产(t)	单产(kg/亩)	面积(万亩)	总产(t)	单产(kg/亩)	面积(万亩)	总产(t)	单产(kg/亩)
总播面积	67.87			46.00			65.03			16.09			104.42	106117.00		50.21			33.44			383.66		
粮食作物	7.83			7.83			9.95			6.98	29780		15.77	106117.00		21.19	112402.1		14.84			76.79		
小麦	0.44	1400	315	1.27	4000.5	315	1.95	6029.81	310	6.55	23580	360	6.49	20168	311	10.26	33679	328	12.43	44511	358	39.56	133369	338
玉米	3.55	22033	620	6.3	41454	658	5.26	29448.16	560	0.31	2480	800	8.36	65744	786	9.32	70021	751	0.62	3462	560	33.72	234642	696
大豆	0.03	29	110	0.1	231	213	1.13	1928.48	170				0.08	180	225							1.26	2368	177
奶花芸豆	1.75	2070	118	0.09	193.5	215	0.34	490.10	145													2.26	2754	126
杂豆				0.01	20.1	201	0.23	345.00	150							1.39	2202.9	158	0.17			1.81	2568	182
大麦				0.02	40.4	202	0.0037	7.59	205													0.03	48	160
薯类	0.44	11683	2650	0.04			0.36	7560.00	2100	0.12	3720	3100	0.8	20025	2500	0.22	5336.9	2447	0.92	20655	2240	2.95	68980	2338
其他	0.05	60	110				0.68	746.02	110				0.04						0.7		180	1.47		

个别地方可种植极早熟喜温作物，个别品种在特殊年份不能完全成熟；两河（额尔齐斯河、乌伦古河）之间及南部地区、北部山前丘陵、倾斜平原，无霜期较长，热量资源较好，种植作物具有多样性，种植小麦一年一季热量资源有余，中熟玉米品种可成熟。

4.3.2.1　撂荒与休耕

撂荒是一种古老的耕作方式，是社会生产力比较低下时，资源农业的一种生产方式。开垦土地一些年后，由于种植投入不足，土壤肥力严重下降，产不敷出，于是就把它弃耕，让耕地休养生息一段时间，靠自然力使其肥力有所恢复，过些年再复耕，这种方法在耕作学上称之为撂荒。传统的撂荒制多适用于雨润农业，早期阿勒泰的山旱地，当地称之为"闯田"，惯用这种方法，优点是投入少、成本低，缺点是对自然资源有掠夺之虞，风险也大。目前，与我们相邻的哈萨克斯坦国有部分区域，仍然在延续这种生产方式。

在人民公社时期，由于当时人们的环保意识淡泊，加之工业落后，化肥生产少，农家肥不能满足生产需要，肥料投入严重不足，只能盲目地用增加面积的方法来增加粮食总产，由于产投比低，不得不"打一枪换一个地方，甚至打一枪换几个地方"，被人们戏称之为"游耕"。这种耕作方法的后果是，造成了大面积次生盐碱化，不能继续耕种。在历史上阿勒泰地区曾发生过耕地面积从 157 333.3 hm^2 下降到 104 433.3 hm^2 的沉痛教训。

值得注意的是，近年来，随着阿勒泰地区食葵的远近驰名，种植面积逐年扩大，2017年已达 46 666.7 hm^2，占总播面积六分之一强。大规模种植食葵的人，不是真正土里刨食的农民，而是唯利是图的商人，哪里有新开发的土地，他们就会趋之若鹜，不惜高价，数千亩、数万亩地承包种植，掠夺式开发，每亩承包费最高达 1600 元。向日葵是高耗钾作物，每生产 100 kg 向日葵大约需要 18 kg 左右的氧化钾，生荒地含钾非常丰富，加之优越的光热水土条件，所生产的食葵不但产量高，而且籽粒饱满、成色好，最高亩产可以达到 300 kg 以上，每千克价格高达 15 元以上，利润十分惊人！这种水土开发模式的后果是土壤含钾量急剧下降，白色污染迅速上升。据测定，阿勒泰地区的土壤状况已经从缺磷、少氮、钾丰富，变化到缺磷、少氮、钾不足，甚至有的地方呈现严重不足的状况。严重的地方，土壤的钾含量已经从 > 400 mg/kg 下降到 40 mg/kg 左右，下降了 10 倍，下降速度触目惊心。另外，白色污染也是惊人的，有的地块经过多年的种植，土壤耕作层内塑料地膜的累积量已经达到 17 kg/亩以上，这种掠夺性、"饮鸩止渴"的开发方式，已经极其严重地影响到了阿勒泰地区农业发展的可持续性，应引起各级政府部门及有关单位、农户的严重关切，应该立即予以纠正和采取得力的补救措施！

休耕是指耕地在可种作物的情况下只耕不种或不耕不种的方式，是现代农业条件下人类积极的耕作方式，也是现代农业可持续发展的重要保障手段之一。休耕分季节性和年份间休耕，季节性休耕是在一年两熟或一年多熟的条件下，只种一季或两季；年份间休耕是隔一年或多年再种植。

撂荒往往是落后生产力条件下的无奈之举，休耕是一种人类有意识的积极行为，二者是有本质区别的。目前，阿勒泰地区仍有少量的山旱地采取休耕的耕作方式。

4.3.2.2　轮作

轮作是用地与养地相结合的一种农业措施，是在同一块地上轮换种植不同的作物种类，也称换茬、倒茬。中国是农耕文明的古国，在很早的时候，古人就开始重视轮作倒茬了。北魏《齐民要术》中有"谷田必须岁易"，"麻欲得良田，不用故墟"。"凡谷田绿豆、小豆底为上，麻黍、芜箐、大豆为下"。可见那时候，不但将轮作用于生产，而且已经把它上升为理论了。

用现代的科学来分析，轮作的理论依据是利用了生物间的相生相克原理。合理轮作有很高的生态效益和经济效益。

4.3.2.2.1 轮作的主要作用

（1）防治有害生物

将感病的寄主作物与非寄主作物实行轮作，可消灭或减少这种病菌在土壤中的数量，减轻病害；作物根部的分泌物对某些病菌具有抑制作用，如玉米的根部能分泌草酸，对向日葵菌核病的子实体具有抑制萌发作用；有些作物的分泌物对危害作物根部的线虫有灭杀和抑制作用。因此，轮作不感病虫的作物，可使其在土壤中的虫卵减少，病害减轻。

合理的轮作也是综合防除杂草的重要途径，因不同作物栽培过程中所运用的不同农业措施，对田间杂草有不同的抑制和防除作用。密植的谷类作物封垄后对一些杂草有抑制作用；玉米、向日葵、甜菜等中耕作物，通过化学除草、中耕锄草，不但能够防止对当季作物的危害，还能阻止和减少杂草种子的留存，减轻对下茬作物的危害；一些伴生或寄生性杂草如小麦田间的燕麦草、豆科作物田间的菟丝子，轮作后由于失去了伴生作物或寄主，能够被消灭或者危害被抑制；水旱轮作，通过水、旱的交替作用，不但使一些旱生、水生型杂草丧失发芽能力，还能把一些旱生的土媒传病菌给"沤烂"，从而达到良好的防除效果。

（2）调节土壤肥力

轮作可均衡利用土壤养分：各种作物从土壤中吸收各种养分的数量和比例各不相同。禾谷类作物对氮和硅的吸收量较多，而对钙的吸收量较少；豆科作物从土壤中吸收大量的钙，而吸收硅的数量极少，因此两类作物轮换种植，可保证土壤养分的均衡利用，避免其片面消耗。

谷类作物和多年生牧草有庞大根群，轮作可疏松土壤、改善土壤结构；苜蓿、大豆、籽瓜等作物可直接增加土壤的有机质来源。

另外，轮种根系伸长深度不同的作物，深根作物可以利用由浅根作物溶脱的向下层移动的养分，并把深层土壤的养分吸收转移上来，截留在根系密集的耕作层。轮作可借根瘤菌的固氮作用，补充土壤氮素，如花生和大豆每亩可固氮 $6 \sim 8$ kg，多年生豆科牧草固氮的数量更多。

4.3.2.2.2 轮作的方式

（1）水（稻）旱（粮、经）轮作

水旱轮作可改变土壤的生态环境，增加水田土壤的非毛管孔隙，提高氧化还原电位，有利土壤通气和有机质分解，消除土壤中的有毒物质，防止土壤次生潜育化过程，并可促进土壤有益微生物的繁殖。

1958 年有农业技术人员在哈巴河县的柳树沟试种水稻成功，但限于当时的品种及技术水平，产量不高，亩产只有 50 kg 左右。20 世纪 70 年代兵团农十师先后育成了阿稻 1 号、阿稻 2 号，阿勒泰地区从此有了真正意义上的水稻种植，开启了水旱轮作的新纪元。一般采用直播（撒播）法，种植 $1 \sim 2$ 年的水稻，再种植 $1 \sim 2$ 年的小麦或油葵等。种植区域有地区二牧场，富蕴县的喀拉布尔根、杜热以及农十师 183 团、187 团、188 团场等地，

20 世纪 90 年代在福海县的阿克吉拉也有水稻种植，单产也相当不错。水稻种植比较费工，因为是"格田灌"，格田内一定要整平，一般是上年把地翻好，翌年开春后再筑埂、泡田、整地，为了不误农时，在田间作业的同时，实行种子室内"催芽"。种植水稻费工费时，产量也不是很高，一般最高亩产在 300～400 kg，效益不高。虽然水旱轮作是一种很好的耕作模式，阿勒泰地区的水资源又相对丰富，但是由于种种原因，在阿勒泰地区却没有大面积推广。2010 年，在吉林、黑龙江援疆项目支持下，在阿勒泰市、福海县、富蕴县等地做过旱稻的种植试验，但是最终也没有在较大面积上推广成功。

（2）草田（草）轮作

草田轮作是指苜蓿草与粮食作物的轮作，是阿勒泰地区农业生产中最佳的耕作模式之一。阿勒泰地区是最典型的农、牧结合的地区。苜蓿种植最多时达 40 000 hm² 以上。苜蓿是多年生宿根豆科作物，素有牧草之王的美称，根部又着生丰富的根瘤菌，是很好的养地作物。苜蓿作为前茬在农业上称之为"红茬"。苜蓿和禾本科作物轮作是最佳的搭配。经过多年的苜蓿种植，土壤里积累了大量的养分，可供下茬生长需要，同时又可避开寄生（伴生）有害生物累积的危害。计划经济时代，"以粮为纲"，因为粮食常常不够吃，追求的首先是社会效益，苜蓿的下茬作物首选是小麦，一般种植苜蓿 4～6 年，翻耕后种植小麦 2～3 年，再种植其他作物。近些年来，有些地方苜蓿的下茬作物选择了青贮玉米，这种轮作方式也是最佳的搭配之一。一般来说，苜蓿的下茬作物不易种植豆科或者双子叶作物，以便避开有害生物的相生作用。

（3）粮经轮作

粮经轮作，即粮食作物与经济作物轮作，常见的模式有：

a. 小麦→向日葵→玉米→籽瓜→甜菜→豆类→；

b. 豆类→小麦→甜菜→玉米→向日葵→；

c. 小麦→马铃薯→玉米→向日葵→豆类→籽瓜→。

一般来说，两种"耗地"作物不宜在相邻年份种植，例如向日葵、甜菜同为"耗地"作物，不宜互相作为前后茬，应该遵循种养结合、优势互补的原则。在现实生产上，由于受到多种因素的制约和利益的驱使，严格的轮作倒茬往往难以做到，一定程度上影响了农作物产量的提高和品质的改善，以及农业的高效性和可持续性。

4.3.2.3　连作（重茬）

连作或叫重茬，是指同一科或同一种作物，在同一块土地上种植三年（第一年叫新茬或生茬，第二年连续种植叫迎茬）或三年以上的种植方法。连作（重茬）容易造成作物营养失调、有害生物量增大；同时由于作物根部分泌的有害物质长期积累，会影响作物对水肥的吸收，也会抑制有益微生物的繁殖及活性。最终导致作物生长发育不良、单产下降、品质变差，甚至发生烂果、死株现象。不同作物耐连作（重茬）的程度不同。茄科作物最不耐连作，茄子、辣椒、西红柿、马铃薯都不耐重茬，尤其是烟草哪怕是迎茬也会发生大量死苗现象，产量低，品种极差。甜菜、瓜类、向日葵、豆类等不宜连作。连作往往是受到自然条件的限制或是受到重大利益驱使，连作在阿勒泰地区造成的不良后果不乏其例。如，地区一农场是最早种植籽瓜的地方，起初效益非常好，加之销售渠道成熟，种植籽瓜一度成为了当地人的习惯，但随着多年连作，最终导致产量急剧下降，最低亩产只有 30 kg 左右，连年亏损，不得不改种其他作物，有的地块甚至被弃耕；还有一个典型的事例，阿勒泰地区是向日葵最适宜种植区，所生产的食葵以其粒子大、成色好而走俏疆内外市场，利益驱使，膨胀性种植，不可避免地连作，不但造成地力迅速下降，而且有害生物呈加重蔓延之势，2017年全地区仅因棉铃虫爆发造成的损失就达上亿元。连作的教训常常是沉痛的，生产上应该尽量避免或者减少连作，坚持作物的多样化种植轮作，以保障种植业的高产、高效和可持续性。但是，有的作物适合连作，例如棉花、小麦等。由于受到自然资源的限制，青河县的有些地方小麦连作年份达到40～50年，仍然能够获得高产，这种条件下高产的机理值得科技工作者去作深入的研究。

4.3.2.4　复种（复播）

复种又称复播，是指一年内在同一块地上，收获两茬或两茬以上作物的耕作方式。复种是我国精耕细作的传统农业，是最大限度利用自然资源、增加收成的重要手段之一。阿勒泰地区虽然资源有限，但不是没有潜力可挖，其中有很多非常成功的典型。

4.3.2.4.1　夏作复播

福海县、阿勒泰市等地是热量资源较好的地区，春小麦成熟期基本在7月底、8月初，收获后尚有可观的热量资源剩余，复播速生叶菜类蔬菜或者绿肥有不少成功的先例。

为了充分利用当地的光、热、水、土资源，提高复种指数，增加经济效益，2010年代，胡学林等（2011）在国家公益性行业（农业）科研专项《提高复种指数增加粮油播种面积与保护农田生态环境的技术研究与示范》的支持下，开展了冬油菜复播粮、草的试验研究。该项研究充分利用冬油菜的喜凉特性，冬前利用春小麦、早熟秋作物收获后至初霜前的有效积温和翌年开春后的一段有效积温，6月底或7月初冬油菜成熟后，至9月份初霜来临之前，尚有≥10℃积温1300℃·d以上的条件，复播青贮玉米、早熟燕麦、荞麦、特早熟油葵，取得了很大的成功，经济效益、社会效益、生态效益非常显著。但是，这种种植模式必须有一个前提条件，即冬油菜在阿勒泰地区要想安全越冬，必须有20cm以上的稳定积雪覆盖。根据连续试验的结果，在冬季最低气温–39.3℃的情况下，冬油菜在积雪厚度0cm时越冬率为0，积雪厚度10cm时越冬率为8%，积雪厚度20cm时，地面温度为–15℃时，越冬率为75%，基本满足冬油菜安全越冬的要求。积雪厚度30cm时越冬率为90%，积雪厚度超过40cm时，越冬率95%以上。因此，冬季20cm稳定积雪是阿勒泰地区冬油菜安全越冬的临界厚度。该试验研究分别在181团、182团、福海县农科所、阿勒泰市阿苇滩进行，根据试验结果，冬油菜复播作物适宜区域为额尔齐斯河以北至国道G217线，西接省道S227两侧，由于种植习惯等原因，冬油菜复播这项非常成熟的研究技术成果目前推广面积还不够大。

4.3.2.4.2　混播

混播是在同一块土地上同时播种两种或两种以上作物，充分利用时间、空间的合理分布，以及作物间相生互补的优势，在有限的资源中取得最大的效益。混播的重要特点是所播作物种子不一定排列有序。在阿勒泰地区最典范的混播模式是小麦和苜蓿的混播。在热量较好的地方，小麦收获后尚有一定的光热资源富裕，而直播苜蓿当年产草量又不多，并且苜蓿为小种子，幼苗十分弱小，常常遭受到风灾侵袭，保苗很困难。小麦与苜蓿混播，小麦能够对苜蓿幼苗起到掩护作用，使苜蓿幼苗免受风沙的损害，另外苜蓿为豆科作物，本身有固氮作用，不与小麦争夺养分，小麦收割后，通过加强管理，可以收一茬苜蓿，一般亩产在100kg左右，或者秋冬直接放牧。这种混播模式能够充分利用各种资源，具有相得益彰的功效。20 世纪 90 年代在 WFP2817 项目区，小麦与苜蓿混播模式，曾受到联合国粮食计划署官员的高度评价。苜蓿与燕麦混播见图 4.7。

图 4.7　苜蓿与燕麦混播

4.3.2.4.3　间作套种

（1）间作

间作是指在同一土地上按照一定的行、株距和占地的宽窄比例种植不同种类的农作物，间作是运用群落的空间结构原理，以充分利用空间和各种资源为目的而发展起来的一种农业生产模式，也称为立体农业。一般把两种以上作物同时期播种的方法叫做间作。间作是我国农民的传统经验，是农业上的一项增产、增效措施。间作能够合理配置作物群体，使作物高矮成层，早晚结合，相间成行，有利于改善作物的通风透光条件，提高光能利用率，充分发挥边行优势的增产作用。阿勒泰地区比较早的成功间作典型是玉米和大豆间作、玉米和奶花芸豆间作。最近几年发展起来的玉米和籽瓜间作（图 4.8）、晚熟甜瓜与奶花芸豆间作，都有很好的成功经验和显著的经济效益。

玉米和籽瓜间作田间设计，一般籽瓜行距 0.6 m+1 m，株距 0.25 m（宽窄行：瓜床膜上 1 m，瓜沟间 0.6 m），亩保苗 3200 株左右；玉米行距 3.2 m，株距 0.3 m，亩保苗 850 株。一般情况下单产可以实现籽瓜 150 kg ／亩、玉米 170 kg ／亩，经济效益、生态效益、社会效益十分可观。

晚熟甜瓜（哈密瓜）与奶花芸豆间作（图 4.9），一般设置甜瓜床宽 4 m，瓜沟上部宽 1 m，深 0.4 m，用 0.7 m 宽地膜平铺瓜床两侧。甜瓜沿地膜中心线播种，株距 0.4 m，亩保苗 700 ～ 800 株，亩收获株数 750 株左右；奶花芸豆沿地膜压土带播种，一膜两行株距 0.2 m，亩保苗株数 3200 株，亩收获株数 3000 株，在正常情况下，每亩可收获商品甜瓜 1500 ～ 2000 kg，奶花芸豆 100 kg。

图4.8　玉米与籽瓜间作

图4.9　奶花芸豆与晚熟哈密瓜间作

（2）套种

套种的原理与间作相似，但套种作物在播种时间上是错开的，即分期播种。阿勒泰地区常见的套种有：林带套种苜蓿、油葵，黑加仑套种燕麦（图4.10）、瓜菜，效益都很好。套种会增加一定的生产成本，但是效益也是十分显著的。

图 4.10　黑加仑套种燕麦

4.3.3　田间基本耕作

田间基本耕作是用物理的方法，使土壤中水、肥、气、热、微生物互相协调，为农作物生长提供一个舒适的"温床"，最大限度地发挥各种优势，获得最高的生物、经济产量。

4.3.3.1　犁地

犁地，也称耕地或翻地。犁地能够使土壤疏松，通过晒垡使土壤熟化、分解有害物质，以利于农作物的生长。在新中国成立初期，生产力非常低下，犁地基本靠"二牛抬杠"，为减少阻力，犁子只有犁铧没有犁壁，犁地类似于"冲沟"，耕深也很浅，基本在 10 ～ 12 cm。随着生产力的发展，马拉"洋犁"（新式步犁）逐渐替代了"二牛抬杠"，由于新式步犁改进了犁铧并加装了新式犁壁，使所产生的土垡发生翻转，能把下层的土壤翻转到上边来进行熟化，耕地质量得到了很大的提高，其耕地深度也增加了很多，一般耕深在 15 cm 左右。

随着工业化的进步，自 20 世纪 50 年代后期开始，很长一段时间里，东方红 -54、东方红 -75 链轨拖拉机牵引（悬挂）五铧犁，一直占领着犁地作业的统治地位，耕地的深度也有很大提高，一般在 18 ～ 20 cm。20 世纪 90 年代中后期，大马力轮式拖拉机悬挂反转五铧犁，开始淘汰老式犁地方法，大马力轮式拖拉机具有机动性强、行进速度快的特点，同时由于采用了反转犁，地头不用"跑空"，大大提高了犁地作业效率，也解决了传统犁地方法无可避免的"塪沟"问题，使耕过的熟地更加平整，最近几年 GPS、北斗定位技术也广泛应用在犁地作业上，在犁地作业中"中间不留地心，地头不留三角"的基本要求，从根本上得到了保障，犁地作业质量提高到了一个崭新的水平。

4.3.3.2　整地

整地是农事活动的重要环节之一，但是粗放的耕作方式中基本没有整地这个过程，犁地时直接把种子撒在前一犁的犁沟中，后一犁跟着掩埋，没有整地过程。20 世纪 70 年代在阿勒泰的沿山旱地的耕作方式中，往往可以看到"东方红"拉着五铧犁，把一麻袋小麦种子放在犁架上，旁边坐着两个人，边犁地边撒种子，五铧犁后面带一个刺条编的耱子，犁、耙、播一次完成，这种现代与原始相结合、高效率的耕种方法，显得非常奇特，成为了当时浅山春天旱地上的一道亮丽的风景。

4.3.3.3 耙地

耙地是我国精耕细作农业中最基本最重要的整地方法，钉齿耙是整地的唯一也是最为有效的农具。犁地后"趁墒"耙地，要"犁虚耙实""上虚下实"，这些农谚非常具有科学道理。犁虚：通过犁地使土壤疏松起来，利于作物根系生长；耙实：通过耙地使土壤松碎，土粒之间能适度地结合，又有一定的空隙度，起到含蓄水分和空气的作用，因此利于作物的生长。上虚：通过耙地使表层 5 cm 左右的土壤疏松，切断土壤表层的毛细管，阻止下层毛管水到达地面，因而能够减少蒸发，同时由于表层土壤疏松，空隙度较大，便于空气流通，提高地温，有利于种子发芽；下实：通过耙地使下部土壤有一定的"紧实度"，形成毛细管，能够含蓄更多可供作物利用的毛管水，因此，耙地具有保墒、提墒的作用。

20 世纪 50—60 年代，大型现代化农业机械开始进入田间进行整地作业。牵引式圆盘耙、缺口耙的应用不但提高了整地的效率，而且也提高了整地质量；大型平土框、刨式平地机（刮土机）的应用进一步提高了整地的质量。

20 世纪 70 年代开始，农业科技工作者经过长期的实践研究，制定了整地质量六字标准："齐、平、松、碎、净、墒"。齐：整地时要到头、到边，整齐一致；平：要把地整平，对于灌溉农业来说，地面平整是夺取农作物高产最基本的保证；松：通过整地使待播的地块达到疏松的目的，做到上虚下实，虚实有度；碎：使田间没有大的石块、坷垃，表层土比较细碎；净：田间不留作物残茬、杂草、残膜等异物；墒：通过整地使待播的地块有良好的墒情，一般田间持水量保持在 30% ～ 40%。整地质量"六字标准"非常经典，至今仍然在沿用。

进入 21 世纪，大马力轮式拖拉机牵引联合整地机开始广泛应用，联合整地机集切、旋、耙、平、耱等作业为一体，一次同时完成多种作业，不但大大提高了整地效率，而且整地质量也有了质的飞跃，真正能够实现"齐、平、松、碎、净、墒"的六字整地标准。

4.3.3.4 中耕

中耕即为锄地，《锄禾》的诗句在中国可以说是妇孺皆知。在传统农业中，中耕和除草是同时完成的，锄地的过程也是除草的过程。中耕是田间管理的重要环节，在中国精耕细作农业中其重要性显得尤为突出。农谚说得好："锄头有火，锄头有水。"这句话表面上看起来互相矛盾，其实内在却隐含着非常精辟的科学道理。土壤阴湿板结、低温冷害，易造成弱苗，严重影响作物正常生长和发育。通过深中耕，使上部土壤疏松，透气性增加，利于空气的热交换，根部的土壤温度得以提高，从而能够促进作物的生长，所以说"锄头有火"；久旱不雨，土壤水分蒸发迅速，作物受旱严重，通过浅中耕，使表层土壤疏松，切断了上部的毛细管，使土壤水分蒸发到达空气中的联通体遭到破坏，一定程度上阻止了毛管水的蒸发，减缓了旱情，因此，中耕具有保墒的作用，也就是"锄头有水"。

传统的中耕主要靠人工，随着农业机械化的普及，当前的中耕基本上是以拖拉机牵引松土铲、松土齿进行作业。

现代农业中，中耕对于除草已经是辅助作用，除草主要靠化学方法，即化学除草剂。土壤封闭、田间选择性灭草农药已经广泛地应用到农业生产中。化学除草主要是通过化学制剂对植物种子、植株内酶的破坏，使其丧失生命力，从而达到除草的效果。化学除草具有多、快、好、省的功效，但是，化学除草易引起土壤污染和人畜中毒，过量使用除草剂不利于农业的可持续性和食品安全。

4.3.4　农作物种子

4.3.4.1　改革开放前的农作物种子应用与选育

新中国成立初期，阿勒泰地区农业生产十分落后，农作物种子选育几乎是一片空白，既没有专门的生产（科研）经营机构和专业队伍，更没有良种，在生产上使用的都是当地的农家土品种。例如：玉米品种的"本地黄"，小麦品种的"黑芒麦""红大头""大白麦"等。家家种田，户户留种，有时政府通过粮食局以货款形式将"籽种"发放给农民耕种。以粮代种，种粮不分，粮食生产水平很低，1959 年全区小麦平均亩产只有 41.7 kg。1959年以后全地区及各县市相继成立了种子站。当时在"四自一辅"（即：自选、自繁、自留、自用，辅之以必要的调剂）方针的推动下，各人民公社均成立了种子队和良繁场，引进了一些新品种，如小麦品种："卡捷姆""解放 2 号""阿勃""赛洛斯"；玉米品种维尔 -42、京 8 号等；向日葵品种：先进工作者（前苏联波尔列维克）等，对农作物单产的提高起到了一定的促进作用。初期种子站设在粮食局，无专职人员和专门的生产经营机构，良种制种困难，品种混杂退化严重，良种推广速度缓慢，新品种在生产上的增产优势没有充分发挥出来。

改革开放前，全区小麦平均亩产仅为 73 kg，玉米平均亩产不足 200 kg。生产水平依然很低。1977 年 12 月底，经阿勒泰地区革命委员会批准，成立了真正意义上的种子生产经营、管理机构，核定编制 5 人，与地区农科所设在一起，财务独立，隶属地区农业局、农垦局。其职能集生产经营、管理、新品种引进与技术服务于一体，1978 年初人员陆续到位、工作。随后，各县市种子站相继归属农业行政部门管理，逐渐健全了专门的机构和技术队伍，专业技术人员不足，条件简陋，没有经费。虽然开展工作困难重重，但是理顺了关系，全地区种子工作从此走上了专业化、正规化的道路。

4.3.4.2　种子生产经营及新品种选育

中国共产党十一届三中全会决定我国实行全面改革开放。种子工作作为农业最基本最重要的工作被特别重视起来。1978 年 4 月，国务院批准农业部《关于加强种子工作的报告》，批准在全国建立各级种子公司，并实行行政、技术、生产经营三位一体的机制。同时提出了农作物种子实行"四化一供"的方针。"四化一供"，即农作物种子品种布局区域化、种子生产专业化、种子加工机械化和种子质量标准化，以县为单位统一供种。自此，在全国进行试点并逐步推广。

1979 年初，阿勒泰地区革命委员会根据自治区革命委员会的指示精神，在地区种子站、福海县种子站、布尔津县种子站的基础上分别组建各级种子公司，并由自治区分配人员、增加编制，其余各县市仍由种子站负责抓好种子工作。当时地区种子公司生产经营场所建在阿勒泰市红石路大冷库旁。至此，全地区形成了完善的种子管理体系和生产经营技术服务网络，新品种生产经营与推广服务的体制机制开始逐步完善。各级财政负担人员工资，每年拿出一定流动资金支持种子公司（站）的经营活动，经营价格由政府定价。一般情况下扣除运杂费，只允许有 10%～15% 的利润，用于公司（站）的自身发展。为农服务，做到了满足供应、质量保证、服务周到。优良品种已成为广大农牧民增产、增收、脱贫致富的生命线。

阿勒泰地区作物品种综合性状的适应性，是制约当地农作物单产提高的重要屏障。加强新品种的选育工作，仅春小麦育种课题组，全区就组建了四个，涌现出一批具有优良性状的新品种（系）。

春小麦育种：韩新成、尚君华选育的"阿春一号"春小麦品种在全区推广，年最高播种面积达 23 800 hm²，从此开始良种育、繁、推一体化进入了快速发展时期。一批适合本地区种植的新品种相继诞生，并迅速在全区推广，其中"阿春一号"一度成为阿勒泰地区的春小麦当家品种，并由于其性状优良被载入《中国小麦志》名录。李用世选育的春小麦品系 739–5–1，在富蕴县喀拉通克乡 0.24 hm² 土地上，创造了阿勒泰地区小面积亩产 816.5 kg 的超高产纪录，该纪录至今尚无人打破。良种良法技术不断配套完善，一批批新品种的出现和快速推广，使粮食单产逐年提高，1984 年阿勒泰地区实现了粮食自给。

玉米育种：罗思华、王易芬选育的"阿单 1 号"玉米单交种，因高产、"皮实"，作为阿勒泰地区的当家品种，并被南疆等地引进，作为当地复播主栽品种。

向日葵育种：黄祖忠选育的油葵品种"阿葵 1 号"（原品系 465-218）不但填补了阿勒泰地区油葵品种的空白，而且在北疆各地广泛种植，并被引种到甘肃、西藏等地。

大豆育种：阿勒泰地区是新疆春播大豆的主产区，长期以来虽有大面积种植，但无本地品种。对此，地区种子站专家江福乔及课题组，在自治区农科院、地区农科所引进黑河五号的基础上选育出早熟、大粒型的大豆新品种"阿豆 1 号"，该品种每年在本地区推广 10 余万亩，并大面积用于新疆冬麦区的复播和救灾备荒，最多年份向外地供种 500 余 t。

奶花芸豆育种：阿勒泰地区三个独具地方特色作物之一的奶花芸豆品种，被地区命名和自治区认定，经查"阿芸 3 号"新育种水平达到国内先进技术水平，被引种到甘肃和山西等地种植。

自 1978—2002 年（2002 年以后阿勒泰地区农作物品种审定委员会被上级撤销），阿勒泰地区共选育各类农作物新品种 25 个。其中小麦品种 8 个：阿春 1 号、阿春 2 号、阿春 3 号、阿春 4 号、阿春 5 号、阿春 6 号、阿春 7 号、阿春 8 号；水稻品种 2 个：阿稻 1 号、阿稻 2 号；玉米品种 8 个：阿单 1 号、阿单 2 号、阿单 3 号、阿单 4 号、阿单 5 号、阿单 6 号、阿单 7 号、阿单 8 号；大豆品种 4 个：阿豆 1 号、阿豆 2 号、阿豆 3 号、阿豆 4 号、；奶花芸豆品种 3 个：阿芸 1 号、阿芸 2 号、阿芸 3 号；油用向日葵 1 个：阿葵 1 号。在这些品种中虽有个别品种是昙花一现，但绝大多数为改变阿勒泰地区种植业格局、提高单产、增加农牧民收入做出了巨大贡献（表 4.8）。

表 4.8　阿勒泰地区地方种子品种一览表

作物	品种	种子类别	育种时间（年）	育种人
春小麦	阿春 1 号	常规种	1978	韩新成、尚君华
春小麦	阿春 2 号	常规种	1984	韩新成、尚君华
春小麦	阿春 3 号	常规种	1984	韩新成、尚君华

作物	品种	种子类别	育种时间（年）	育种人
春小麦	阿春 4 号	常规种	1991	罗恒等
春小麦	阿春 5 号	常规种	1991	李用世等
春小麦	阿春 6 号	常规种	1995	韩新成、尚君华
春小麦	阿春 7 号	常规种	1998	韩新成、尚君华
春小麦	阿春 8 号	常规种	1998	热依木、许盛宝等
玉米	阿单 1 号	杂交种	1982	罗思华、王易芬
玉米	阿单 2 号	杂交种	1982	焦维忠等
玉米	阿单 3 号	杂交种	1991	罗思华、王易芬
玉米	阿单 4 号（中南 2 号）	杂交种	1998	程箴华、唐玉清、张更生等
玉米	阿单 5 号	杂交种	1998	罗思华、王易芬、裴成刚等
玉米	阿单 6 号	杂交种	1999	罗思华、王易芬、裴成刚等
玉米	阿单 7 号	杂交种	2000	罗思华、王易芬、江福乔等
玉米	阿单 8 号	杂交种	2002	梁晓玲、江福乔等
水稻	阿稻 1 号	常规种	1981	张新政等
水稻	阿稻 2 号	常规种	1984	张新政等
大豆	阿豆 1 号	常规种	2000	江福乔、李愚超等
大豆	阿豆 2 号	常规种	2002	季良、彭琳、李愚超等
大豆	阿豆 3 号	常规种	2000	季良、彭琳、李愚超等
大豆	阿豆 4 号	常规种	2002	季良、彭琳、李愚超等
奶花芸豆	阿芸 1 号	常规种	2000	季良、彭琳、李愚超等
奶花芸豆	阿芸 2 号	常规种	2000	江福乔等
奶花芸豆	阿芸 3 号	常规种	2004	叶尔肯别克、江福乔、李愚超等
向日葵	阿葵 1 号	常规种	1998	黄祖忠等

　　阿勒泰地区种子工作者在积极自主选育新品种的同时，也积极引进外地（国）优良品种在本地试验后加以推广。自 1978 年至今，共从区外引进各类新品种 50 余个，经筛选后确定了不同生态区的主栽品种和搭配品种。截至 2017 年，阿勒泰地区小麦良种覆盖达 80% 以上，小麦高产县青河县的种植水平已与全疆春小麦生产先进县奇台县看齐，该县查干郭勒乡 1333.3 hm² 新春 29 号，连续多年平均亩产在 500 kg 以上。玉米、油用向日葵杂交覆盖达 100%，年销售杂交种 600 余 t 单产居全疆之首。2017 年全区小麦、玉米、大豆、油葵主要农作物平均亩产分别达到了 338 kg、696 kg、177 kg、185 kg，较 1978 年平均单产成倍提高，其中良种的贡献率至少在 20% ～ 50%，甚至更多。

4.3.4.3　当前农作物品种现状与要求

4.3.4.3.1　作物品种现状

（1）当前农作物品种现状：由于各种原因，自 21 世纪初期开始，阿勒泰地区本地育种工作相继停止，农业用种全靠从外地引进。一方面，大量外来的优良品种给阿勒泰农作物的优质高产提供了有力保障，但另一方面，由于阿勒泰地区气候的特殊性，有些外来品种也确实存在着"水土不服"的问题。主要表现为，外来玉米品种对低温冷害过于敏感，易发生分蘖、多果穗（香蕉穗）、雌雄同位等；向日葵发生返祖，出现分枝、倒伏、易发生病害等；小麦表现为生育期太长，个别地方不能正常成熟，倒伏、抗风灾能力差、落粒严重等。这些问题给当地的农业带来很大的损失。另外，一些种子生产经营者急功近利，不按严格的引种程序生产经营，未审先推，甚至是未试便推。因品种布局不合理，对当地的气候条件不适应，屡屡造成农业事故，给农牧民带来了重大损失。

（2）现代农业对农作物品种的要求：根据阿勒泰地区经济发展战略"一产上水平，二产抓重点，三产大发展"的方针，结合当地的气候特点，阿勒泰未来的农业发展战略应坚持走优质、高产、安全、生态、可持续发展的道路。在确保粮食、饲草料绝对安全的前提下，发展特色农业、旅游观光农业。

（3）引种。在当前及今后一段时间，阿勒泰地区农作物种子，仍然靠引进外地品种才能实现更新换代，促进农业发展。要坚持走试验→示范→推广（主要农作物种子和国家要求登记的非主要农作物种子，要依法依规通过审定、登记）的道路，坚持政府种子部门引导，生产经营者自主选择的原则，完善阿勒泰地区的种子管理、推广工作。

新品种的引进，一定要严格坚持品种特性与当地农业气候资源相似性的原则。引种的气候相似性原则，是指农作物原产地的农业气候要与引种地的农业气候资源相似，即满足作物生长发育成熟所必需满足的温度、降水、辐射、日照等要素相似或基本相似。最保险的做法是同纬度之间的引种，但是，农业气候资源的相似性不仅仅限于同纬度之间，只要两地农业气候资源相似就有引种成功的可能。亩产 500 kg 以上的西藏高原肥麦（丹麦1 号），原产地是北欧丹麦（55°～57°N），海拔 10 m 以下，平均气温 8.5℃，从地理上分析，两地相差很远，但从肥麦生长发育产量形成期间的农业气候条件看，两地很相似，即农业气候资源相似，所以适宜引种。

（4）转基因种子。目前国家批准可以使用的转基因种子，只有抗虫棉花（杀虫蛋白基因 Bt）和抗环斑病毒蛋白基因的木瓜，任何推广种植转基因粮食、蔬菜都是非法的，都应该坚决取缔和严厉打击。

4.3.4.3.2 对作物品种的要求

（1）对小麦品种的要求

根据新疆维吾尔自治区的粮食发展战略，阿勒泰地区作为粮食平衡区，即本区粮食生产能够自给自足，略有盈余。根据当地人的生活习惯，以面食馒头、面条、饺子、馕等为主，要大力发展中强筋、中筋小麦，在确保有定单的情况下适度发展强筋、弱筋小麦（表 4.9）。

表 4.9 小麦品种的品质指标（GB/T17320 – 2013）

项 目		指 标			
		强筋	中强筋	中筋	弱筋
籽粒	硬度指数	≥60	≥60	≥50	< 50
	粗蛋白质（干基）(/%)	≥14.0	≥13.0	≥12.5	< 12.5
小麦粉	湿面筋含量（14% 水分基）(/%)	≥30	≥28	≥26	< 26
	沉淀值（Zeleny 法）(/ml)	≥40	≥35	≥30	< 30
	吸水量（ml/100 g）	≥60	≥58	≥56	< 56
	稳定时间 /（min）	≥8.0	≥6.0	≥3.0	< 3.0
	最大拉伸阻力 /（EU）	≥350	≥300	≥200	—
	能量 /（cm²）	≥90	≥65	≥50	—

目前，在新疆审定推广的小麦品种，大多都达到中筋以上优质小麦标准，受阿勒泰特殊气候影响，引种外地品种，一般情况下，原有的品质会有些降低。

在生物学性状上，在阿勒泰推广的品种，应具有矮秆、抗倒、抗风灾落粒、抗病、早熟、休眠时间长、遇阴雨后不易产生"芽麦"等优点。

（2）对玉米品种的要求

玉米品种蛋白质含量要高，尤其是赖氨酸含量要高。在生物学性状上应具有抗倒、茎秆柔韧、气生根发达、叶片上挺、适宜密植、穗位低、果穗的穗柄及部顶包叶要短、易于机械收割、雄穗花粉量大生命力强等特点。另外，籽粒玉米还要具有后期灌浆快、脱水速度快，青贮玉米还要具有植株高大、气生根特别发达、植株特别柔韧利于抗倒伏等特点。

（3）对向日葵的要求

油用型向日葵，含油率要高，应不低于48%，尤其是不饱和脂肪酸含量要高。株型要好，耐密性要好，株高适中，应在2 m左右，茎秆韧性好，抗风灾能力强，抗病性强，成熟时花盘倾斜程度适中，不"兜水"，不滋生盘腐；不仰脸，不招致鸟害；嗑食型向日葵，籽粒要大，长度应不低于22 mm，宽度与长度的比不低于0.6，花色好，不易产生"水锈"，果仁醇香风味好。植株抗病性好，尤其是对向日葵列当的抗性要强，易稀植，抗倒伏，花粉生命力强。

（4）对籽瓜的要求

抗病性、抗逆性要好，单瓜籽粒多，耐密、早熟，籽粒颜色鲜艳，不易产生"翘板"，成熟时间短等。

（5）对豆类杂粮的要求

抗病性、抗逆性要好，粒大早熟，耐密性好，以粒大早熟的优势弥补热量资源相对不足的劣势，从而获得高产，籽粒外观颜色要亮丽，商品性好等。

4.3.5　栽培技术

作物栽培是指以提高作物产量和改进作物品质为目的的一系列农事活动。作物栽培技术，是人们应用各种手段如整地、播种、施肥、灌溉、中耕除草、防治病虫等手段，为农作物的生长发育创造一个最适宜的环境，以达到提高产量和改进品质的一种技艺或技术。阿勒泰地区作物栽培技术的发展大致经历了三个阶段。

4.3.5.1　大水大肥大播量的"三大"阶段

在过去相当长的一段时间里，由于社会生产力十分落后，对农业的科技投入非常低。人们为了满足日益增长的需要，不得不对自然资源进行过度的开发利用。一方面通过垦荒造田扩大面积增加总产，而另一方面则通过加大投入来提高单产。由于整地质量差或者根本就没有整地环节，其结果是作物在高低不平的土地上生长，甚至整块地都没有一个埂子，3.6 m的宽畦都是比较先进的了，并且这种宽畦，一直在相当长的一段时间里占据着统治地位。为了保证有效的灌溉，唯一的办法只能是大水漫灌，每亩灌溉定额1000 m³以上司空见惯，最高的灌溉定额甚至达到1500 m³以上，其结果是造成了大面积的次生盐渍化。同时，由于种子质量差，大部分情况下是以粮代种，出苗率低，弱苗多，不得不靠加大播量来保证有效的株数。以小麦和玉米为例，每亩播种量最大分别达40 kg和4 kg以上。对肥料的投入盲目加大，主要是对氮素化肥过度迷信和依赖，亩施 30 kg 以上尿素，也仅仅是一般的施肥纪录。

（1）播种方法

在这一阶段，播种方法主要靠大型拖拉机牵引 24 行谷物播种机（等行距 15 cm）进行播种。播种玉米等中耕作物时往往隔一堵一，或隔一堵二排种孔（有随播种机带有专门堵块），这样播出的中耕作物行距会是 45 cm 或 60 cm，这种规范的播种方法是在播种时带划行器、打埝器、镇压器、耱子，但多数情况下不能配齐，所以播种质量很差。

（2）播种时间

在很长一段时间里，虽然有适期早播的说法，但由于种种原因，往往并不能适期早播。以小麦为例，在技术层面早有上年秋耕、整地、冬灌进入待播状态，翌年"顶凌播种"，使小麦有更多的幼穗分化时间，达到多花多实的目的，但阿勒泰的冬季积雪较大，春季气温回升快，积雪融化时地面容易积水，往往会错过最佳时间。"只冻不消播种尚早，只消不冻播种迟了，夜冻日消播种刚好。"春播时，机械少土地多也是原因之一，因此最佳"顶凌播种"时机难以把握，有的地方 5 月中旬还在播种春小麦，也是常有的事。

（3）灌溉

起初漫灌较多，后来才有了畦灌，但均为 3.6 m 的宽畦，由于地面不平整，仍然摆脱不了漫灌困局。20 世纪 90 年代初，阿勒泰地区的中耕作物才逐渐出现沟灌的灌水方法，在吉木乃县曾经试验推广过小麦"沟植沟灌"技术，但由于各种原因，该技术没能推广普及开来。

（4）施肥

虽然在技术上有了"以水定地，以地定产，以产定肥，少量多次"的理论指导，但"一炮轰"的施肥方法在阿勒泰地区延续了很长的一段时间，这种施肥方法优点是省工、省时，节约成本，缺点是肥效低，作物前期容易出现旺长，中、后期容易造成脱肥早衰，单产难以提高。

4.3.5.2　农业白色革命阶段

（1）喜温作物的覆膜栽培

改革开放时期以来，随着社会生产力的发展，农业科技得到了突飞猛进的发展，一大批农业新技术得到了推广应用。如农田水利基本建设大干快上，渠道防渗，平整土地；"齐、平、松、碎、净、墒"的六字整地标准的普及应用；密植作物（主要是小麦）推广 1.8 m、1.2 m 中、小畦灌；作物良种化开始大面积推广；随着气吸播种机的研发应用，中耕作物半精量、精量播种技术广泛应用于农业生产；"种在沟里，长在垄上"即播种时将种子在土壤里平播，出苗后、头水前，沿行间用三角铲"冲沟起垄"，使作物中后期生长在垄上的沟灌技术开始大面积推广；施肥中开始重视磷肥的应用，施肥方法也趋于科学；化学除草技术开始普遍应用；在指导思想上也有了根本转化，"适水、适肥、合理群体"的理念普遍被人们接受；灌溉用水商品化，人们的节水意识不断增强，灌溉用水趋于合理，土壤盐渍化现象开始得到遏制，粮食单产有了显著的提高。

实现喜温中耕农作物的覆膜栽培，是现代农业技术的新突破，这在农作物栽培史上是一场技术革命。自 20 世纪 80 年代开始，试验研究了农作物覆膜栽培技术。起初，这种技术还很不成熟，人工铺膜，人工打孔播种，施肥、灌溉方法还在摸索。通过农业、农机工作者的不懈努力，机械化覆膜、播种、开沟、扶土、筑埂一次完成，逐步解决了追肥、灌溉技术难题，覆膜栽培技术体系的日臻完善，是新疆农业、农机工作者的伟大创举，从而使现代农业再上新台阶。覆膜栽培在喜温作物上应用，增产优势极其明显，但在喜凉作物小麦的栽培上并不适用。有人曾做过试验研究，无功而返。主要技术原因是覆膜后会使小麦前期生育进程加快、旺长，后期早衰，无增产优势，甚至减产。目前阿勒泰地区玉米、食葵几乎 100% 实现了覆膜种植。

（2）地膜覆盖栽培增产的主要原因

① 增温保墒，能充分利用光、热、水资源

土壤耕作层经地膜覆盖，可隔热，不透水、气，膜内温度高、湿度大、CO_2 浓度大，植株下层受光增强。据国内许多科研单位测定，膜内外温差 2 ～ 3℃，主要生长期内有效积温增加 300 ～ 400℃·d；地表 5 cm 土壤含水量比裸地增加 3% ～ 5%；CO_2 浓度提高 1 ～ 2 倍，有利于微生物活动和有效养分分解释放；膜面光亮，膜内水珠等反射强烈，基部地表光强大大优于裸地。

② 改善土壤结构，抑盐保苗

在地膜覆盖下，土层疏松、透气性好、幼苗发育好；土壤盐分受抑制，出苗率明显提高，地表滋生的杂草被抑制和杀灭（一年生杂草大多出苗后被灼伤或因捂闷而死）。再者，在地膜覆盖下，地面不受灌水冲刷，人、机进地作业量有所减少，土壤结构被破坏少，膜内水、热、气条件优越，利于根系发展。据测定，地面覆盖栽培玉米第 10 片叶展开时，较裸地栽培玉米节根多一层，根数多 3 ～ 10 条，根长增加 5 ～ 7 cm，鲜根重多 9 g。

③ 促进壮苗早发，达到早熟增产

地膜覆盖栽培由于生态因子优越，对玉米而言生长势头好，尤其是苗期生长迅速，茎粗叶大，叶色浓绿，长势旺盛，提早进入拔节、抽雄，表现出早熟、增产。据观察地膜覆盖与裸地栽培比较，玉米展开叶数发生早，并多 1 ～ 2 片，拔节后期叶面积增多。产量结构因子也表现出明显优势，单位面积穗数增加，单果穗粒数增加 70 ～ 90 粒，千粒重提高 30 ～ 40 g。

覆膜栽培是农作物栽培史上的一次白色革命，加之气候变暖的因素，这项技术不但大大提高了喜温作物的单位产量，而且也给热量资源相对不足的阿勒泰地区，提供了更多农作物种类的选择可能性，对于增加农民收入、提高人民生活水平具有十分深远的意义。因此，对阿勒泰冷凉区域来说尤其重要。如青河县的萨尔托海、布尔津县的冲呼尔、吉木乃县的可可齐木，这些原来不能植株玉米的地方，都已经变成早熟玉米的高产区。农业的白色革命使阿勒泰地区农作物多样性水平也得到了很大提升。灌溉用水大幅度下降，灌溉用水定额从亩平均 1000 余 m³，降至 600 m³ 左右，不但降低了对水资源的需求，而且也降低了生产成本。白色革命推动了阿勒泰地区农牧业的快速发展，使阿勒泰地区玉米等喜温作物的面积、单产都实现了历史性的突破。

4.3.5.3　大批先进农业技术推广

进入 21 世纪，随着经济的发展和科学技术的进步，一大批先进的农业技术得以广泛的推广应用，主要有以下几个方面：

（1）联合整地技术被广泛应用，整地质量进一步提高，极大地改善了种子的着床环境，出苗率大大提高。

（2）种子质量从国家法律层面得到保障，种子售后服务开始受到重视。

（3）精量播种技术得到普及，玉米亩播种量由 3 ～ 4 kg 下降到 2 kg，甜菜、向日葵亩播种量由 0.8 ～ 1.0 kg 下降到 0.5 kg 以下。

（4）小麦播种时的种、肥分离（水平、垂直方向）技术，通过农机的改进，从技术层面得到了解决和应用。

（5）土壤封闭化学除草技术普遍应用，大大降低了田间除草的成本，也大大提高了除草质量和效率，除草效率几乎可以达到 100%。

（6）缓施化肥在生产上得到广泛应用。

（7）攻克玉米、甜菜、向日葵机械化收获技术难题，并在阿勒泰地区得到大力推广。

（8）低毒高效农药的问世和无人机在化防技术中的广泛应用，大大提高了对有害生物的防控质量和效率。

（9）滴管技术的突破和广泛应用，是在这一阶段的标志性技术，在农作物栽培技术上实现了肥、水一体化的飞跃。

4.3.5.4　滴灌技术的优点

（1）滴灌也称浸润灌，是灌溉水通过毛管缓慢滴入根部土壤，慢慢被作物根部吸收，在土壤表面不产生径流，也不会产生过多的渗漏，因此，具有十分明显的节水效果，一般滴灌较常规灌节水 30% ～ 50%。

（2）有利于种子出苗，干播湿出。播种后，可根据当时气温情况适时滴水，避免因遇低温冷害造成的烂种现象发生，保证一播全苗。

（3）肥、水一体化，使作物的肥、水应时就需，大大提高了人对作物生长的可控程度，有利于节本增效。

（4）有效防除农作物土传病害、地下害虫。通过滴灌把肥（药）均匀地混入灌溉水进入土壤，对病、虫起到很好的灭杀作用，具有事半功倍的效果。

（5）保证土壤的水、肥、气、热的互相协调，使农作物始终在最适宜的环境中生长，有利于单产的提高。

截至目前，阿勒泰地区先进农业技术的推广应用，今非昔比。但是，由于长期以来人们的观念落后、投入有限、技术力量薄弱、作物品种布局不合理等原因，得天独厚的自然资源没有得到充分利用，大宗农作物单产徘徊不前，特色作物品种混杂、退化严重，单产下降，品质变差，在市场上的竞争力日渐变弱。化肥、农药滥用现象十分普遍，据粗略估计，全地区每年仅用水剂农药达到 600 t 以上；白色污染严重，据有关部门测定，阿勒泰地区最严重的地块塑料残膜达 17.4 kg/ 亩，平均地膜残留量 2.58 kg/ 亩，土壤面源污染已达到惊人的地步，农业诸多问题亟待解决。如今，智慧农业、物联网、3S 技术（全球定位系统，地理信息系统、遥感）等搭建了良好的技术平台，广泛应用于自动、精准的施肥、播种、灌溉、播撒农药、有害生物和病虫害防治以及农产品上市销售等，可以预见，不久的将来会有根本性的突破。

4.3.6　2008—2017 年阿勒泰地区主要农作物产量变化

见表 4.10，图 4.11。

表 4.10 2008—2017 年主要作物平均单产年际变化　　　　　单位：kg/ 亩

	小麦	玉米	油葵	食葵	籽瓜	奶花芸豆
2008 年	202	586	170	151	111	209
2009 年	336	599	184	163	108	211
2010 年	319	596	179	169	99	219
2011 年	326	599	187	163	107	199
2012 年	325	664	183	151	119	183
2013 年	342	693	187	149	100	127
2014 年	325	674	187	152	116	203
2015 年	331	665	183	162	108	170
2016 年	333	671	185	158	118	136
2017 年	338	696	177	157	113	126

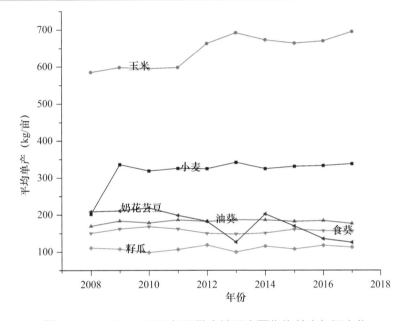

图 4.11　2008—2017 年阿勒泰地区主要作物单产年际变化

如图 4.11 所示，阿勒泰地区小麦单产多年处于徘徊状态，除 2008 年产量较低外，其他年份维持在 320 ～ 340 kg/ 亩。2011 年以前玉米单产接近 600 kg/ 亩，其后产量上升到一个新台阶，达到 660 ～ 700 kg/ 亩。油葵单产保持平稳状态，维持在 170 ～ 190 kg/ 亩。随着食葵杂交种的应用，单产显著提高，但因重茬严重、病虫害增多，单产开始走向低而不稳。籽瓜对低温敏感，低温年份对籽瓜生长不利，产量较低。奶花芸豆对极端高温敏感，极端高温超过 35℃的年份奶花芸豆落花落荚严重，单产大幅跳水。

4.3.7　新农业时代展望

通过改革开放 40 年来的不懈努力，阿勒泰地区粮食问题基本解决。"手里有粮，心里不慌"，粮食问题仍然是一个永恒的主题，决不可以掉以轻心。然而，食品安全和农业生态安全开始令人担忧，加强生态的修复和食品安全建设尤为重要。"金山银山，不如绿水青山，绿水青山，就是金山银山"的理念已被人们普遍接受。治理环境、修复生态正在如火如荼地开展，农业面源污染治理力度不断加大，禁用超级薄膜（0.07 mm、0.08 mm），利于回收的 0.1 mm 厚度地膜，以及有机光解膜被强制推广，减施农药、化肥正在被有力地推行。农业新技术、新品种、新方法逐步实施，新思想、新理念正在深入人心。人们对绿色、无公害、有机食品的渴求越来越强烈，一个安全、高效、环保、永续的新农业时代正在到来。

第 5 章
农业与农业气候区划

5.1　区划原则与方法

　　影响气候地域差异性的因素很多，描述气候地域差异的气候指标也很多，在实际的农业气候区划中，不能面面俱到，只能通过有代表性的几个主要指标或者选取几个差异性较大的综合指标进行农业气候区划。

5.1.1　区划的原则

5.1.1.1　着重实用性原则

　　阿勒泰地区农业气候资源区划工作的总体要求是，为适应近 40 年气候环境的显著变化，重建更新 20 世纪 80 年代初简易的农业气候区划，为农业粮食安全、种植业产业结构调整和布局，充分利用气候资源发展特色农业。阿勒泰地区地处祖国的西北边陲，幅员辽阔、地形地貌多样，气候资源特色显著。探测气候资源底数，把充分利用气候资源作为提高生产力重要途径。精细化农业气候区划就是从农业生产实际需要出发，经过大量的实际调查，充分利用大范围、细网格、长序列气候观测数据，利用最新的科技手段和技术成果，科学合理地精细到地理网格分区，区划出适合种植农作物品种优势区和风险水平，据此优化种植产业结构和布局。此次阿勒泰地区农业气候区划力求突破一般纸质印刷的技术范围，将区划成果保存为栅格数据库，利于大数据更新、大比例尺浏览查询、推演引进新农林产品与气候的关联性等，并以此为基础，开展生态数据模拟，为阿勒泰地区现代农业服务。新一代农业气候资源区划系统，必将会产生巨大的社会和经济效益。本次阿勒泰农业气候区划，限于地理数据精度，精细度提高到 200 m，随着地理信息技术和气象科技的发展，更加精细的农业气候资源超精细区划也必将成为现实。

5.1.1.2　地带性与非地带性相结合

　　气候往往呈带状分布，太阳辐射是气候带形成的基本因素。太阳高度角随纬度增高而减小，导致太阳辐射递减，不仅影响温度分布，还影响气压、风系、降水和蒸发，使地球气候呈现出按纬度分布的地带性。古希腊人最早提出气候带的概念，并以南、北回归线和南、北极圈为界线，把全球气候划分为热带、南温带、北温带、南寒带、北寒带 5 个气候带（或称天文气候带）。这种分带反映了地球气候水平分布的基本规律。但是，由于没有考虑下垫面性质的差异和大气环流对气候形成的作用，因而与实际情况有较大出入。随着气候资料的积累，人类对气候带的认识和划分也逐渐完善。A. 苏潘 1879 年提出以年平均温度 20℃等温线和最暖月的 10℃等温线为指标，把全球气候划分为热带、南温带、北温带、南寒带和北寒带 5 个气候带。W.P. 柯本在 1900—1936 年以温度和降水量为指标，将全球气候划分为热带多雨气候、干旱气候、温暖多雨气候、寒冷雪林气候和冰雪气候 5 种气候带。气候带的存在，引起地理环境中动植物、土壤、水文以及自然景观的地带性分异，地带性成为地理环境中的基本规律之一。同时，气候带的形成与演变，又受其他地理因子的影响。因此，研究气候带的分布和变化规律，不仅对气候学研究具有重要意义，而且对认识地理环境的结构和演变都有重要意义。因此，在农业气候区划中，气候的地带性是重要的区划原则之一。但是海陆、高山、湖泊的分布也能引起气候变化和差异，这就是被称为非地带性变化，对于局部存在较大的地貌差异地区，气候的纬度地带性就会受到严重干扰，甚至被彻底颠覆。阿勒泰地区距离海洋遥远，处在 45°～50°N 的中高纬度地带，境内有著名的阿尔泰山脉，平均海拔 3000 m，萨吾尔山脉，平均海拔 1500 m；南部福海县境内有乌伦古湖和吉力湖，水体面积近 1000 km²。额尔齐斯河和乌伦古河由东到西穿过。这些地形地貌要素，对气候分区都有着重要影响，使得气候分区既具有地带性特点又具有非地带性特点，在区划中要区别对待。

5.1.1.3　主导因素与辅助因素相结合

农业气候区划是根据气候因子的单项贡献或者组合贡献，依次以等级进行分划，但是影响气候的因素很多，区划时不能面面俱到，将所有的因素全部囊括其中。而是本着面向大农业领域，重点将针对农作物生长发育的影响因素作为主导因素，再选用其他几个辅助因素进行次级区划、修正，使区划更加符合实际，更加科学合理。反映的农业气候特征和农业问题既有区别性，又有连续性，结构清晰、承继关系明确，有利于充分利用气候资源，发挥阿勒泰农业气候资源优势，提高经济效益和生态效益。

5.1.2　区划方法

农业气候区划，以气候因素中的水热主导指标为指引，结合其他辅助指标，在较大的地表空间区划，除去不能为种植业利用的高山、沙漠、林地、湖泊水域等。

针对农作物的农业气候区划，采用主导指标与辅助指标相结合，面向大农业，以主要农作物和名优特农产品生产为着眼点。辅助指标在主指标区域内进行次级分划。两种不同的辅助指标之间的区域可以有重叠。重叠的交集，仅表明适合该两种辅助指标特性的特殊区域。

分区界限叠加在标准地图上，易于读取地理位置。有特殊要求的用户可以在栅格数据库中调取精确的经纬度处的对应信息。

5.2　农业气候区划指标

5.2.1　一级区划指标——热量

阿勒泰地区处于中国西部干旱气候区，又是新疆北部相对冷湿气候区。全国第二寒极——富蕴县可可托海镇 1960 年 1 月 21 日观测到极端最低气温 −51.5℃。阿勒泰地区的光能资源比较丰富，一般能够满足当地主打作物品种的生长需要。热量条件在区划种植边界和区划优势边界中，具有重要的作用。热量条件和降水条件是农业生产布局的重要影响因子。其中降水条件又可以分为两种情况分别予以考虑：一是无灌溉条件，依靠降水维持种植的旱地，主要分布于沿山一带海拔 700 ~ 1500 m，降水不稳，温度条件不佳，农业生产无保障。据有关资料，1984 年播种面积 79 773 hm²，其中旱地种植面积占总面积的 11.7%；2007 年播种面积 139 040 hm²，其中旱地占 12.5%；2017 年旱地 2267 hm²，占比0.9%。在发展趋势中，可以看出，旱地风险大，占比显著降低。二是水浇地，利用山区的冷季积雪和暖季的降雨形成的河流径流灌溉。有些流域内，经过库区积储调节，渠系导流引水灌溉，提高了水资源的利用率。农业生产用水来源依靠平年河流的来水径流基本有保障。降水条件季节性变动和年际性变动对农业灌溉造成波动的影响，小于热量条件的波动影响。区划时注意到，阿勒泰地区位于新疆北部，纬度高，热量相对不足，多为一年一熟制。

　　由上述分析，阿勒泰地区易农种植区，背山靠水，水资源相对丰富，种植业的丰歉年主要取决于热量条件。因此，将热量条件作为农业气候区划一级区划指标。

5.2.1.1　主导指标，≥10℃积温

　　10℃是许多喜温作物生长的下限温度，同时也是喜凉作物积极生长的温度。以≥10℃积温作为主导区划指标，具有明确的植物生理学意义。不同的区间值对应于不同的作物基本生命周期需要。针对阿勒泰地区的生产实际，将≥10℃积温分为五个基本区间，见表5.1。为与新疆农业气候区划衔接和比较，取≥10℃积温作为主导指标，以日最低气温 >0℃的无霜期作为辅助指标。参考早熟作物品种类型的基本需求，区划热量条件的优势区域和基础区域。

表 5.1　≥10℃积温分段区划指标　　　　　　　　单位：℃·d

	< 2000	2000 ~ 2399.9	2400 ~ 2799.9	2800 ~ 3199.9	≥3200
等级	较差	良好	好	优秀	特优
生产意义	冷凉区	春小麦	早中熟玉米	可种水稻	棉花
等级函数	0	1	2	3	4

　　以≥10℃积温主导指标区划的结果见图 5.1。

　　（1）图中白色区域是冷凉区，山区气候特征明显，湿度条件较好，但热量条件较差，一般不适合种植业耕作，对农业生产不利，是玉米种植的危险区，即不适合种植玉米。对春小麦的种植，保险系数不高，一般也不建议种植春小麦。个别地方可以少量种植比较喜凉早熟型作物。

　　（2）色标值 0 ~ 1，对应区域的热量条件比白色区域较好，在春小麦生育期内，无干热风危害，灌浆期温度适宜，时间长，特别适合种植春小麦。热量条件尚好，可以种植青蓄饲料玉米，但不适合种植粮食玉米（以收获玉米籽粒为目的）。

　　（3）色标值 1 ~ 2，对应的区域热量条件好，大部分喜温作物都可以正常生长，包括适合种植粮食玉米。

　　（4）色标值 2 ~ 3，对应的区域热量条件优秀，适合种植对温度要求较高的作物。北屯市附近曾经成功种植水稻。

　　（5）色标值 3 ~ 4，对应的区域热量条件特别优秀，可以尝试种植棉花。

　　总体分布特点是，阿尔泰山区和萨吾尔山区海拔高，热量条件较差，特别是高海拔地带种植农作物风险性很大。从山区到河谷平原热量条件逐步改善提高。福海县南部的小部

分地区热量条件达到特优等级。阿勒泰地区南部与昌吉回族自治州接壤的部分区域热量条件最好。

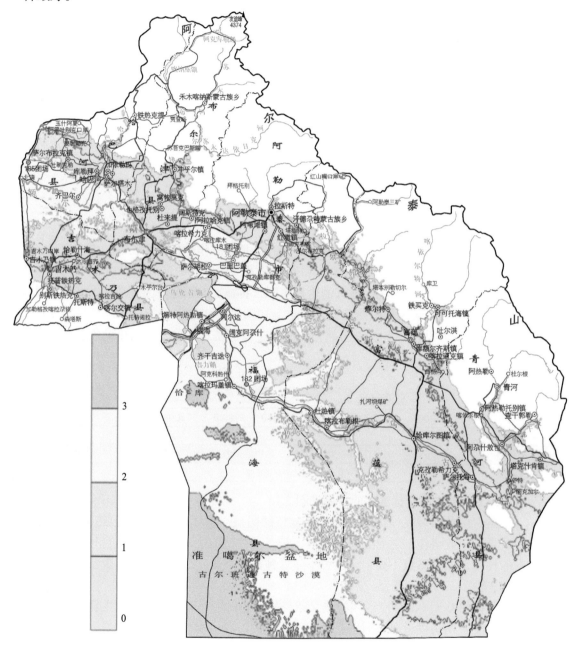

图 5.1 阿勒泰地区热量主导区划

5.2.1.2 辅助指标，无霜期

无霜期的概念在农业生产中得到广泛的应用。虽然每种植物对低温的耐受性不一样，但温带气候区的植物品种具有大致相同的低温耐受范围。最普通、常见的现象是，植物遇到低于0℃环境，茎叶受伤枯萎，不能继续进行光合作用，生长停滞。因此以无霜期为指标区划，直观上更容易理解。但是，无霜期指标也有不足，不能表示无霜期内适合植物生

长发育的阶段高温或低温条件，即不能仅据此完全判定是否适合种植相应的作物品种。否则，虽然无霜期看似满足条件了，但是作物不能达到正常成熟，或者没有人们期望的产量和品质。应用该指标区划热量条件时的不足，务必引起使用者高度的重视，避免农业生产遭受损失（表 5.2）。

表 5.2　无霜期分段区划指标　　　　　　　　　　　　　单位：d

	< 100	100 ~ 109	110 ~ 129	130 ~ 149	≥150
等级	较差	良好	好	优秀	特优
生产意义	冷凉区	春小麦	早熟玉米	中熟玉米、水稻	棉花
等级函数	0	1	2	3	4

无霜期指标的区划结果见图 5.2。主导指标与辅助指标的区划区域总体上对应得较好，辅助指标区划的结果可以较好地区分高风险区域和一般区域的边界，对无霜期要求较高的作物，适宜区是最好的参照系，对指导农业生产具有重要意义。用无霜期作为辅助指标，对阿勒泰地区的热量情况区划的结果与图 5.1 有类似的分布特点。不同的是，区划得不够细致，特优等级的区域大了很多倍，较好等级的区域有些向高海拔山区延伸。事实上，山区有些地区深山谷地无霜期可以达到 100 天，少量种植极早熟品种作物、蔬菜也有一定的农业生产价值。

在农业生产中，最有效的应用区划结果方法，是将主、辅指标区划的结果结合起来使用。比如对热量条件先筛选出适合的区域，然后再考察该区域是否落入必须达到的无霜期相应级别的区域。简单说就是应用两种区划结果的区域叠加法进行筛选，使之既满足≥10℃积温的要求，又满足无霜期的要求。

5.2.2　二级区划指标——水分

水分条件，以降水量作为水分基本因子，辅以期间的温度条件综合计算干燥度，作为二级分区指标。公式为：

$$K=0.16 \times \frac{\sum_T}{R} \qquad (5.1)$$

公式（5.1）是 Selianinov（谢良尼诺夫）干燥度指数的改良模式。即≥10℃的积温与期间的降水量比值乘以系数 0.16（中国科学院自然区划工作委员会，1959 年采用的修正公式，原系数 0.10）。其中 K 为干燥度。中国气候区划以 K=16.0 等值线作为极干旱与干旱区的分界，此线与塔里木盆地、柴达木盆地、巴旦吉林和滕格里沙漠边缘一致，年降水量在 60 mm 以下，与我国荒漠景观大体吻合；用 4.0 等值线作为干旱与半干旱区的分界线，此线与旱作农业西界相一致，用 1.5 等值线作为干旱亚湿润与半干旱区的分界指标，用 1.0 等值线作为湿润与干旱亚湿润区的分界线，此线与淮河秦岭一线基本一致。因此，公式（5.1）较适合中国大范围的生态分区。阿勒泰地区纬度较高与原苏联相似度较高，在阿勒泰地区的分区并不理想。在阿勒泰地区气候区划中，直接采用 Selianinov（谢良尼诺夫）干燥度指数公式中，即系数取 0.10，直接的气候意义非常明显，即≥10℃的积温与期间降水量比值的十分之一取值。

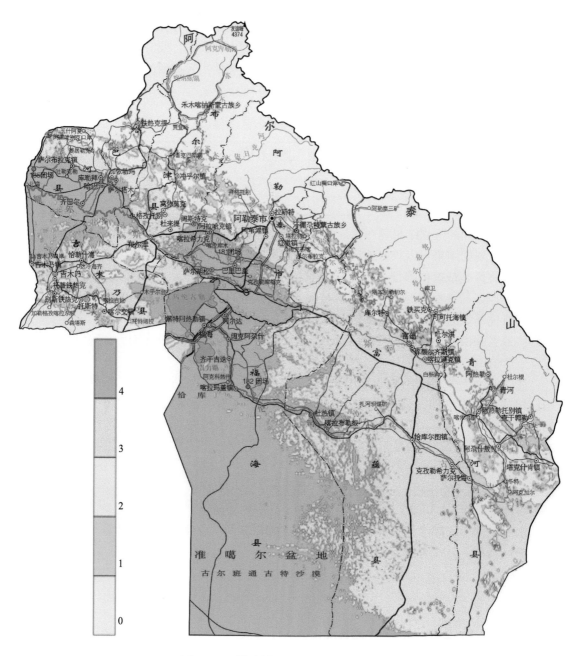

图 5.2 阿勒泰地区无霜期热量辅助区划

表 5.3 干燥度五级分段区划指标

	< 0.5	0.5 ~ 1.49	1.5 ~ 2.69	2.7 ~ 3.19	≥3.2
等级	湿润	半湿润	轻湿润	轻干旱	半干旱、干旱
温湿特征	冷湿区	半冷湿	轻度冷湿	温暖,轻度干旱	暖,半干旱、干旱
等级函数	0	1	2	3	4

区划结果见表 5.3。< 1.5 以下区域与山区植被特征比较吻合,这一区域是山区高大乔木生长区,特别是 < 0.5 的区域是针叶林和高山草甸区域,3500 m 以上,气温低,冰雪覆

盖时间长，植物稀少。1.5～2.69 的轻湿润区，在山区的植被特征是阔叶林面积比例大幅提高，区域内逐渐有农业生产活动，有些区域适宜种植春小麦。2.7～3.19 的轻干旱区，普遍较适合种植春小麦，部分地区可以种植玉米。≥3.2 的半干旱区、干旱区，在戈壁荒原，梭梭、针茅比较常见，该区域热量条件较好，适合喜温作物生长，如玉米、籽瓜、向日葵等。干燥度是农业气候区划的重要指标，尤其适合描述大范围天然植物生态分布。图5.3 比较符合阿勒泰地区生态分布实际，对指导农业生产有积极的意义。

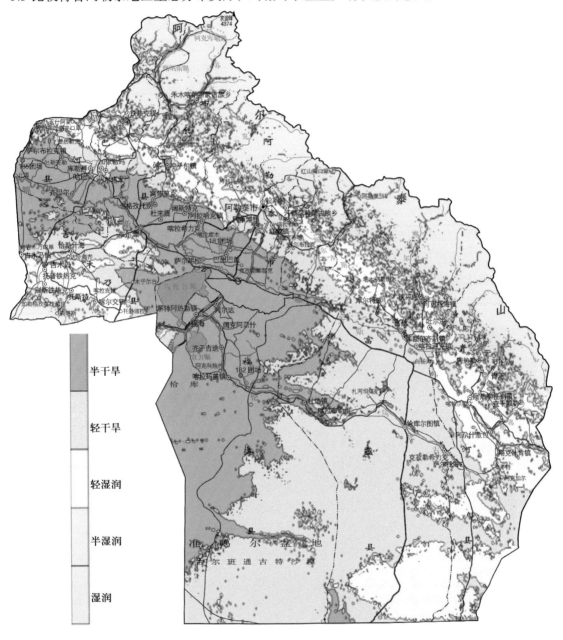

图 5.3　阿勒泰地区干燥度气候区划

（图例：半干旱、轻干旱、轻湿润、半湿润、湿润）

5.3 热量资源下的农业区划

阿勒泰地区的热量资源有两个分布趋势:第一,阿尔泰山系自北向南随着海拔和纬度的逐步降低,地面积温逐步升高。可种植区的最北端布尔津县山区的禾木仅能种植大麦等早熟喜凉作物。阿勒泰地区最南端是中晚熟玉米、早熟棉花优质高产区;第二,萨吾尔山北坡由南向北随着海拔的降低,积温逐步升高。南部虽然纬度较低,但海拔高,积温低于北部,该地海拔高度对积温的影响起到了主导因素至北沙窝扬水灌区其积温条件已相当不错,可种植中早熟玉米,并能够获得高产。

5.3.1 一类农业种植区

本区位于乌伦古河下游,包括乌伦古河下游两岸、入海口三角洲的平原谷地,及顶山以南沿 635 大渠南下到黄花沟开发区的平原、洼地。本区 ≥10℃ 的积温在 3000 ～ 3200℃·d 以上,无霜期在 160 天以上,地势较为平坦,土层深厚,肥力较好。可种植生育期在 125 天以上的郑单 958、登海 3672 等晚熟玉米品种,有亩产 1200 kg 以上的高产纪录,苜蓿每年可以打三茬,劳动力素质比较高,新技术、新品种推广速度也比较快,各类农作物的种植具有高产潜力,是玉米、甜菜、食葵等作物高产种植区,也是理想的早熟玉米制种基地。

5.3.2 二类农业种植区

本区范围较大,北部东起阿勒泰市红墩镇,向西沿 G217 国道至布尔津县城,西接 S227 省道至哈巴河县城,沿国防公路两侧至农十师 185 团;额尔齐斯河以北,自阿勒泰市红墩镇、G216 向南,至 640 台地、巴里巴盖、萨尔胡松、额尔齐斯河两岸;东接阿勒泰地区二牧场、阿勒泰市切尔克齐乡向南沿大、小 635 大渠南下经博塔玛依灌区向南;接地区一农场向西、南连福海县阿尔达乡、2817 灌区,向东至福海监狱、农十师 182 团及乌伦古河下游以北,呈一个近"Z"字型,海拔高度在 800 m 以下的广大地区。该地区基本上处于准平原状态,≥10℃ 的积温在 2900 ℃·d 以上,无霜期 150 天以上,生育期在 115 天以内的 KWS9384、丰垦 139、新玉 15 号等中熟玉米品种能够完全成熟,苜蓿能够打 2 ～ 3 茬。土壤条件差异很大,交通便利,距各级政府驻地较近,各种信息交流快,劳动力素质较高,农业新技术新品种推广速度快,是农作物多样性丰富地区,如小麦、玉米、油葵、食葵、甜菜、籽瓜(籽瓜、无壳南瓜、籽用葫芦瓜)、豆类(奶花芸豆、大豆、绿豆等)、瓜果、蔬菜、牧草(青贮玉米、苜蓿、红豆草、苏丹草等),种类繁多,几乎所有本地适种的作物在该地都能够找到,也是各类农作物的高产区,是当地农牧民的"面袋子""油罐子""钱兜子"。

5.3.3 三类农业种植区

该地区海拔高度在 900 m 左右的特殊地形中，≥10℃的积温在 2600℃·d 左右，无霜期 150 天以下，布尔津县的冲呼尔，吉木乃县的科克齐木，阿勒泰市的拉斯特乡政府以上片区、汗德尔特蒙古自治乡，富蕴县城周边、喀拉通克乡、克孜西力克乡、恰库尔图，青河县的萨尔托海、阿格达拉镇（阿魏灌区），以上区域光照充足，免受剧烈高温天气的袭扰，有利于农作物光合作用的干物质积累，生育期在 100 天的早熟玉米品种新玉 29 号、31 号等早熟玉米品种可完全成熟，也是阿勒泰地区早熟籽粒玉米种植的海拔上限，苜蓿可以打两茬，适合种植早熟玉米、油葵、马铃薯等作物，同时这部分区域土质条件都比较好，只要措施得当比较容易获得高产。这一区域也是春小麦的高效种植区，阿勒泰地区春小麦的最高产量纪录即诞生于该区喀拉通克乡的奥尔塔阿格勒泰村。

5.3.4 四类农业种植区

该类地区处于海拔 1000～1300 m 的区域，本区域无霜期较短，年均降水量在 300 mm 左右，受地形影响，部分地方可种山旱地，≥10℃的积温在 2300℃·d 以下，极早熟玉米成熟有极大风险，或不适宜种植。苜蓿可以打 1～2 茬，适合种植春小麦、早熟油葵、马铃薯等。青河县、吉木乃县的大部分乡镇，富蕴县的吐尔洪、铁买克，库尔特的部分地区，阿勒泰市的塔尔朗，布尔津县的海流滩，哈巴河县的铁热克提，以及同在这一海拔高度的零星区域属这类地区。海拔高度 1000 m 为极早熟玉米的种植上限（生育期在 85～90 天），海拔高度 1300～1350 m 是阿勒泰地区春小麦的种植安全上限。

5.3.5 五类农业种植区

该类地区海拔在 1300 m 以上。无霜期在 100 天以下，热量资源较差，只能种植大麦、豌豆、早熟马铃薯（但产量很低），苜蓿可打一茬。布尔津县的禾木、喀纳斯，哈巴河县的白哈巴等地即属本类地区。

5.3.6 非宜农种植区

海拔 1400 m 以上，热量条件很差，一般不能满足常规农业种植要求，是阿勒泰地区的非宜农区域。

5.4 分县市农作物品种区划

决定一个地区热量资源的多少主要有两个因素，一个是该地所处的纬度，另一个是所处的海拔高度。据有关资料，纬度每增加 1°，≥10℃的积温约减少 100℃·d，海拔每增加 100 m，≥10℃的积温约减少 120～150℃·d，持续日数也会相应减少。云量、雾的多寡及持续时间，对当地的光照和积温有一定的影响。阿勒泰市切木尔切克后山的库尔特谷地与布尔津县山前冲呼尔小盆地，两地纬度差别不大，库尔特海拔高度高于冲呼尔 500 m，因此冲呼尔积温高于库尔特，主要是海拔高度影响的结果。冲呼尔小盆地是早熟玉米的高产区，而库尔特谷地个别年份连晚熟的春小麦也不能正常成熟，说明特殊高海拔地形、地貌对当地积温的影响是十分明显的。就阿勒泰地区而言，六县一市气候情况差异很大，需要细致地依据气候条件和作物品种属性，分区域对作物小范围适应性区划。

5.4.1 阿勒泰市农作物及品种区划

阿勒泰市位于阿尔泰山南坡额尔齐斯河北岸，是阿勒泰地区首府所在地。该市地形、地貌多样，河流纵横。丘陵坡地谷地、平原河川地是其耕地的基本特征，土壤耕作性及肥力较好。

年均日照时数 3000 h，日照百分率 66%。多年平均≥10℃的积温 2740℃·d，年均降水量 213 mm，无霜期 152 天。灌溉用水多为河道取水并有塘巴湖、克孜加尔、齐背岭等大小水库调蓄，水质良好，除个别年份会发生局部干旱外，绝大部分年份灌溉用水有保障，从事农业的劳动者素质较高，接受新技术比较快。阿勒泰市农作物具有丰富的多样性，也是城市时令蔬菜基地和粮油、肉、蛋、奶供应基地。

依据就近、鲜活、保障的原则，阿勒泰市郊区的红墩镇、拉斯特乡部分村（组），应以种植蔬菜、瓜果、鲜食玉米等果蔬为主。部分村、组适宜种植奶花芸豆、小麦、油葵、中早熟玉米（青贮）及杂粮。阿苇滩、切木尔切克宜种植小麦、油葵、中早熟玉米（青贮）、甜菜及杂粮。阿拉哈克、喀拉希力克宜种植大豆、中早熟玉米（青贮）及小麦。巴里巴盖、二牧场部分分场是优质晚熟哈密瓜适宜种植区。切尔克齐是奶花芸豆最适宜种植区。汗德尕特适宜种植小麦、燕麦、早熟玉米（青贮）及早熟油葵。地区一牧场适宜种植中早熟玉米（青贮）、苜蓿、油葵。640 台地灌区适宜种植食葵、中熟玉米、小麦、苜蓿等。另外，额尔齐斯河沿岸的个别村、组宜种植食葵、籽瓜、中熟玉米；山区的库尔特、塔尔朗适宜种植早熟品种的小麦、马铃薯。

5.4.2 布尔津县农作物及品种区划

布尔津县位于阿尔泰山西南麓，地理坐标 86°25′～88°06′E，47°22′～49°11′N。额尔齐斯河与布尔津河在此交汇。

大陆性气候明显，干旱为基本特征，但山区降水较多。气温年变化、日变化大，南北差异大。暖季光照充足，有利于植物生长。

降水少，蒸发大，年降水量 159 mm，蒸发量 1597 mm。由南部平原戈壁干燥少雨向北部山区气候带变化明显，山区降水增多。山前丘陵区年降水量在 160～360 mm；山区喀纳斯年降水量在 600 mm 左右；平原戈壁区年降水量在 200 mm 以下。日照时数 2829 h，日照百分率 62%。平均初霜期 9 月 30 日，终霜期 4 月 24 日，平均无霜期 160 天。多大风。北部山区热量资源十分欠缺，高山地带具有明显的寒带气候特征，多年平均气温在 0℃左右，禾木、喀纳斯等地，地处北纬 48° 以上，仅能种植极早熟的喜凉作物，例如大麦、豌豆等，是新疆农事活动的最北界限。依次向南随着海拔和纬度的逐渐降低，至海流滩即可种植早熟小麦、油菜、马铃薯等，再至冲呼尔小盆地，光热资源开始丰富起来，多年平均≥10℃的积温已超过 2600℃·d，早熟玉米可以完全成熟。再经也拉曼向南光热资源逐渐丰富，多年平均≥10℃的积温接近 2900℃·d，中熟玉米可完全成熟。

北部山间小盆地及谷地土壤深厚，肥力好，南部平原土壤多卵石、沙砾，土层薄，肥力较差，易漏水漏肥，但耕性好，透气性好，春季地温回升快，利于各种农作物早播。

布尔津县是阿勒泰地区近代农业的发源地之一。在 20 世纪初期有俄罗斯移民在冲呼尔、黑流滩等地开发土地，种植小麦、油菜、马铃薯等。布尔津县是春播大豆最适宜种植区，20 世纪末期布尔津县一度是新疆北疆地区春播大豆的高产种植区，曾出现过大面积连片亩产 300 kg 以上的高产纪录。国家农业部在布尔津县设有春播早熟大豆品种区域化试验点，其试验数据代表旱寒区灌溉条件下早熟大豆品种特异性、适应性性状的特征表现，对大豆的新品种选育与推广具有重要的指导意义。

随着国家对进口大豆贸易战略变化，再次振兴国内大豆产业将势在必行，我国传统大豆主产区将迎来新的春天。大豆浑身是宝，籽粒是植物油的主要来源，也是人体必需蛋白质来源之一；茎秆、荚皮富含粗纤维和粗蛋白，是发展农区畜牧业的优质饲草；大豆根着生大量根瘤菌，能够把空气中的氮固定下来，因此种植大豆能够减少氮素化肥的用量，有利于满足节本增效、种养结合，长期可持续的农业发展需要。未来大豆生产仍以兼用型为主，根据市场需要间或种植高油型、高蛋白型及鲜食型。品种选用中早熟大粒型，亚有限花絮，抗逆性好，适应性强，成熟时不裂荚，结荚高度不低于 12 cm，利于机械化收割。阔斯特克、杜来提、也格孜托别、窝依莫克均为大豆最适宜种植区。

借助 5A 级景区——喀纳斯和五彩滩等风景名胜区的旅游区位优势，在国道、省道沿线重点发展景观农业、特色作物。分别种植冬油菜、春油菜、向日葵（兼用型、观赏型）、拜城小油菜，自每年 5 月中旬至国庆节前会有不间断的花海美景，招揽游客；喀纳斯密瓜、新疆小花生、奶花芸豆、黑大豆等特色农产品，均能助力旅游品质的提升和当地农民增收。

为了丰富农作物的多样性和畜牧业的发展，增加农牧民收入，在适宜地区可适当种植玉米、苜蓿及其他杂粮作物，以利于轮作倒茬，增强农业可持续发展的后劲。

5.4.3　哈巴河县农作物及品种区划

哈巴河县的主要气候资源：日照时数 2837 h，日照百分率 62%；年降水量 206 mm，多年平均无霜期 156 天；多年平均≥10℃的积温 2802℃·d，气候指标与阿勒泰市接近。

哈巴河县位于阿勒泰地区最西边角，境内有额尔齐斯河、哈巴河等河流分布并交汇。西部有丘陵，北部有丘陵、高山和冰川；南部有阿克齐湿地与额尔齐斯河南岸的库木托拜沙漠，组成了较为奇特的湿地、沙漠自然景观；东部为平原；额尔齐斯河自东向西流经该县南部出境，流入哈萨克斯坦国。哈巴河、别列孜河（中哈界河）在该县境内与额尔齐斯河交汇。多样的地形地貌构成了该县较为独特的农业生态区。该县土地肥沃，水资源丰富，南部平原热量资源较好，北部丘陵、山区热量资源相对欠缺。是近、现代农业发源地之一。20 世纪 30 年代阿勒泰地区第一台拖拉机、第一台康拜因收割机首先在该县引进应用。20 世纪 50 年代地区一农场的前身曾诞生于此，农业技术发达，一直享有塞外江南、鱼米之乡的美称。所产的奶花芸豆是传统的出口创汇农产品，马铃薯、西瓜曾长期享誉北疆广大地区。

特殊的小气候环境极适宜奶花芸豆的生长，所产的奶花芸豆以其粒大、皮薄、花色靓丽而著称于世，该县一度有"种芸豆、养奶牛，芸豆立县"之说。但随着该县县域经济的阶段性转移，芸豆产业地位有所降低，品种退化，栽培技术滞后，尽管近年来奶花芸豆的价格在不断上涨，但其奶花芸豆的种植面积却在萎缩。当地应该加快奶花芸豆新品种的引进示范，研究推广新的栽培技术，把该县传统优势农产品做大做强。加依勒玛、萨尔塔木、库尔拜、萨尔布拉克应建立奶花芸豆种植基地。实现粮豆经轮作，粮豆间作，不断提升特色农业生产水平和效益。

利用光热资源和水资源丰富的有利条件，可进行水稻的引种试验和示范。利用黑龙江农业资源优势，开创智力援疆新局面，从黑龙江气候相似地区引进优良水稻品种试种，努力打造哈巴河县域"五常"大米品牌，让阿勒泰的农产品像奶花芸豆一样走出新疆、走向全国、走向世界，为当地农民带来更多的实惠。

除了适宜种植特色优势农作物之外，间或种植玉米、苜蓿、马铃薯、食葵、油葵、蔬菜等，以利于轮作倒茬，协调、长效发展。平原地区适宜种植中熟品种的玉米、马铃薯。丘陵、山区适宜种植早熟的作物或喜凉作物，如早熟马铃薯、早熟油葵、燕麦、油菜等，总之要做到因地制宜，力求高效和可持续。

5.4.4　吉木乃县农作物及品种区划

吉木乃县位于阿勒泰地区的西南部，南有萨吾尔山，北有库木托拜沙漠，隔额尔齐斯河与哈巴河县相望，东邻布伦托海，西有与哈萨克斯坦交界河——乌力昆乌斯特河。自南向北海拔依次降低，降水逐渐减少，积温渐次升高。农业灌溉用水主要靠萨吾尔山溪水系及额尔齐斯河扬水，水资源相对匮乏，热量条件相对欠缺是制约该县农业发展的两大自然因素，但该县大部分土地处于干三角洲上，土壤深厚，有机质含量高，只要布局合理，措施得当，适种作物有很大的高产潜力。

主要气候特点：平均初霜期9月30日，终霜期5月4日，平均无霜期150天。日照时数2882 h，日照百分率64%。多年平均≥10℃的积温2341℃·d。多年平均降水223 mm。干旱、大风、冰雹、霜冻是该县的主要农业气象灾害。

相对而言，吉木乃县的气候有冬天不冷、夏天不热的独特农业小气候，春季气温适中，利于春小麦分蘖、幼穗分化和多花多实，形成大穗；夏季，由于少有极端高温天气，春小麦灌浆时间长，利于干物质的积累，使小麦籽粒饱满，千粒重增加，因此，能够获得高产，是春小麦的最适宜种植区，适宜发展有机专用小麦。近年来，该县部分强筋小麦面粉、挂面已经被端上北京人的餐桌，备受内地消费人群的青睐，市场前景广阔。吉木乃县良好的自然资源条件，也是阿勒泰地区春小麦良好的良种基地之一。近年来，该县与石河子大学合作，繁育推广优质春小麦品种，取得了一些可喜的成绩，但苦于当地没有种子龙头企业，育、繁、推一体化工作尚需要进一步加强。小麦品种应选用中、晚熟，中强筋以上，抗风灾能力强，不易落粒的春小麦品种。该县在小麦收获季节多大风、冰雹，小麦成熟后应及时收获，确保丰产丰收。

老吉木乃镇部分地方、苟克齐木及以北地区热量资源相对较好，可适当种植早熟玉米、青贮玉米及向日葵等经济作物。

5.4.5　福海县农作物及品种区划

福海县位于阿尔泰山西南坡，南接准噶尔盆地古尔班通古特沙漠。南北长 350 km，跨北纬 3 个以上纬度。农区全部在"635"水库以南地区。多年平均 ≥10℃ 的积温 3030℃·d，无霜期 159 天，日照时数 2909 h，日照百分率 64%，是全地区光热资源最好的县。多年平均降水 131 mm，蒸发 1736 mm，气候干燥，多大风。

灌溉用水靠额尔齐斯河、乌伦古河两大水系，农业用水条件较好。额尔齐斯河与乌伦古河两河之间及乌伦古河南岸的广大地区，该区域土层普遍较薄，部分地方第三系泥岩较活跃，土壤黏重，肥力差，但灌溉用水有保障，只要农业措施得当也能获得高产。乌伦古河河谷及尾闾三角洲地区，土层深厚，有机质含量高，肥力好，高产潜力大，素有福海县的粮仓之称。乌伦古河以南黄花沟地区，光热资源最好，土层较厚，肥力好，依靠引额济克大渠，灌溉用水有保障，适宜晚熟玉米及生育期较长的喜温作物，也是中早熟玉米制种的理想基地。

乌伦古河河谷地，宜种植小麦、蔬菜。小麦要选用中早熟品种，以减少干热风的危害，小麦成熟后要及时收获，避免因大风和冰雹等自然灾害带来的不必要的损失。

两河之间的博塔玛依灌区、一农场、2817 灌区、喀拉玛盖北灌区及乌河以南等灌区，适宜种植中晚熟玉米、食葵、甜菜、籽用葫芦、无壳南瓜，籽瓜等，品种以中晚熟为主，以更好地利用宝贵的热量资源，从单位面积上获得更多的收益。

为了更好地利用自然资源，宜采用籽瓜间作玉米，麦后复播绿肥、饲料油菜等种植模式，来提高种植业的综合效益。

福海县是多风灾地区，玉米应选择茎秆柔韧、气生根发达的品种；向日葵要选择茎秆柔韧、髓腔小的品种，增强其抗倒伏能力；小麦要尽量选择矮秆、偏"口紧"的品种，防止因大风引起的倒伏和落粒。

5.4.6　富蕴县农作物及品种区划

富蕴县位于阿勒泰地区东部、阿尔泰山南麓，是国际河流额尔齐斯河的发源地。额尔齐斯河、乌伦古河两大河流自西向东流经该县。热量资源自北向南，由东向西随海拔渐次降低而趋于丰富。北部山区冷湖相应比较突出，可可托海镇曾有 −51.5℃ 极端最低气温的纪录，素有西北"寒极"之称。南部气候干燥，海拔较低，热量资源较好。

气候特点：大陆性气候明显，干旱为基本特征，山区降水比较丰富。气温年变化大、日变化大，暖季光照充足，有利于植物生长。降水少，蒸发大，年降水量 210 mm，蒸发量 2087 mm。由南部平原戈壁干燥少雨向北部山区气候带变化明显，山区降水逐年增多。山前丘陵区年降水量在 160 ~ 360 mm；北部山区年降水量在 350 ~ 600 mm；平原戈壁区年降水量在 200 mm 以下。日照时数 2883 h，日照百分率 64%。平均初霜期 9 月 26 日，终霜期 4 月 30 日，平均无霜期 150 天。多年平均 ≥10℃ 的积温 2788℃·d。

该县大部分农区集中在山区、丘陵及河川，土壤肥力较好，南部戈壁土壤肥力相对较差，但积温条件较好。灌溉用水来自于额尔齐斯河和乌伦古河，由于均处于两河的上、中游，除个别地方外，绝大部分农田灌溉用水有保障。

富蕴县的农区海拔跨度很大，北部山区海拔最高 1400 m，南部平原最低点海拔不足

400 m；北部山区降水量最高可达 600 mm，南部平原戈壁年均降水量则在 200 mm 以下；南北积温相差悬殊，北部山区仅能种植小麦、豌豆、蚕豆等喜凉作物，南部平原则是中熟玉米高产区。

北部山区，铁买克乡、可可托海镇、吐尔洪乡，冷凉气候区，宜以种植小麦为主，间或种植燕麦、苜蓿、杂粮等。沿可可苏里、可可托海、石钟山旅游景区适合发展景观农业，种植油菜、豌豆、鹰嘴豆、马铃薯，极早熟向日葵，调制大自然的调色板，点缀美化旅游线路。设置游客拍照景点，提升旅游景点的品味，增加沿途农牧民的收入。

北部山区，目前每年仍然有种植山旱地 1333.3 hm² 左右，主要是种植豌豆，但品种单一落后，种植方式简单粗放。应该充分发挥当地这一天然优势，应该扩大到小麦、鹰嘴豆、冬油菜等，并且选用耐旱、早熟品种。通过深松耕、耙耱、镇压等栽培措施，提高土壤保水抗旱能力，并注意增施肥料，培肥地力，提高单产。

库尔特、喀拉通克、克孜勒希力克、恰库尔图等地，是海拔在 900 m 左右的丘陵区域，该区域热量资源尚好，适宜种植早熟玉米、向日葵、小麦、苜蓿、马铃薯等。

自恰库尔图镇沿乌伦古河向西，热量资源逐渐向好，玉米品种逐渐由早熟向晚熟品种过渡，至最西端的杜热镇，≥10℃的积温达到 2900℃·d 以上，已进入玉米种植的高产区，晚熟玉米品种 Sc704，在该镇曾经有亩产 1200 kg 的历史纪录，应及时选用合适的品种，再创大面积玉米高产纪录。

喀拉布尔根乡具有独特的农业生态小气候，极适宜奶花芸豆的种植，亦称为"奶花芸豆之乡"。奶花芸豆地方品种"阿芸 2 号""阿芸 3 号"，即通过农业技术人员的单株选择、系统选育均诞生于此地。另外该乡也适宜种植水稻，"以粮为纲"年代，该乡曾经有较大面积水稻种植，但产量不是很高。

近年来，黑龙江农科院与兵团农十师农科所合作，在杜热镇开展水稻的引种试验研究，取得了可喜的成果。喀拉布尔根乡、杜热镇在发挥当地特色作物奶花芸豆、玉米的同时，应借助智力援疆的优势，扩大水稻的试验示范面积，加快推广速度，实现水旱轮作，打造品牌农产品，推动当地农业的高效可持续发展。

5.4.7　青河县农作物及品种区划

青河县位于阿勒泰地区东南部，阿尔泰山东段南麓，是全地区热量资源相对匮乏的县。主要农区海拔都比较高，集中在山间小平原、小盆地及河川地。21 世纪初随着土地大开发，阿魏灌区的戈壁才被大面积地开发出来。由于处于境内阿尔泰山的东部末段，山体海拔较低，年降水量相对较少，但该县处于乌伦古河上游，农业灌溉用水有保障，且水质优良。

气候特点：大陆性气候明显，干旱为基本特征，但山区降水增多。气温年变化大、日变化大，暖季光照充足，有利于植物生长。降水少，年降水量 189 mm，蒸发量 1367 mm。由南部平原戈壁干燥少雨向北部山区气候带变化明显，山区降水增多。山前丘陵区年降水量在 160 ~ 360 mm；北部山区年降水量在 350 ~ 600 mm；平原戈壁区年降水量在 200 mm 以下。日照时数 3045 h，日照百分率 68%。平均初霜期 9 月 17 日，终霜期 5 月 11 日、平均无霜期 130 天，无霜期短，不适宜喜温作物生长。气温低，年平均气温 1.3℃，热量条件不佳，多年平均≥10℃的积温 2147℃ · d。

本区为典型的冷凉农作区。传统农区均以麦类为主要农作物，萨尔托海乡小部分地区可种植极早熟玉米，是小麦、大麦的高产区，曾经出现过大麦亩产 500 kg 以上，小麦亩产 700 kg 的高产纪录，是阿勒泰地区的小麦高产县、主产县，也是自治区级粮食主产县。但由于受热量资源所限，有的地方小麦连续重茬达 50 年以上，单产再提高有很大困难。

随着阿魏戈壁的开发，该县的农作物结构有所改善。阿魏灌区可种植食葵及早熟籽瓜，海拔低于 1000 m 的区域种植极早熟玉米，如新玉 10 号、兴垦 10 号、KX2030 可以成熟，但有一定风险。

鉴于该县的热量资源匮乏，传统小麦种植区也应该调整种植业结构，实行草粮轮作，小麦可与苜蓿轮作，与燕麦、油菜倒茬；把极早熟玉米作为青贮与小麦倒茬；或者把豌豆、鹰嘴豆、蚕豆、苜蓿等豆科作物作为与小麦的轮作作物，利用作物之间的相生相克作用，培肥地力，提高单产，促进当地农业的高效性和永续性。

阿魏灌区（阿格达拉镇）、萨尔托海乡及适宜的小气候区域，适当发展马铃薯、苜蓿、早熟食葵、极早熟玉米，丰富农作物的多样性。应与大专院校、科研院所合作，开展冷凉农业的深入研究，高效利用有限的热量资源，"树立冷凉农业优质、高效、可持续典范"，实现欠发达农区乡村振兴。

第 6 章

农业气候资源的利用与保护

6.1 农业气候资源的开发利用

6.1.1 阿勒泰地区气候资源开发利用的基本情况

阿勒泰气候能源资源种类多，储藏量丰富。太阳能年辐射总量约 5400 MJ/m²，属于资源很丰富级别，风能资源储量是全国风能资源最丰富的地区之一，区域内风电场风功率密度等级多为 3 ～ 4 级，具备开发条件。因此，在建设能源基地的长远规划以及具体实施过程中，需要综合考虑各种因素，努力改善阿勒泰能源结构，科学高效地推进风能、太阳能开发利用工作，实现经济的可持续发展。

6.1.1.1 风能储量及开发利用情况

阿勒泰风能资源丰富，是全国风能资源最丰富的地区之一。以乌伦古湖为界，阿勒泰地区可分为东西两部分。西部为"两山夹一谷"，即阿尔泰山—额尔齐斯河谷地—萨吾尔山地。位于阿尔泰山和萨吾尔山两山之间的河谷、平原、丘陵地区形成一个风区，因科可森山的阻挡，在西侧分成两路，一路沿额尔齐斯河谷经哈巴河、布尔津横扫河谷、平原、丘陵一带；另一路是萨吾尔山和科可森山之间，经"闹海风"区（吉木乃）到布伦托海（福海），两路合并为一个大风区，再沿乌伦古河和额尔齐斯河东南下至东部（富蕴、青河）。偏西风盛行时，沿两条风线东南下，在更窄的河谷和两小山之间的狭口地方，风速增大，形成了一些大风口。偏东风盛行时，类似地通过峡谷风力加强。特殊的地形结构，使得这一地区风能资源十分丰富。此外，在山脉间还零散分布有小片风能资源富集区。阿勒泰地区建设了 3 座高度 70 m 的测风塔，对阿勒泰地区风能详查具有重要意义。详查结果表明：在距地面 70 m、60 m、50 m、30 m 和 10 m 高度，年平均风功率密度分别为412.9 W/m²、396 W/m²、358 W/m²、356 W/m²、62 W/m²。根据《风电场风能资源评估方法》提供的标准，可定为 3 ～ 4 等级，主要风区详查结果较普查时的风能储量更为丰富。

新疆风能开发走在了国内前列。1989 年，乌鲁木齐达坂城建成了中国第一个风电场。达坂城风区不仅风能资源丰富，而且质量优良。近年来国家加快大型风电基地建设，有序推进哈密千万千瓦和准东百万千瓦风电外送基地建设；同时加快达坂城、百里风区、塔城、阿勒泰和若羌等百万级风电基地建设。根据国家能源局统计，到 2015 年底，全疆风电累计核准容量 1883 万 kW，累计并网容量 1611 万 kW，风电装机规模从 2011 年的全国第八位跃居到第三位，这已经远远超过"十二五"规划的 1000 万 kW 风电装机目标。自治区发改委"十三五"能源规划确定，到 2020 年新疆风电总装机规模达到 4660 万 kW（含兵团），其中外送装机规模达到 2260 万 kW。阿勒泰地区风能开发起步早、规划开发潜力大。1994 年引进德国技术装备，率先建成布尔津县托洪台风力发电场。

6.1.1.2　太阳能资源开发利用情况

阿勒泰地区太阳能资源十分丰富，全年日照时数为 2600 ～ 3500 h，日照百分率为 60% ～ 80%，年辐射总量达 5000 ～ 5800 MJ/m²。阿勒泰地区的地面太阳总辐射总体分布趋势是：东多西少，南多北少，平原多山区少。额尔齐斯河、乌伦古河流域地面接收的太阳总辐射能量，年均在 5400 ～ 5700 MJ/㎡。阿勒泰工业排放少，大气清洁，沙尘天气现象少，直接辐射的比率居于新疆前列，太阳能装置的光能利用率高。45° ～ 46°N 的沙漠区域，降水少、日照丰富、纬度更低，太阳辐射最高，该区域有可能达到 5800 MJ/㎡，潜力很大。

目前，新疆已进入太阳能资源规模开发阶段。2011 年以来，阿勒泰大型太阳能发电项目陆续开工。2015 年新疆光伏电站建设速度堪称光伏产业发展历史之最，到 2015 年底已建成和在建的光伏电站超过 2GW，《新疆太阳能光伏产业"十二五"发展规划》确定的"2015 年全区光伏发电总装机容量超过 2GW"的目标很快被突破。有关部门数据显示，新疆光伏发电装机量从 2011 年的全国第七位跃居到第三位。

6.1.1.3　空中云水资源开发利用情况

新疆尽管属于大范围干旱与半干旱气候区，降水少，但是山区降水比较丰富，营养着广大的绿洲。有专家计算，每年流经新疆上空的水汽总量约为 26 000 亿 t。西边界、北边界和南边界为净流入，东边界为净流出；由于新疆地形的原因在对流层中层水汽输送量最大，总水汽流入量为 11 765 亿 t，占 45.1%，总流出量为 11 396 亿 t，占 44.4%，低层和高层水汽输送量相当。从南边界青藏高原上空也有 1168 亿 t 水汽流入新疆。夏季流经新疆的水汽量最大，约占 39% 左右，春、秋季次之，冬季最小。新疆区域年平均水汽到降水的转化率为 10.4%，最高年份可达 14.2%。新疆高空水资源十分丰富，但山区占比少，不能有效地将水汽转换为降水，通过人工方式提高水汽资源的转换效率，是行之有效的好办法。新疆人工影响天气的技术在国内处于领先水平，通过人影作业降水增幅约为 23%。

阿勒泰也是典型的干旱、半干旱地区，水资源分布极不均匀。近年来受全球气候变化等多种因素的影响，山区雪线上升，冰川消退，极端气候事件频发，一些地区旱灾发生的频率和强度明显增大。由于大气降水是水资源的根本来源，因此充分开发山区空中云水资源，增加山区降水量，可以直接缓解水资源短缺问题。阿勒泰水汽主要受西风带系统的影响，就平均状态而言，阿勒泰空中水资源同样非常丰富，年流入水汽量达到 1880 亿 t。阿勒泰地区降水量较少，但该区域空中云水资源丰富，周边山区具有较好的人工增水条件，2014 年以来该区开展多次飞机冬季人工增雪作业，有效增加了山区积雪，对改善阿勒泰地区生态环境、增加河流径流、缓解水资源短缺、促进区域经济社会发展起到了积极作用。

人工增水作业通过实践取得了一定的成效。有权威性机构专家研究的理论基础。中国气象学会 1993 年 9 月在《科技政策声明》中"现代影响天气主要是利用自然云的微物理不稳定性，通过一定技术方法改变云的微结构，从而改变云降水的发展过程，达到增加降水的目的。其科学基础已获得室内实验、外场试验和数值模拟越来越多的证据和支持"；"现在已经对人工影响天气的基本物理概念有了更深的认识，对作业效果有了更多的物理证据，科学技术手段也有了重大改进"。美国气象学会 1992 年 1 月发表《声明》，"冷云人工增水有效的一个相当重要的证据，即在一定条件下，使用现有技术以增加过冷性地形云的降水。从某些长期计划所得降水记录统计分析表明，降水的季节增加量可达 10%""目前某些人工增水工作已获成功，若在播撒方法上做出某些根本改进，也许会得到更可信的结果"。这些权威性机构专家的论断，从理论到实践，多方面对人工增水工作给予了充分肯定。

人工增水作业是有条件的。一是具备丰富的云雾资源，没有云雾资源增水作业就无从谈起。二是有合适的云物理条件，三是必备的作业手段。人工增水作业的根本作用是辅助自然天气系统，提高云雾水汽资源转化为降水的效率，而不是凭空制造大气降水。这三个条件中，前两个都显示出山区具有较多的机会。经国内外专家和技术人员多年试验研究指出，山区的增雨作业效果好于平原。

阿勒泰地区 1997 年大旱，共组织 5 个作业组进行增雨作业。其中：

吉木乃县，6 月 21 日 14—20 时作业，炮点降水量 25.8 mm，山区雨量更大；19 日中午，目测山区有较好的降水云系，用弹 20 发对云轰击，炮点傍水渠水位上涨 13 ～ 15 cm。从 6 月 14 日至 7 月 4 日共 20 天时间，作业出现中到大量降水 4 次，炮点降水总量达 51.1 mm。

6 月 29 日至 30 日在富蕴县吐尔洪乡（前山小盆地）作业，降水量 25.6 mm，而上风方同时降水为 13.2 mm；同期在杜热乡（乌伦古河谷地）先后也进行了增雨作业，其效果没有吐尔洪乡好；福海县，6 月 1 日进点，8 月 4 日撤回，历时两个多月，6 月 1 日至 7 月 4 日，位于阿尔泰山山前丘陵区作业 8 次，降水量 19.2 mm；7 月 4—13 日搬到布伦托海边上，作业 1 次，滴雨未下；7 月 13 日又搬到县城南平顶山（台地）作业，20 天时间用弹 170 发，降雨量 4.4 mm。

这些个例一方面证明了人工增水作业有效，另一方面说明了专家提到的"山区作业效果好于平原，积状云（对流云）好于层状云"理论的正确性。

6.1.2　阿勒泰地区气候资源开发利用与保护中存在的问题

长期以来，气候资源开发利用和保护一直受到各级政府的重视，已成为防灾减灾和应对气候变化、维护国家安全、促进经济社会可持续发展的重要组成部分。但实际工作中还存在一些问题。

6.1.2.1　新能源运行消纳矛盾日益突出

随着新能源大规模开发，运行消纳矛盾日益突出。我国新能源发展已经走在了世界前列，成为全球风电规模最大、光伏发电增长最快的国家。而新疆阿勒泰的新能源装机增速已经领先全国平均水平，其实际发展速度大大超过了预先的规划设想，风电和光伏增速惊人。据统计，"十二五"期间，阿勒泰太阳能发电装机容量同比增长 56.1%，风电装机容量年均增长 69%，发电量年均增长 45.3%，都远高于全国 29% 的增长率。然而，随着新能源的大规模开发，运行消纳矛盾也日益突出。

6.1.2.2　综合管理和科技支撑能力需进一步提高

阿勒泰地区风能、太阳能资源丰富，开发利用潜力大，前景广阔，近年来的开发利用工作进展迅猛，但部分地方政府尚未将气候资源开发利用和保护工作纳入当地社会经济发展规划，气候资源利用率较低，保护措施不到位。对重大规划及建设项目、农业新品种引进、农业产业结构调整的气候可行性论证缺乏监督管理，一些盲目、无序的开发行为，不仅破坏了气候资源和生态环境，也改变了地表水、热量平衡的性质，造成旱、涝、寒、热灾害加剧，甚至带来气候恶化、沙漠化和水土流失等严重后果；特别是城市新建或扩建大中型工程项目等，有可能改变光、热、风等气候资源的数量和分布，加剧城市热岛效应，甚至改变了局地气候。部分风能太阳能开发企业缺乏气候资源保护意识，单纯追求经济效益，未经审查批准的气候资源探测资料被实时传输到境外，造成我国气候资源基础资料大量流失，对国家涉密气候资料的安全造成了危害，对国家利益形成潜在威胁。风能、太阳能等气候资源开发利用涉及到社会管理、科技支撑、企业发展等多个领域，因此，亟待进一步规范管理，不断提高风能太阳能开发利用与保护能力。

6.1.2.3　气候资源探测和评估的基础设施建设薄弱

气候资源探测资料共享机制和平台建设以及信息传输网络不完善，特别是风能太阳能资源探测、评估和预测预报能力还不高，山区云水资源监测能力很弱，观测站点稀少，气候资源普查、详查不够科学全面，气候资源变化分析评估能力还不强。

6.2　农业气候资源的保护和管理

太阳能、风能等气候资源的开发利用，要坚持政府主导、部门参与、社会监督的原则，依照气候资源开发利用和保护规划，有计划地组织太阳能、风能资源的开发利用工作。加强政策引导，鼓励单位和个人安装和使用风能、太阳能光伏发电、太阳能采暖和制冷等气候能源系统。鼓励建设单位在建筑物的设计和施工中，为风能、太阳能利用提供必要条件。引导农民和农业生产经营组织建设温室、大棚等农业设施，合理开发利用光热资源，提高农业生产效率和效益。

气候资源开发利用和保护工作涉及多个部门或者跨行政区域的，应当建立联合管理和信息共享机制。国务院气象主管机构应当会同有关部门，根据本行政区域气候资源综合调查结果，开展气候资源评价工作，提出气候资源开发利用和保护的建议，编制气候资源区划。加强对气候资源科研立项、科研成果推广应用的支持。促进气候资源开发利用和保护领域的自主创新与科技进步。大型太阳能、风能等气候资源开发利用建设项目在建设前，应当进行气候可行性论证，防止盲目无序开发，导致资源破坏。

阿勒泰地区水资源分布极不均匀，阿尔泰山区、萨吾尔山区云水资源相对丰富。发源于阿尔泰山的额尔齐斯河、乌伦古河年平均径流 218.4 亿 m^3；发源于萨吾尔山的山溪水系总径流 0.9 亿 m^3。其他广大平原戈壁地区依靠降水，不足以形成稳定径流。1995 年全地区农田灌溉面积 13.19 万 hm^2，综合毛灌溉定额每公顷 13 290 m^3，常年水资源分配单位面积占有率不高。阿尔泰山区空中水资源丰富，建设阿尔泰山区"空中水塔"项目、合理开发空中水资源具有十分重要的意义。合理开发利用空中云水资源，一要加强人工增雨、增雪、防雹等人工影响天气工作的组织领导，加强队伍建设，提高装备、技术水平；二要加强人影工程立项、建设，立足以抗旱、防雹、水库增蓄、森林草原防（灭）火、生态环境保护为目的，提高气候资源利用水平。

参考文献

阿勒泰地区地方志编委会，2004. 阿勒泰地区志 [M]. 乌鲁木齐：新疆人民出版社 .

阿勒泰地区农业区划办公室，1987. 阿勒泰地区农业区划报告 [M]. 阿勒泰：阿勒泰地区区划办公室内部刊印 .

白松竹，李焕，田忠锋，2010. 1961—2008 年阿勒泰地区异常初终霜日变化特征 [J]. 气象与环境学报，26（5）：25-29.

白松竹，李焕，张林梅，2014a. 阿勒泰地区冬季降水变化特征 [J]. 沙漠与绿洲气象，8（1）：6-10.

白松竹，博尔楠，谢秀琴，2014b. 气候变暖背景下阿勒泰地区寒潮活动变化特征 [C]. 中国气象学会 2014 年会 s4 论文集 .

陈建军，袁志英，1987. 麦田套播与复播玉米光能利用率优劣的对比分析 [J]. 新疆气象（6）：24-26，50.

陈瑞闪，1997. 地温和气温 [J]. 福建农业，5（12）.

陈咸吉，1982. 中国气候区划新探 [J]. 气象学报（1）：35-48.

陈业国，何冬燕，农孟松，2008. 全球变暖背景下南宁地区寒潮活动的变化 [J]. 气候变化研究进展（7）：245-249.

邓自旺，林振山，周晓兰，1997. 西安市近 50 年来气候变化多时间尺度分析 [J]. 高原气象，16（1）：81-93.

丁一汇，郭彩丽，刘颖，等，2008. 气候变化 40 问 [M]. 北京：气象出版社 .

丁一汇，张建云，等，2009. 暴雨洪涝 [M]. 北京：气象出版社 .

丁裕国，江志红，1998. 气象数据时间序列信号处理 [M]. 北京：气象出版社 .

杜军，宁斌，2006. 雅鲁藏布江中游近 40 年异常初终霜冻分析 [J]. 气象，32（9）：74-89.

段若溪，姜会飞，2002. 农业气象学 [M]. 北京：气象出版社 .

伏洋，李凤霞，张国胜，2003. 德令哈地区霜冻灾害气候指标的对比分析 [J]. 中国农业气象，24（4）：9-12.

符淙斌，王强，1992. 气候突变的定义和检测方法 [J]. 大气科学，16（4）：482-493.

韩荣青，李维京，艾婉秀，等，2010. 中国北方初霜日期变化及其对农业的影响 [J]. 地理学报，65（5）：15-22.

和清华，谢云，2018. 我国太阳总辐射气候学计算方法研究 [J]. 自然资源学报（12）：308-319.

胡学林，李愚超，2011. 高寒地区冬油菜越冬研究初报 [J]. 新疆农业科学（6）：1074-1077.

李爱贞，刘厚凤，张桂芹，2003. 气候系统变化与人类活动 [M]. 北京：气象出版社 .

李春芳，刘大锋，2004. 阿勒泰冬季西部区域性偏东大风的成因分析 [J]. 新疆气象，2：11-13.

李春芳，潘冬梅，达吾提汗，2005. 阿勒泰地区"闹海风"天气分析 [J]. 沙漠与绿洲气象（1）：33-34.

李焕，朱海棠，童忠，等，2011. 新疆阿勒泰地区西部蝗虫发生特征分析 [J]. 沙漠与绿洲气象，5（4）：58-62.

李宪之，1995. 东亚寒潮侵袭的研究 [M]. 北京：科学出版社 .

李愚超，2006. 晚熟甜瓜与奶花芸豆间作栽培技术 [J]. 新疆农业科技（6）：24-25.

李愚超，2007. 奶花芸豆营养经济价值与栽培技术 [J]. 新疆农垦科技（6）：19-20.

李愚超，孙玉香，王建刚，等，2013. 浅谈气候变暖对阿勒泰农业的影响 [J]. 新疆农业科技，1:52-54.

刘宝珩，2007. 阿勒泰地区气候与生态实践认识 [M]. 阿勒泰：新疆阿勒泰地区气象学会内部刊印 .

刘大锋，2015. 阿勒泰地区气候变化对农业生产影响 [D]. 成都：成都信息工程大学 .

刘大锋，李海华，吴海镇，2006. 阿勒泰地区干热风的时空特征及防御对策 [J]. 新疆气象，29（3）：11-13.

刘红霞，黄玲，曹红丽，等，2013.1961—2010 年乌苏市霜冻气候特征分析 [J]. 陕西气象（6）：17-20.

刘婕，徐晓波，2007. 全球变暖背景下大连地区寒潮活动的气候变化 [J]. 大连海事大学学报，33（1）：154-156，160.

潘冬梅，田忠锋，2014. 近 50a 阿勒泰地区大风的环流分型及预报 [J]. 干旱气象，32（1）：108-113.

潘冬梅，王建刚，2012. 新疆阿勒泰地区夏旱风险评估分析 [J]. 干旱气象（2）：188-191.

潘家华，庄贵阳，陈迎，2003. 减缓气候变化的经济分析 [M]. 北京：气象出版社 .

齐贵英，2011. 阿勒泰地区 1962—2008 年最高最低气温变化特征分析 [J]. 沙漠与绿洲气象，5（3）：33-37.

邱宝剑，1980. 全国农业气候区划的一些问题 [J]. 气象（9）：6-8.

唐晶，张文煜，赵光平，等，2007. 宁夏近 44a 霜冻的气候变化特征 [J]. 干旱气象，25（3）：39-43.

唐秀，王建林，李健丽，等，2015. 2014 年 4 月强寒潮天气对阿勒泰地区沙棘花期冻害的影响分析 [J]. 沙漠与绿洲气象，9（4）：50-54.

陶诗言，1957. 东亚冬季冷空气活动的研究 . 见：中央气象局编 . 短期预报手册 .

王登海，2003. 气候变化与荒漠化 [M]. 北京：气象出版社 .

王建刚，1999. 北疆北部偏东大风的天气气候成因分析 [J]. 新疆气象 ,22(4):25-26.

王建刚，刘大锋，2006. 阿尔泰山降水与高度关系特征分析 [C]. 中国气象学会 2006 年会论文集 .

王建刚，林鸿建，徐建春，2008. 阿尔泰山雪崩灾害调查和预报原理分析 [J]. 西藏气象 ,1:94-96.

王建刚，王建林，徐建春，等，2009. 气候变化对北疆北部棉花生产的影响及对策 [J]. 中国农业气象，30（增 1）：103-106.

王建刚，王盛韬，徐建春，等，2012a. 新疆阿勒泰地区太阳能资源分析与评估 [J]. 干旱区研究，29（5）：820-825.

王建刚，王盛韬，徐建春，等，2012b. 新疆北部冰雪灾指标设计与计算 [C]. 中国气象学会 2012 年会论文集 .

王建刚，陈春艳，徐建春，等，2013. 阿勒泰市强降水衍生泥石流灾害分析 [J]. 沙漠与绿洲气象（2）：51-55.

王建刚，何清，徐建春，等，2014a. 新疆阿勒泰冰雹灾害气候特征 [J]. 干旱气象，32（1）：114-119.

王建刚，唐秀，李愚超，等，2014b. 新疆北部晚熟哈密瓜气候条件敏感度分析 [J]. 安徽农业科学，42（16）：5156-5158，5160.

王建刚，王盛韬，庄晓翠，等，2014c. 新疆北部雪灾气候因子的风险分析试验——以阿勒泰为例 [J]. 气象科技，42(2):330-335.

王建刚，王盛韬，庄晓翠，等，2014d. 新疆北部牧区雪冰灾害指数和危险性评估 [J]. 干旱区研究，31(4):682-689.

王建刚，王秋香，徐建春，等，2015. 新疆阿勒泰站人工观测与自动观测气温差异分析 [J]. 沙漠与绿洲气象，9(3):69-74.

王磊，李春芳，吴海镇，2006. 阿勒泰地区大风统计分析及灾害防御 [J]. 新疆气象，29（1）：19-20.

王荣栋，1997. 作物栽培学 [M]. 乌鲁木齐：新疆科技卫生出版社 .

王秀萍，任国玉，赵春雨，等，2008. 近 46 年大连地区初终霜事件和无霜期变化 [J]. 应用气象学报 .19（6）：35-40.

王昀，谢向阳，马禹，等，2017. 天山北侧成灾雹云移动路径及预警指标的研究 [J]. 干旱区地理，40（6）：1152-1164.

王遵娅，丁一汇，2006. 近 53 年中国寒潮的变化特征及其可能原因 [J]. 大气科学，30（6）：1068-1076.

王遵娅，丁一汇，何金海，等，2004.近50年来中国气候变化特征的再分析 [J].气象学报，62（2）：228-236.

魏凤英，2008.气候变暖背景下我国寒潮灾害的变化特征 [J].自然科学进展，18（3）：289-295.

武红雨，杜尧东，2010.1961—2008年华南区域寒潮变化的气候特征 [J].气候变化研究进展，6（3）：40-45.

肖开提·多莱特,2005.新疆降水量级标准的划分 [J].新疆气象，28(3):7-8.

新疆短期天气预报指导手册编写组，1986.新疆短期天气预报指导手册 [M].乌鲁木齐：新疆人民出版社.

新疆气象学会，1988.新疆农业气象论文集 [M].北京：气象出版社.

徐德源，1989.新疆农业气候资源及区划 [M].北京：气象出版社.

杨发相，2001.阿勒泰地区中低产田研究 [M].乌鲁木齐：新疆科技卫生出版社.

姚永明，姚雷，邓伟涛，2011.长江中下游地区类寒潮发生频次的变化特征分析 [J].气象，2011，37（3）：339-344.

叶殿秀，张勇，2008.1961—2007年我国霜冻变化特征 [J].应用气象学报，19（6）：23-27.

张爱芹，王彩霞，马瑞霞，2006.植物学 [M].重庆：西南交通大学出版社.

张林梅，胡磊，罗斌全，等，2010.阿勒泰地区5—9月极端干期长度的气候特征 [J].陕西气象（1）：1-5.

张霞，钱锦霞，2010.气候变暖背景下太原市霜冻发生特征及其对农业的影响 [J].中国农业气象，31（1）：111-114.

张晓伟，沈冰，孟彩侠，2008.和田绿洲水文气象要素分形特征与分析 [J].中国农业气象，29（1）：12-15.

张晓煜，马玉平，苏占生，等，2001.宁夏主要作物霜冻试验研究 [J].干旱区资源与环境，15（2）：51-55.

张学文，张家宝，2006.新疆气象手册 [M].北京：气象出版社.

庄晓翠，安冬亮，张林梅，等，2010.阿勒泰地区寒潮天气特征分析及预报 [J].沙漠与绿洲气象，4（1）：36-39.

庄晓翠，李博渊，张林梅，等，2013.新疆阿勒泰地区冬季大到暴雪气候变化特征 [J].干旱区地理，36（6）：1013-1022.

庄晓翠，杨森，赵正波，等，2010.干旱指标及其在新疆阿勒泰地区干旱监测分析中的应用 [J].灾害学，25（3）：81-85.

Wang J G, Jiang M, Li Y C, et al, 2018.Influence of Climatic Conditions on Planting of Hami Melon [J]. Asian Agricultural Research, 10(2): 82-86.

附录 1　风力等级表

附表 1.1　蒲福风力等级表

风力级数	名称	海面状况		海岸船只征象	陆地地面征象	相当于空旷平地上标准高度 10 m 处的风速		
		海浪						
		一般（m）	最高（m）			海里*/h	m/s	km/h
0	静风	～	～	静	静，烟直上	< 1	0 ～ 0.2	< 1
1	软风	0.1	0.1	平常渔船略觉摇动	烟能表示风向，但风向标不能动	1 ～ 3	0.3 ～ 1.5	1 ～ 5
2	轻风	0.2	0.3	渔船张帆时，每小时可随风移行 2 ～ 3 km	人面感觉有风，树叶微响，风向标能转动	4 ～ 6	1.6 ～ 3.3	6 ～ 11
3	微风	0.6	1.0	渔船渐觉颠簸，每小时可随风移行 5 ～ 6 km	树叶及微枝摇动不息，旌旗展开	7 ～ 10	3.4 ～ 5.4	12 ～ 19
4	和风	1.0	1.5	渔船满帆时，可使船身倾向一侧	能吹起地面灰尘和纸张，树的小枝摇动	11 ～ 16	5.5 ～ 7.9	20 ～ 28
5	清劲风	2.0	2.5	渔船缩帆（即收去帆之一部）	有叶的小树摇摆，内陆的水面有小波	17 ～ 21	8.0 ～ 10.7	29 ～ 38
6	强风	3.0	4.0	渔船加倍缩帆，捕鱼须注意风险	大树枝摇动，电线呼呼有声，举伞困难	22 ～ 27	10.8 ～ 13.8	39 ～ 49
7	疾风	4.0	5.5	渔船停泊港中，在海者下锚	全树摇动，迎风步行感觉不便	28 ～ 33	13.9 ～ 17.1	50 ～ 61
8	大风	5.5	7.5	进港的渔船皆停留不出	微枝折毁，人行向前感觉阻力甚大	34 ～ 40	17.2 ～ 20.7	62 ～ 74
9	烈风	7.0	10.0	汽船航行困难	建筑物有小损（烟囱顶部及平屋摇动）	41 ～ 47	20.8 ～ 24.4	75 ～ 88
10	狂风	9.0	12.5	汽船航行颇危险	陆上少见，见时可使树木拔起或使建筑物损坏严重	48 ～ 55	24.5 ～ 28.4	89 ～ 102
11	暴风	11.5	16.0	汽船遇之极危险	陆上很少见，有则必有广泛损坏	56 ～ 63	28.5 ～ 32.6	103 ～ 117
12	飓风	14.0	～	海浪滔天	陆上绝少见，摧毁力极大	64 ～ 71	32.7 ～ 36.9	118 ～ 133
13	～	～	～	～	～	72 ～ 80	37.0 ～ 41.4	134 ～ 149

---

* 　1 海里 =1.852 km。

风力级数	名称	海面状况		海岸船只征象	陆地地面征象	相当于空旷平地上标准高度10 m处的风速		
		海浪				海里/h	m/s	km/h
		一般（m）	最高（m）					
14	～	～	～	～	～	81～89	41.5～46.1	150～166
15	～	～	～	～	～	90～99	46.2～50.9	167～183
16	～	～	～	～	～	100～108	51.0～56.0	184～201
17	～	～	～	～	～	109～118	56.1～61.2	202～220

附录 2　降水、温度的气候趋势分级用语

降水趋势分级用语规定：

6—8 月总降水趋势按照六级分制：特少、偏少、略少、略多、偏多、特多。各级划分标准见附表 2.1。

附表 2.1　六级制降水趋势各等级划分标准（ΔR：降水距平 %）

用语	特少	偏少	略少	略多	偏多	特多
距平百分率	$\Delta R \leqslant -50$	$-50 < \Delta R \leqslant -20$	$-20 < \Delta R < 0$	$0 \leqslant \Delta R < 20$	$20 \leqslant \Delta R < 50$	$\Delta R \geqslant 50$

其他月降水趋势按照四级分制。

四级制降水趋势预测用语为：偏少、略少、略多、偏多。各级划分标准见附表 2.2。

附表 2.2　四级制降水趋势各等级划分标准

用语	偏少	略少	略多	偏多
距平百分率（%）	$\Delta R \leqslant -30$	$-30 < \Delta R < 0$	$0 \leqslant \Delta R < 30$	$\Delta R \geqslant 30$

月气温趋势分级用语规定：

各月气温趋势按照六级分制：特低、偏低、略低、略高、偏高、特高。各级划分标准见附表 2.3。

附表 2.3　六级制气温趋势各等级划分标准（ΔT：距平℃）

用语	特低	偏低	略低	略高	偏高	特高
气温距平	$\Delta T \leqslant -2.0$	$-2.0 < \Delta T \leqslant -1.0$	$-1.0 < \Delta T < 0$	$0 \leqslant \Delta T < 1.0$	$1.0 \leqslant \Delta T < 2.0$	$\Delta T \geqslant 2.0$

年景预测要素分级和划分标准：

年景预测的各要素按照三级分制。

三级制划分标准为：

实值 – 气候标准值 < 0 取 "–" 表示偏少（低、早）

实值 – 气候标准值 ≥ 0 取 "+" 表示偏多（高、晚）

气候标准值：指 30 年平均值，目前采用 1981—2010 年 30 年统计量作为气候标准值。

附录 3　行业气象敏感指标

1 公路运输

附表 3.1

气象指标	适宜				影响				危害			
	能见度	气温	风力	降水	能见度	气温	风力	降水	能见度	气温	风力	降水
	> 1000 m	> 0℃	< 5 级	微量	< 1000 m		5 ~ 6 级	<中量	< 500 m	< –30℃	≥7 级	
其他指标	晴天少云				解冻道路翻浆				风吹雪，道路雪深 > 30 cm，路面结冰			

2 铁路运输

附表 3.2

气象指标	适宜				影响				危害			
	能见度	气温	风力	降水	能见度	气温	风力	降水	能见度	气温	风力	降水
	> 1000 m	> 5℃	< 5 级		< 1000 m		5 ~ 6 级	<中量	< 100 m	< –30℃	≥7 级	大雨
其他指标					扬沙、雾				道路雪深 > 30 cm			

3 公路养护

附表 3.3

气象指标	适宜				影响				危害			
	能见度	气温	风力	降水	能见度	气温	风力	降水	能见度	气温	风力	降水
		> 5℃，< 30℃	< 4 级			< –10℃，> 25℃	5 ~ 6 级	小量以上	< 100 m	< –15℃，> 30℃	≥7 级	中量以上
其他指标	晴好天气								积雪 > 10 cm，春季道路翻浆			

4 建筑施工

附表 3.4

气象指标	适宜				影响				危害			
	能见度	气温	风力	降水	能见度	气温	风力	降水	能见度	气温	风力	降水
		> 10℃	< 5 级	微量		< 5℃	5 ~ 6 级	小量以上		< –5℃	≥7 级	中量以上
其他指标	晴好天气											

5 高空作业

附表 3.5

气象指标	适宜				影响				危害			
	能见度	气温	风力	降水	能见度	气温	风力	降水	能见度	气温	风力	降水
		> 5℃	< 4 级	无		< 5℃	> 4 级	微量以上		< –5℃	≥6 级	小量以上
其他指标	晴好天气											

6 供电线路维护

附表 3.6

气象指标	适宜				影响				危害			
	能见度	气温	风力	降水	能见度	气温	风力	降水	能见度	气温	风力	降水
		> 5℃，< 25℃	< 4 级	微量		< 0℃，> 30℃	5～6 级	小量以上		< −5℃	≥7 级	中量以上
其他指标	相对湿度 < 50%				相对湿度 > 80%，浮尘天气				雷暴、雾凇、雨凇，电线积冰			

7 粮食晾晒

附表 3.7

气象指标	适宜				影响				危害			
	能见度	气温	风力	降水	能见度	气温	风力	降水	能见度	气温	风力	降水
		> 2℃，< 25℃	< 4 级	无		< 0℃，> 30℃	5 级	≤1 mm		< −5℃	≥6 级	> 1 mm
其他指标	相对湿度 < 60%				相对湿度 > 60%，浮尘天气							

8 粮库储存

附表 3.8

气象指标	适宜				影响				危害			
	能见度	气温	风力	降水	能见度	气温	风力	降水	能见度	气温	风力	降水
		< 15℃				> 25℃				> 30℃		
其他指标	相对湿度 < 60%				相对湿度 > 60%				相对湿度 > 70%			

9 玉米气象指标

9.1 玉米播种期

附表 3.9

气象指标	适宜				影响				危害			
	能见度	日平均气温	风力	降水	能见度	日平均气温	风力	降水	能见度	日平均气温	风力	降水
		> 10℃				< 10℃	5～6 级			< 8℃	≥7 级	中量以上
其他指标	土壤相对湿度 60%～70%				土壤相对湿度 < 60%，连续 5 天降水天气				土壤相对湿度 < 50%，> 85%			

9.2 玉米苗期

附表 3.10

气象指标	适宜				影响				危害			
	能见度	日平均气温	风力	降水	能见度	日平均气温	风力	降水	能见度	日平均气温	风力	降水
		18～20℃				< 12℃	5～6 级	小量以上		< 10℃	≥7 级	中量以上
其他指标	土壤相对湿度 60%～65%				连续阴雨、土壤相对湿度 < 50%				最低气温 < −2℃，土壤相对湿度 < 40%，> 85%			

9.3 玉米拔节孕穗期

附表 3.11

气象指标	适宜				影响				危害			
	能见度	日平均气温	风力	降水	能见度	日平均气温	风力	降水	能见度	日平均气温	风力	降水
		20～24℃				<18℃				<12℃		中量以上
其他指标	土壤相对湿度60%～70%				最高气温>35℃				大风、冰雹，土壤相对湿度<40%			

9.4 玉米抽穗开花期

附表 3.12

气象指标	适宜				影响				危害			
	能见度	日平均气温	风力	降水	能见度	日平均气温	风力	降水	能见度	日平均气温	风力	降水
		24～26℃				<18℃，>27℃				<12℃	≥7级	
其他指标	土壤相对湿度70%～80%				土壤相对湿度<60%				最高气温>35℃，土壤相对湿度<40%			

9.5 玉米灌浆成熟期

附表 3.13

气象指标	适宜				影响				危害			
	能见度	日平均气温	风力	降水	能见度	日平均气温	风力	降水	能见度	日平均气温	风力	降水
		20～24℃				<18℃，>25℃				<16℃	≥7级	
其他指标	土壤相对湿度，灌浆期70%～80%，蜡熟期60%～70%				土壤相对湿度<60%				最低气温<−2℃			

10 春小麦气象指标

10.1 春小麦播种期

附表 3.14

气象指标	适宜				影响				危害			
	能见度	日平均气温	风力	降水	能见度	日平均气温	风力	降水	能见度	日平均气温	风力	降水
		0～5℃	<4级	小量以下		<0℃，>10℃	<4级	小量以下		<15℃	≥5级	小量以上
其他指标	土壤相对湿度70%～75%				土壤相对湿度<65%，>85%，连续2天以上降水				土壤相对湿度<50%			

10.2 春小麦分蘖期

附表 3.15

气象指标	适宜				影响				危害			
	能见度	日平均气温	风力	降水	能见度	日平均气温	风力	降水	能见度	日平均气温	风力	降水
		5～15℃				>18℃				<3℃		

	适宜	影响	危害
其他指标	土壤相对湿度65%～80%，光照充足	土壤相对湿度＜60%	土壤相对湿度＜50%

10.3 春小麦拔节孕穗期

附表3.16

气象指标	适宜				影响				危害			
	能见度	日平均气温	风力	降水	能见度	日平均气温	风力	降水	能见度	日平均气温	风力	降水
		12～17℃				＞20℃				＜5℃	≥7级	
其他指标	土壤相对湿度65%～80%，光照充足				土壤相对湿度＜60%				最低气温＜-1℃，土壤相对湿度＜50%			

10.4 春小麦抽穗开花期

附表3.17

气象指标	适宜				影响				危害			
	能见度	日平均气温	风力	降水	能见度	日平均气温	风力	降水	能见度	日平均气温	风力	降水
		16～20℃	＜4级			＜12℃				＜9℃	≥6级	
其他指标	土壤相对湿度70%～80%，光照充足				土壤相对湿度＜25%，连续2天以上阴雨，最高气温＞30℃				连续3天以上阴雨，最高气温＞35℃，干热风			

10.5 春小麦灌浆成熟期

附表3.18

气象指标	适宜				影响				危害			
	能见度	日平均气温	风力	降水	能见度	日平均气温	风力	降水	能见度	日平均气温	风力	降水
		18～22℃				＜14℃				＜9℃	≥6级	
其他指标	土壤相对湿度70%～80%				土壤相对湿度＜25%、连续3天以上阴雨、最高气温＞30℃				连续3天以上阴雨，最高气温＞35℃，冰雹，干热风			

11 甜菜

11.1 甜菜播种期

附表3.19

气象指标	适宜				影响				危害			
	能见度	日平均气温	风力	降水	能见度	旬平均气温	风力	降水	能见度	旬平均气温	风力	降水
		＞12℃				＜3℃				＜1℃		
其他指标	土壤相对湿度65%～80%				土壤相对湿度＜60%				连续3天以上阴雨			

11.2 甜菜苗期

附表 3.20

气象指标	适宜				影响				危害			
	能见度	日平均气温	风力	降水	能见度	旬平均气温	风力	降水	能见度	旬平均气温	风力	降水
		14 ~ 19℃				< 8℃						
其他指标	土壤相对湿度 > 60%				土壤相对湿度 < 50%				幼苗期最低气温 < -5℃			

11.3 甜菜块根糖分增长期

附表 3.21

气象指标	适宜				影响				危害			
	能见度	日平均气温	风力	降水	能见度	日平均气温	风力	降水	能见度	旬平均气温	风力	降水
		20 ~ 24℃				> 25℃						
其他指标	土壤相对湿度 > 60%				连续 3 天以上阴雨				最高气温 > 35℃，土壤相对湿度 < 50%，连续 5 天以上阴雨			

11.4 糖分累积期

附表 3.22

气象指标	适宜				影响				危害			
	能见度	日平均气温	风力	降水	能见度	旬平均气温	风力	降水	能见度	旬平均气温	风力	降水
		18 ~ 20℃				> 25℃						
其他指标	土壤相对湿度 > 50%				连续 3 天以上阴雨				最高气温 > 35℃，土壤相对湿度 < 50%，连续 5 天以上阴雨			

12 大豆气象指标

12.1 大豆播种期

附表 3.23

气象指标	适宜				影响				危害			
	能见度	日平均气温	风力	降水	能见度	旬平均气温	风力	降水	能见度	旬平均气温	风力	降水
		10 ~ 15℃				< 8℃						
其他指标	土壤相对湿度 65% ~ 80%				土壤相对湿度 < 60%				大风，急降温			

12.2 大豆苗期

附表 3.24

气象指标	适宜				影响				危害			
	能见度	日平均气温	风力	降水	能见度	旬平均气温	风力	降水	能见度	旬平均气温	风力	降水
		> 16℃				< 14℃				< 10℃			

其他指标	适宜	影响	危害
	土壤相对湿度>60%		最低气温<−4℃

12.3 大豆花期

附表3.25

	适宜				影响				危害			
气象指标	能见度	日平均气温	风力	降水	能见度	旬平均气温	风力	降水	能见度	旬平均气温	风力	降水
		18～23℃				<14℃,>25℃				<10℃		
其他指标	土壤相对湿度>65%				土壤相对湿度<60%				最高气温>35℃,干热风,大风			

12.4 大豆结荚期

附表3.26

	适宜				影响				危害			
气象指标	能见度	日平均气温	风力	降水	能见度	旬平均气温	风力	降水	能见度	旬平均气温	风力	降水
		18～23℃				>25℃	≥5级			<10℃		
其他指标	土壤相对湿度>60%				土壤相对湿度<60%				最高气温>35℃,干热风,大风			

12.5 大豆成熟期

附表3.27

	适宜				影响				危害			
气象指标	能见度	日平均气温	风力	降水	能见度	旬平均气温	风力	降水	能见度	旬平均气温	风力	降水
		15～20℃				>25℃,<8℃	≥5级					
其他指标									最高气温>30℃,干热风,大风,最低气温<−3℃			

13 干旱气象指标

13.1　3—5月春旱

附表3.28

春旱指标：占多年同期平均降水量（mm）的百分率（%）

草场类型	年降水量（mm）	干旱等级		
		重旱（%）	中旱（%）	轻旱（%）
草甸	>400	<30	30～<50	50～<70
山地	251～400	<40	40～<60	60～<80
半荒漠	151～250	<55	55～<70	70～<80
荒漠	50～150	<60	60～<80	80～<90
戈壁	<50	常年干旱		

13.2 6—8月夏旱

附表 3.29

夏旱指标：占多年同期平均降水量（mm）的百分率（%）

农区地形	年降水量（mm）	干旱等级		
		重旱（%）	中旱（%）	轻旱（%）
山地	251～400	＜45	45～60（不含60）	60～80
河谷平原	151～250	＜50	50～65（不含65）	65～80